数学模型在生态学的应用及研究(29)

The Application and Research of Mathematical Model in Ecology(29)

杨东方　周　燕　编著

海洋出版社

2015 年 · 北京

内 容 提 要

通过阐述数学模型在生态学的应用和研究,定量化地展示生态系统中环境因子和生物因子的变化过程,揭示生态系统的规律和机制以及其稳定性、连续性的变化,使生态数学模型在生态系统中发挥巨大作用。在科学技术迅猛发展的今天,通过该书的学习,可以帮助读者了解生态数学模型的应用、发展和研究的过程;分析不同领域、不同学科的各种各样生态数学模型;探索采取何种数学模型应用于何种生态领域的研究;掌握建立数学模型的方法和技巧。此外,该书还有助于加深对生态系统的量化理解,培养定量化研究生态系统的思维。

本书主要内容为:介绍各种各样的数学模型在生态学不同领域的应用,如在地理、地貌、水文和水动力以及环境变化、生物变化和生态变化等领域的应用。详细阐述了数学模型建立的背景、数学模型的组成和结构以及其数学模型应用的意义。

本书适合气象学、地质学、海洋学、环境学、生物学、生物地球化学、生态学、陆地生态学、海洋生态学和海湾生态学等有关领域的科学工作者和相关学科的专家参阅,也适合高等院校师生作为教学和科研的参考。

图书在版编目(CIP)数据

数学模型在生态学的应用及研究.29/杨东方,周燕编著. —北京:海洋出版社,2015.5
ISBN 978 – 7 – 5027 – 8946 – 6

Ⅰ.①数… Ⅱ.①杨… ②周… Ⅲ.①数学模型 – 应用 – 生态学 – 研究 Ⅳ.①Q14

中国版本图书馆 CIP 数据核字(2014)第 207698 号

责任编辑:鹿 源
责任印制:赵麟苏

海洋出版社 出版发行

http://www.oceanpress.com.cn

北京市海淀区大慧寺路 8 号 邮编:100081
北京画中画印刷有限公司印刷 新华书店北京发行所经销
2015 年 5 月第 1 版 2015 年 5 月第 1 次印刷
开本:787 mm×1092 mm 1/16 印张:20
字数:480 千字 定价:60.00 元
发行部:62132549 邮购部:68038093 总编室:62114335

海洋版图书印、装错误可随时退换

《数学模型在生态学的应用及研究(29)》编委会

数学是结果量化的工具

数学是思维方法的应用

数学是研究创新的钥匙

数学是科学发展的基础

杨东方

要想了解动态的生态系统的基本过程和动力学机制，尽可从建立数学模型为出发点，以数学为工具，以生物为基础，以物理、化学、地质为辅助，对生态现象、生态环境、生态过程进行探讨。

生态数学模型体现了在定性描述与定量处理之间的关系，使研究展现了许多妙不可言的启示，使研究进入更深的层次，开创了新的领域。

杨东方

摘自《生态数学模型及其在海洋生态学应用》

海洋科学(2000),24(6):21-24.

前　　言

细大尽力,莫敢怠荒,远迩辟隐,专务肃庄,端直敦忠,事业有常。

——《史记·秦始皇本纪》

数学模型研究可以分为两大方面:定性和定量的,要定性地研究,提出的问题是:"发生了什么? 或者发生了没有",要定量地研究,提出的问题是"发生了多少? 或者它如何发生的"。前者是对问题的动态周期、特征和趋势进行了定性的描述,而后者是对问题的机制、原理、起因进行了定量化的解释。然而,生物学中有许多实验问题与建立模型并不是直接有关的。于是,通过分析、比较、计算和应用各种数学方法,建立反映实际的且具有意义的仿真模型。

生态数学模型的特点为:(1)综合考虑各种生态因子的影响。(2)定量化描述生态过程,阐明生态机制和规律。(3)能够动态地模拟和预测自然发展状况。

生态数学模型的功能为:(1)建造模型的尝试常有助于精确判定所缺乏的知识和数据,对于生物和环境有进一步定量了解。(2)模型的建立过程能产生新的想法和实验方法,并缩减实验的数量,对选择假设有所取舍,完善实验设计。(3)与传统的方法相比,模型常能更好地使用越来越精确的数据,从生态的不同方面所取得材料集中在一起,得出统一的概念。

模型研究要特别注意:(1)模型的适用范围:时间尺度、空间距离、海域大小、参数范围。例如,不能用每月的个别发生的生态现象来检测1年跨度的调查数据所做的模型。又如用不常发生的赤潮的赤潮模型来解释经常发生的一般生态现象。因此,模型的适用范围一定要清楚。(2)模型的形式是非常重要的,它揭示内在的性质、本质的规律,来解释生态现象的机制、生态环境的内在联系。因此,重要的是要研究模型的形式,而不是参数,参数只是说明尺度、大小、范围而已。(3)模型的可靠性,由于模型的参数一般是从实测数据得到的,它的可靠性非常重要,这是通过统计学来检测。只有可靠性得到保证,才能用模型说明实际的生态问题。(4)解决生态问题时,所提出的观点,不仅从数学模型支持这一观点,还要从生态现象、生态环境等各方面的事实来支持这一观点。

本书以生态数学模型的应用和发展为研究主题,介绍数学模型在生态学不同领域的应用,如在地理、地貌、气象、水文和水动力,以及环境变化、生物变化和生态变化等领域的应用。详细阐述了数学模型建立的背景、数学模型的组成和结构以及其数学模型应用的意义。认真掌握生态数学模型的特点和功能以及注意事项。生态数学模型展示了生态系统的演化过程和预测了自然资源可持续利用。通过本书的学习和研究,促进自然资源、环境的开发与保护,推进生态经济的健康发展,加强生态保护和环境恢复。

本书获得贵州民族大学出版基金、"贵州喀斯特湿地资源及特征研究"(TZJF-2011年-44号)项目、"喀斯特湿地生态监测研究重点实验室"(黔教全KY字[2012]003号)项目、教育部新世纪优秀人才支持计划项目(NCET-12-0659)项目、"西南喀斯特地区人工湿地植物形态与生理的响应机制研究"(黔省专合字[2012]71号)项目、"复合垂直流人工湿地处理医药工业废水的关键技术研究"(筑科合同[2012205]号)项目以及浙江海洋学院出版基金、海洋公益性行业科研专项——浙江近岸海域海洋生态环境动态监测与服务平台技术研究及应用示范(201305012)项目、国家海洋局北海环境监测中心主任科研基金——长江口、胶州湾、莱州湾及其附近海域的生态变化过程(05EMC16)的共同资助下完成。

此书得以完成应该感谢北海环境监测中心崔文林主任和上海海洋大学的李家乐院长;还要感谢刘瑞玉院士、冯士筰院士、胡敦欣院士、唐启升院士、汪品先院士、丁德文院士和张经院士。诸位专家和领导给予的大力支持,提供的良好的研究环境,成为我们科研事业发展的动力引擎。在此书付梓之际,我们诚挚感谢给予许多热心指点和有益传授的其他老师和同仁。

本书内容新颖丰富,层次分明,由浅入深,结构清晰,布局合理,语言简练,实用性和指导性强。由于作者水平有限,书中难免有疏漏之处,望广大读者批评指正。

沧海桑田,日月穿梭。抬眼望,千里尽收,祖国在心间。

杨东方　周燕

2015 年 3 月 17 日

目　次

海浪单过程的计算

1 背景

利用随机振动理论进行海洋结构物动力响应分析,可知作用于结构物的主要外力之一——海浪作用力具有统计性质,此作用力被看做一随机过程,它是由随机杂乱的海浪所引起的。采用数值模拟的方法[1],对于给定的海浪谱可以模拟出海浪过程。将此现实作为输入,通过力的转换函数,模拟得海浪作用力:

$$y^d(t) = \int_{-\infty}^{\infty} h(t-\tau)\eta^d(\tau)\mathrm{d}\tau$$

式中:$\eta^d(\tau)$作为输入,是已模拟得的海浪现实,$h(t-\tau)$作为对应于转换函数的核(或称权函数)。

2 公式

已知海浪谱$S_\eta(\omega)$后,欲模拟出对应于它的可能现实,亦如使用上式模拟海浪作用力那样,可使用随机函数变换的概念。如系统是线性的,利用叠加原理,将数学期望变为零,自相关函数为$R_x(\tau)$的给定平稳随机过程$x(t)$转换为输出的平稳随机过程$\hat{\eta}(t)$[2]。将上式做变量替换$(t-\tau)=\tau_1$,取消τ_1的脚标,得到:

$$\hat{\eta}(t) = \int_{-\infty}^{\infty} h(\tau)x(h-\tau)\mathrm{d}\tau$$

$\hat{\eta}(t)$的谱密度:

$$\hat{S}_\eta(\omega) = \mid H(\omega) \mid 2Sx(\omega)$$

其中$S_x(\omega)$为输入的谱密度,$H(\omega)$是$h(t)$的转换函数。

$$H(\omega) = \int_{-\infty}^{\infty} h(\tau)x\mathrm{e}^{i\omega\tau}\mathrm{d}\tau$$

所谓海浪数值模拟,就是在$S_\eta(\omega)$已知时,选择适当的$h(\tau)$、$x(t-\tau)$、$H(\omega)$、$S_x(\omega)$,求得$\hat{\eta}(t)$并使$\hat{\eta}(t)$的谱密度$\hat{S}_\eta(\omega) = S_\eta(\omega)$。

由于白噪声是一均值为零,谱密度是常数的随机函数,若取$S_x(\omega)$是白噪声的谱密度,并令其等于1,于是有:

$$H(\omega) = \sqrt{S_\eta(\omega)}$$

$$\hat{\eta}(t) = \sum_{n=-N}^{N} a_n x(t - n\Delta t), t = 0, \Delta t, 2\Delta t, \cdots$$

相应的:

$$H(\omega) = \sum_{n=-N}^{N} a_n \mathrm{e}^{-i\omega\tau}$$

或

$$H(\omega) = A_0 + 2\sum_{n=1}^{N} A_n \cos\left(n\pi \frac{\omega}{\omega_F}\right) - 2i\sum_{n=1}^{N} B_n \sin\left(n\pi \frac{\omega}{\omega_F}\right)$$

这里 $A_0 = a_0$，$A_n + B_n = a_n$，$n = 1, 2, 3, \cdots, N$，ω_F 的取值是使 $\omega > \omega_F$ 时 $S_\eta(\omega) \to 0$，有 $\Delta t = \frac{\pi}{\omega_F}$。

A_n 和 B_n 的大小则为:

$$\left.\begin{aligned} A_n &= \frac{1}{\omega_F} \int_0^{\omega_F} \sqrt{S_\eta(\omega)} \cos\left(n\pi \frac{\omega}{\omega_F}\right) \mathrm{d}\omega \\ B_n &= \frac{1}{\omega_F} \int_0^{\omega_F} \sqrt{S_\eta(\omega)} \sin\left(n\pi \frac{\omega}{\omega_F}\right) \mathrm{d}\omega \end{aligned}\right\}$$

白噪声可用电子计算机产生一系列独立的正态分布的随机变量系列 $x_1, x_2, x_3 \cdots\cdots$ 来接近，它们的均值为零、方差为 1。上述模拟常称为线性过滤方法模拟。

根据叠加模型[3]:

$$\eta^d(t) = \sum_{k=1}^{m} x(\omega_k) \mathrm{e}^{i(\omega_k t + \phi_k)}$$
$$k = 1$$

式中，$\mathrm{e}^{i(\omega_k t + \phi_k)}$ 是一单位振幅的随机函数，$S_\eta(\omega)$ 之间能满足一定关系:

$$\omega_k = \omega_L + \left(k - \frac{1}{2}\right)\Delta\omega, k = 1, 2, 3, \cdots, m$$

ω_L 是已知谱的最低频率，这里 $\Delta\omega$ 是不变化的，或者说频率间隔是相等的。

若已知谱的形式为:

$$S(\omega) = \frac{AB}{\omega^p} \exp\left[-\frac{B}{\omega^q}\right]$$

式中，A、B、p、q 均视具体已知谱而定。

$\Gamma(a, x)$ 为不完全 Γ 函数，可用连分式表示为:

$$\Gamma(a, x) = \cfrac{\mathrm{e}^{-x} x^\alpha}{x + \cfrac{1 - \alpha}{1 + \cfrac{1}{x + \cdots}}}$$

于是:

2

$$E(\omega_k) = 2\frac{A}{q}\frac{1}{B\frac{p-1}{q}-1}\Gamma\left(\frac{p-1}{q},\frac{B}{\omega_k^q}\right)$$

$$E(\infty) = \frac{2A}{q}\frac{1}{B\frac{p-1}{q}-1}\Gamma\left(\frac{p-1}{q}\right)$$

得含有 ω_k 的表达式为：

$$\frac{\Gamma\left(\dfrac{p-1}{q},\dfrac{B}{\omega_k^q}\right)}{\Gamma\left(\dfrac{p-1}{q}\right)} = \frac{k}{m}$$

3 意义

根据线性过滤及等能量子波叠加模拟海浪单过程,可得出选择已知谱频率的最小值对模拟结果还是有影响的。用线性过滤方法模拟,无论已知谱是 1966 年谱还是 P – M 谱,在谱高频部分做出的模拟都不是很好。而采用等能量子波叠加的方法效果很好,被叠加的子波个数对模拟效果的影响大于频率最小值选择对模拟效果的影响。采用等能量法划分频率区域的子波叠加方式,$m = 500$ 时模拟效果最好,这说明此模拟方式是可取的。

参考文献

[1] 张大错,蒋德才,陈伯海,等. 关于海浪单过程的数值模拟. 海岸工程,1982,1(1):27 – 34.
[2] D. E. 纽兰. 随机振动与谱分析概论. 北京:机械工业出版社,1974:26 – 30.
[3] 蒋德才,张大错. 海浪单过程的数值模拟. 山东海洋学院学报,1981,11(1):32 – 40.

管式透空防波堤的应用

1　背景

管式透空防波建筑物,作为对波浪的防护曾获得有效的作用,各国都对其进行实验及研究,并获得一定的效果。在此过程中管式透空具有施工容易的优点,这一优点已在研究中被重视,并纳入防波堤的方案。山东岚山头港、青岛造船厂、黄岛电厂、麦岛防腐站都将使用防波堤。侯国本[1]利用两端透空防波堤及首端开敞末端封闭的实验对防波堤进行研究,以希望找到更合适的防波堤方案。

2　公式

管式透空防波堤透波性强,削减波浪对防波堤的压力,加强防波堤本身的稳定性,削减波浪在防波堤前的撅沙能力,具有良好的消波效应,施工简易等优点。

波剖面方程:

$$\eta = \frac{1}{2}H\cos(kx - \sigma t)$$

流函数:

$$\Psi(x,z,t) = \frac{1}{2}H\sigma/k \frac{\cos h(h + z)}{\cos kh}\cos(kx - \sigma t)$$

势函数:

$$\Phi(x,z,t) = \frac{1}{2}H\sigma/k \frac{\cos h(h + z)}{\cos kh}\cos(kx - \sigma t)$$

轨道速度:

$$u_x = \frac{1}{2}H\frac{\cos hk(h + z)}{\sin kh}\sqrt{\frac{2\pi g}{L}\tan h\,kh}\cos(kx - \sigma t)$$

$$u_z = \frac{1}{2}H\frac{\sin hk(h + z)}{\sin kh}\sqrt{\frac{2\pi g}{L}\tan h\,kh}\sin(kx - \sigma t)$$

质点压强方程:

$$P = -\rho gz + \rho\frac{\partial \phi}{\partial t} + \frac{1}{2}\rho(ux^2 - uz^2)$$

4

总波浪能率的微分公式为：

$$\Delta N = \Delta P u_x B dz + \Delta P u_x (B dz - \Delta A) - \Delta P V \Delta A$$

换算得：

$$P = \frac{\Delta N}{B dz u_x} = \Delta P + \Delta P(1 - \frac{\Delta A}{A}) - \Delta P \frac{V}{u_x} \frac{\Delta P}{A}$$

当 $\Delta A = 0$ 时，得压强为：

$$P = 2\Delta P = rH \frac{\cos h(kh + z)}{\cos h \, kh}$$

上式是驻波公式。通过这个公式有参数变化见表1。

表1　驻波公式的参数变化

计算点高程 /m	静水位下深度 z/m	$h + z$	$\frac{h + z}{L}$	$\cos hk$ $(h + z)$	$\sin hk$ $(h + z)$	$\tan hk$ $(h + z)$	$\frac{\cos hk(h + z)}{\sin hkh}$	$P = 2\Delta P$ /(t·m²)
5.0	0.00	15.00	0.226	2.189	1.947	0.889	1.00	5.00
2.5	−2.50	12.50	0.188	1.785	1.479	0.828	0.817	4.09
0.66	−4.34	11.66	0.174	1.660	1.326	0.798	0.762	3.82
−4.0	−9.00	6.00	0.093	1.136	0.618	0.526	0.540	2.60

按公式计算 u_x、ΔP、V、P 的值（表2）。

表2　驻波公式的参数变化

计算高程 /m	静水位下深度 z/m	$h + z$	$\frac{h + z}{L}$	u_x /(m·s⁻¹)	ΔP /(t·m⁻²)	V /(m·s⁻¹)	ΔP /(t·m⁻²)	1%出现率测点压强/(t·m⁻²)
5.00	0.00	15.00	0.266	2.4	2.50	3.48	3.00	3.05
2.50	−2.50	12.50	0.188	1.94	2.05	3.15	2.60	2.62
0.66	−4.34	11.66	0.174	1.81	1.91	3.01	2.50	2.50
−4.00	−9.00	6.00	0.093	1.48	1.30	2.50	2.40	2.35

波浪对管子的总压力：

$$F = \Delta P \frac{\pi}{4}(D^2 - d^2) + f \frac{1}{2}\rho V^2(\pi D + \pi d)l$$

3　意义

根据管式透空防波堤的相关计算可以得出波浪的反射较小，相当于同样条件的驻波反射波高的 80%。同一水位的管子末端波压强约等于管子首端波压强的 80%。在静止水位处,管子首端波压强 $P_0 = 0.8\ rH_0$,其他水位处的波压强与驻波相比,压强显著降低。管壁厚度 δ 不小于 0.5 m,素混凝土管子外径约为 2~2.5 m,临界管子长度约为 1.5 H_0。此外,管式透空防波堤具有制造简易,装吊轻便,对于基础处理要求低,节省钢材等优点。

参考文献

[1] 侯国本. 管式透空防波堤试验研究. 海岸工程,1982,1(1):1-8.

波浪要素的分布函数

1 背景

海浪是海洋动力学的重要组成部分,它对正确估算泥沙的搬运、合理开发和利用海洋资源、实施海洋环境保护等方面具有很大作用。江苏海岸带、滩涂资源要进行综合开发,因此需要该海区的波浪要素连续资料。该海区视野开阔,底面平坦,受季风影响十分明显。吕常五[1]利用波高函数、周期分布函数进行研究,以确定波浪要素分布。

2 公式

将现场任意深度 Z 处实测压力波记录取线转换成复杂的表面波是依下列公式进行的:

$$H_0 = nH_z \frac{\mathrm{Ch}\dfrac{4\pi^2 h}{gT^2}}{\mathrm{Ch}\dfrac{4\pi^2(h-z)}{gT^2}}$$

式中,H_0 为表面波高,H_z 为深度 Z 处测得压力波高,T 为压力波周期;h 为实测水深,Z 为仪器沉放深度,n 为订正系数[2],g 为重力加速度。

多数学者的研究及观测资料均表明,波浪要素分布较好地符合 Weibull 曲线簇的分布,因此,设波浪要素统计量 P 的累积率函数形式为:

$$F(P) = \exp\left[-A(P)^B\right]$$

式中,$F(P)$ 为统计量 P 的累积率函数,A、B 均为待定量。

取 A、B 平均值为:

$$A = 0.575$$
$$B = 2.417$$

得:

$$F(H) = \exp\left[-0.575\left(\frac{H}{\overline{H}}\right)^{2.417}\right]$$

式中,H 为任意波,$\overline{H}$ 为平均波高,则波高的概率密度函数为:

$$f(H) = -\frac{\mathrm{d}F}{\mathrm{d}H} = 1.39(H)^{-2.417}(H)^{1.417}\exp\left[-0.575\left(\frac{H}{\overline{H}}\right)^{2.417}\right]$$

根据数理统计理论知,波高的 K 阶原点矩为:

$$m_k = \int_0^\infty H^k f(H)\,\mathrm{d}H$$

计算得:

$$m_k = 0.575^{-\frac{1}{2.417}}\overline{H}^k \Gamma\left(\frac{1.417+K+1}{2.417}\right)$$

直至波浪破碎以前,其周期一般不因海区深度变化而异。因此 A、B 可视为与浅水因子 H^0 无关的常量,将实测的波浪周期资料经运算处理后,得:

$$A = 0.557$$
$$B = 3.858$$

求得波浪周期分布函数为:

$$F(\tau) = \exp\left[-0.557\left(\frac{\tau}{\overline{\tau}}\right)^{3.858}\right]$$

式中,τ 为任意波浪周期,$\overline{\tau}$ 为平均波浪周期。

可得到周期概率密度函数:

$$f(\tau) = 2.149(\overline{\tau})^{-3.858}\tau^{2.858}\exp\left[-0.557\left(\frac{\tau}{\overline{\tau}}\right)^{3.858}\right]$$

该海区保证率为 F 的波高与平均波高间的关系由下式确定:

$$\frac{H_F}{\overline{\tau}} = 1.739\,\ln F^{\frac{1}{2.417}}$$

部分大波的平均波高以 $H_{\frac{1}{p}}$ 表示,即:

$$\frac{H_{\frac{1}{p}}}{\overline{H}} = \frac{1.39}{F}\left[\int_0^\infty X^{2.417}\mathrm{e}-0.575X^{2.417}\mathrm{d}X - \int_0^X X^{2.417}\mathrm{e}-0.575X^{2.417}\mathrm{d}X\right]$$

3 意义

根据实测资料可知海区浅水因子 H^0 为 0.10~0.20。在确定波要素分布函数时,其分布符合于 Weibull 曲线簇分布,即 $F(P) = \exp\left[-A(P)^B\right]$。拟合的 A、B 值随深度变化的范围都不大,因此波高分布函数可不考虑参量的变化。利用波高的分布函数可知各种保证率波高间的关系和部分大波的平均波高与平均波高间的关系。

参考文献

[1] 吕常五,徐来声,于学仁,等. 江苏沿海波浪要素分布函数的确定. 海岸工程,1982,1(1):59-64.

[2] 文圣常. 海浪原理. 济南:山东人民出版社,1962:138-157.

立波压力的计算

1 背景

自 1928 年法国工程师森弗罗在椭圆余摆线波理论的基础上利用数学解求得直立墙前的立波压力,到目前又有很多计算方法。张万祥[1]选用在标定波浪水槽性能的试验中测得直墙前立波压强度以及垂直分布情况,并据其资料做出数据分析。随着原型观测和模型试验技术不断开展,各国进一步校核这些理论的正确性和使用条件,并探讨新的计算方法。

2 公式

2.1 微振幅波理论计算方法

当墙前水深 $1.8H \leqslant h \leqslant \dfrac{L}{2}$,静水面以下 Z 深处的压力为:

$$\frac{p}{W_0} = -Z + \frac{KH^2 \sin^2 nt}{\text{sh}2kh} \left[\text{ch}^2 k(h+\eta) - \text{ch}^2 k(h+z) \right] +$$
$$\eta \left[1 + \frac{\text{ch}k(h+z)}{\text{ch}kh} - \frac{\text{ch}k(h+\eta)}{\text{ch}kh} \right]$$

当墙上立波在波峰位置时,墙上的压力为:

$$\frac{p}{W_0} = -Z + H \left[1 + \frac{\text{ch}k(h+z)}{\text{ch}kh} - \frac{\text{ch}k(h+H)}{\text{ch}kh} \right]$$

水底 $Z = -h$ 时,其压力为:

$$\frac{p}{W_0} = h + H \left[1 + \frac{1}{\text{ch}kh} - \frac{\text{ch}k(h+H)}{\text{ch}kh} \right]$$

2.2 森弗罗精确解的计算方法

在墙上 Z 深处的压力为:

$$\frac{p}{W_0} = Z_0 + H \left[\frac{\text{ch}k(h-Z_0)}{\text{ch}kh} - \frac{\text{sh}k(h-Z_0)}{\text{sh}kh} \right] \sin bt$$

则 Z 为:

$$Z = Z_0 - \frac{4\pi R_1 R_2}{L} \pm 2R_2$$

式中,

$$R_1 = \frac{H\text{sh}k(h - Z_0)}{2\text{sh}kh}; R_2 = \frac{H\text{ch}k(h - Z_0)}{2\text{sh}kh}$$

2.3 米许的计算方法

在水深 Z 深处,墙上的压力为:

$$\frac{p}{W_0} = Z_0 + H\frac{\text{sh}kZ_0}{\text{sh}kh \cdot \text{ch}kh} - \frac{kH^2}{8}\frac{\text{sh}kZ_0}{\text{sh}^2kh}\left[\text{ch}k(2h - Z_0)\left(4 - \frac{1}{\text{ch}^2kh}\right)\right] - $$

$$8\text{ch}kh \cdot \text{sh}k(2h - Z_0) + 3\left[\frac{\text{ch}kZ_0}{\text{sh}^2kh} - \frac{2\text{ch}k(h - Z_0)}{\text{ch}kh}\right]$$

则坐标 Z 为:

$$Z = Z_0 - H\frac{\text{sh}k(h - Z_0)}{\text{sh}kh} - \frac{kH^2}{4} \cdot \frac{\text{sh}2k(h - Z_0)}{\text{sh}^2kh}\left[1 + \frac{1}{4\text{sh}^2kh}(3 - \text{th}kh)\right]$$

2.4 我国规范的计算方法

当相对水深 $\frac{h}{L} = 0.1 \sim 0.2$,陡坡 $\frac{H}{L} = \frac{1}{14} \sim \frac{1}{30}$,墙前为波峰时,静水面处的压力强度:

$$P_S = (P_h + \gamma h)\left(\frac{H + h_0}{h + H + h_0}\right)$$

海底处的压力强度:

$$P_h = \frac{\gamma h}{\cosh\dfrac{2\pi h}{L}}$$

3 意义

根据微振幅波理论计算方法、森弗罗精确解的计算方法、米许的计算方法和我国规范的计算方法计算出立波频率的两倍波动项影响微振幅波浅水立波压力过程线,所以静水面处是波峰时,压力不一定是峰值。直墙上的立波同步压强会随时间变化,在垂直线上的分布是不同的。水槽中在直墙前产生的浅水立波剖面和压力过程线有的与微振幅波理论形状相似,而值有时不同。

参考文献

[1] 张万祥. 浅水立波压力的试验研究. 海岸工程,1982,1(1):35 - 45.

波浪要素的计算

1 背景

波浪要素是表征波浪运动性质和形态的主要物理量,风要素的确定在很大程度上影响波浪计算。鲍强生和张荣贞[1]采用实测波浪值与历史天气图推算波浪值相互结合的计算方法,选用两者的优点,克服其中的缺陷,反映出波高年最大值的总体分布。由于原来天气图分析比较粗糙,现采用日本天气图和海上船舶资料,对黄、东海一带增补了一些岛屿站和船舶观测资料,对天气图重新进行了分析,尽可能使等压线的走向和梯度表现得更合理、更科学。

2 公式

台风的气压梯度通常随离台风中心的距离的增大而减小,对台风气压场模式的描绘用迈耶公式:

$$P = P_0 + (P_\infty - P_0)\mathrm{e}^{-\frac{r_m}{r}}$$

式中,P_0 为台风中心气压,P_∞ 为台风外围气压,r_m 为台风半径的一个特征值,一般认为是台风最大风速半径。

从台风的某一方向选取两点,读取其气压值 P_1、P_2,量出离台风中心的距离 r_1、r_2。解联立方程组:

$$\begin{cases} P_1 = P_0 + (P_\infty - P_0)\mathrm{e}^{-\frac{r_m}{r_1}} \\ P_2 = P_0 + (P_\infty - P_0)\mathrm{e}^{-\frac{r_m}{r_2}} \end{cases}$$

得到:

$$\frac{P_1 - P_0}{P_2 - P_0} = \mathrm{e}^{-r_m\left(\frac{1}{r_1} - \frac{1}{r_2}\right)}$$

$$r_m = \frac{r_1 r_2}{r_1 - r_2}\ln\frac{P_1 - P_0}{P_2 - P_0}$$

$$P_\infty = (P_2 - P_0)\mathrm{e}^{\frac{r_m}{r_2}} + P_0$$

实际的海上风向与梯度风向成一个夹角(表1)

11

表1 海上风向与梯度风向的夹角

纬度	10°	20°	30°	40°	50°
α	24°	20°	18°	17°	15°

当等压线具有一定的曲率时,进行梯度风速计算,梯度风速计算公式为:

$$V = \tau - \omega r \sin \varphi + \sqrt{\omega^2 r^2 \sin^2 \varphi + \frac{r}{\rho}\left|\frac{\Delta P}{\Delta n}\right|}$$

式中,ρ 为气压梯度,ω 为地转角速度,φ 为纬度,$\frac{\partial P}{\partial n}$ 为气压梯度,r 为曲率半径。

考虑到空气中水汽的影响,使用的梯度风速计标公式为:

$$V_t = -8.1 r\sin\varphi + \sqrt{(8.1 r\sin\varphi)^2 + 292 \frac{T \cdot r\Delta P}{P \cdot \Delta n}}$$

式中,梯度风 V_t 单位为 m·s^{-1},气温 T 取绝对温度,即是摄氏温度加上273之值;气压 P 和等压线间的压力差 ΔP,以 mbar 为单位;曲率半径 r 和与 ΔP 相对应的等压线间距 Δn,以当地纬距为单位。

3 意义

通过对天气图中台风气压场分布的严格计算,可以再划定风区、计算梯度风速。根据梯度风速计标公式,可算出考虑水汽影响的不同地区、不同天气系统的不同时刻的梯度风速。实测值虽精度高,但只用于白天定时观测或加测的大浪,但会漏测夜间的大浪。历史天气图则有年限长、系统、连续等优点,比实测占优势,但也有人为因素的缺陷。

参考文献

[1] 鲍强生,张荣贞. 青岛外海及胶州湾内前湾波浪要素的计算. 海岸工程,1982,1(1):46-58.

设计波要素的计算

1 背景

波浪是主要海洋动力因素,也是海岸工程建筑物的主要作用力。海岸、海洋工程建筑物的规划、设计、施工和管理都需要设计波浪要素。侯永明和王以谋[1]为获得能代表石臼港附近海区的海浪资料,对石臼港设计波要素进行了计算。石臼港是我国正在兴建的一个深水大港,地处海州湾的北端,对该海湾有较大影响的是东北、东、南向的海浪。该区的波形主要是以涌浪为主的混合浪和以风浪为主的混合浪。

2 公式

压力式测波仪的传感器设于相距约 600 m 的两站,可以认为两处的风速、风向完全相同,所不同的只是水深和离岸的距离。由于西北、西、西南方向的风不会产生大浪,因此我们只对由东北到东南方向上的 24 次同步观测资料(表 1)进行了回归分析。

表 1　两站的风速、风向

编号	1	2	3	4	5	6	7	8	9	10	11	12
x_i/m	1.1	1.0	1.3	1.0	1.6	1.3	0.7	0.6	0.7	0.6	0.8	0.9
y_i/m	1.62	1.40	1.91	1.52	2.10	1.81	1.15	0.91	1.20	0.97	1.09	1.24
波向	NE	ENE	NE	NE	NE	ENE	NE	ENE	NE	NE	ENE	NE
编号	13	14	15	16	17	18	19	20	21	22	23	24
x_i/m	0.9	0.7	0.9	0.8	0.6	0.8	1.1	0.6	0.6	0.8	1.2	0.7
y_i/m	1.20	1.00	1.32	1.12	1.01	1.20	1.54	1.11	1.09	1.23	1.81	1.34
波向	ENE	SE	E	SE	NE	NE	NNE	ENE	NNE	NNE	NNE	SE

注:x_i 为 1 站位测得的 $H_{\frac{1}{10}}$ 值;y_i 为 3 站位测得的 $H_{\frac{1}{10}}$ 值。

用最小二乘法计算得回归方程[2]为:

$$y = 0.3 + 1.2x$$

式中:y 为计算的 $H_{\frac{1}{10}}$,x 为 3 站测得的 $H_{\frac{1}{10}}$。

设计波要素的比较(表2)。

表 2 设计波要素的计算

	平均水深/m	$H_{1\%}$/m	$H_{4\%}$/m	$H_{5\%}$/m	$H_{13\%}$/m
本文计算	15	7.0	6.0	5.8	5.0
文献[3]	15	6.9	5.9	5.8	4.9

3 意义

根据分析可以看出,在短时间内通过同步观测建立特定的海区回归方程,可以将浅水海浪资料应用到深水处,以此来推算设计波要素。1981 年山东南部沿海工程因 14 号台风影响遭到不同程度的破坏,石臼海区也受波及,所以五十年一遇的周期具有一定的意义。利用推算设计波要素的方法统计分析 14 号台风波高及周期,可得出平均周期选用 8.0 秒至 9.0 秒较合适。

参考文献

[1] 侯永明,王以谋. 石臼港设计波要素的确定. 海岸工程. 1982,1(1):65－69.

[2] 林少宫. 基础概率与数理统计. 北京:人民教育出版社,1963.

[3] 中国科学院海洋研究所,山东省气象局,山东省交通局. 石臼港近海波浪分析鲁南选港规划资料汇编,1978:9－9.

滩涂面积的遥感公式

1 背景

滩涂是海滩、河滩和湖滩的总称,指沿海大潮高潮位与低潮位之间的潮浸地带,河流湖泊常水位至洪水位间的滩地,时令湖、河洪水位以下的滩地,水库、坑塘的正常蓄水位与最大洪水位间的滩地面积。尹世源[1]利用陆地卫星图像解译了滩涂面积。由于胶州湾具有特殊地理位置和多种地质地貌特征,具有一定的代表性,对其用遥感图像解译滩涂面积,更能准确计算滩涂面积。

2 公式

卫星飞临该区成像时,当时的气象条件如表1所示。

表1 气象的参数条件

片名	成像临近日期	平均气温/℃	总云量		低云量		天气概况	潮高/cm			日照数/h	风速/(m·s⁻¹)
			8:00	14:00	8:00	14:00		8:00	9:00	10:00		
J-1	1976年11月27日	1.7	0	0	0	0	晴				8.6	—
	1976年11月28日	4.9	0	0	0	0	晴	313	333	321	8.8	
J-2	1978年5月3日	12.9	1	6	0	0	晴				11.1	—
	1978年5月4日	13.2	0	6	0	0	晴	116	86	97	11.9	
观测点	小麦岛											

多光谱影像4、5、6波段,灰度范围通常在0~127之间,7波段的灰度范围是0~63。在黑白卫星图像中,由于城镇灰度值与滩涂接近,为了区别二者,可对图像先作拉伸处理。把灰度范围予以扩展,再做合成等处理。现在假定目标图像的灰度值为Z,它在$[a,b]$范围内取值,另$[a,b]$是灰度$[Z_k,Z_1]$的一个子区,则:

$$Z_k \leq a,b \leq Z_1$$

令Z是扩展后的灰度值,且:

$$Z_k \leq Z' \leq Z_1$$

经过一系列变换后,得到扩展后的 Z 值为:

$$Z' = \frac{Z - a}{b - a}(Z_1 - Z_k) + Z_k$$

举例,若 $Z = 30$,$Z_k = 0$,$Z_1 = 126$,$a = 0$,$b = 63$,则有:

$$Z' = \frac{30}{63} \times 126 = 60$$

即比原值增大一倍。

通过这个公式有参数变化见表 2 所示。

表 2　参数变化

图像	红/%	橙/%	棕/%	黄/%	深绿/%	绿/%	深蓝/%	蓝/%	蓝绿/%	紫/%	白/%	黑/%	被测图像面积(cm^2)	累计百分数/%
J－2	7.43	6.18	—	—	1.26	10.17	—	67.57	—	7.43	—	—	9×9	100.4
J－1	8.6	26.7	3.5	—	—	4.2	—	58.6	—	—	—	—	3.1~3.1	101.6

3　意义

运用电子光学判读方法,判读解译胶州湾两幅卫片,得出小潮高潮线与中潮低潮线之间潮间带面积为 129.8 km^2,滩涂高潮带面积 20.66 km^2。利用时间不同的多张卫片,多次解译,结果会更加理想。密度分割与微处理机结合(密度分割是一种专用模拟电子计算机),可以进一步扩充设备的功能;除此之外,卫星成像质量和分辨率也不断提高,定量解译必将得到迅速发展。

参考文献

[1] 尹世源. 应用陆地卫星图像解译滩涂面积的初步探讨. 海岸工程,1982,1(1):98－101.

设计波周期的联合分布函数

1 背景

为保证船舶系泊安全和实现设计生产能力,确定设计波要素就成为水工建筑物设计中十分重要的前提条件之一。车金河[1]利用联合分布理论推算石臼港设计波周期,这是利用波高和周期的联合分布进行推算,通过实测资料建立了相对波高和相对周期的联合分布,以此来推算设计波周期。石臼海区位于黄海中部,山东半岛南部,具有天然良港的地理特征,石臼湾自石臼嘴至奎山嘴成一耳形海湾。

2 公式

作为随机变量的波高和周期,在一些假定前提下将很好地遵从联合概率分布,联合概率分布很早就有人提出,通过理论推导和实测资料相比较,得到了令人信服的联合分布。

基于联合分布的条件,认为波高和周期的相关系数为零,只需分别将波高和周期的分布密度函数求出,两者的乘积即为联合分布密度函数[2],即当 $r = 0$ 时,有:

$$f(x, \tau) = f(x) \cdot f(\tau)$$

式中,$x = \dfrac{H}{H}$,$\tau = \dfrac{T}{T}$。

2.1 参考量 r 的确定

首先将实测的 1897 对数组的波高和周期进行相关计算:

$$r = \frac{l_{xy}}{\sqrt{l_{xx} l_{yy}}}$$

其中,$x = H$,$y = T$,

$$\left. \begin{aligned} l_{xx} &= \left[\overline{zx^2} - \frac{1}{N} (\overline{zx})^2 \right]^{1/2} \\ l_{yy} &= \left[\overline{zy^2} - \frac{1}{N} (\overline{zy})^2 \right]^{1/2} \\ l_{xy} &= \overline{zxy} - \frac{1}{N} (\overline{zx})(\overline{zy}) \end{aligned} \right\}$$

2.2 相对波高的概率密度函数的确定

现在大多数海洋学家通过对实测资料进行分析,认为波高的分布函数的形式如下:

$$F(X) = \exp(-a_1 x b_1)$$

式中,a_1、b_1 为待定系数,$x = \dfrac{H}{H}$。

取对数得:

$$\ln F(X) = -a_1 x b_1$$

$$\ln \ln \frac{1}{F(X)} = \ln a_1 + b_1 \ln x$$

令 $y = \ln \ln \dfrac{1}{F(X)}$,$A = \ln a_1$,$B = b_1$,$X = \ln x$,则有:

$$Y = A + BX$$

此为统计学中的线性回归方程,运用最小二乘法来计算回归方程中的待定系数 A、B,得:

$$A = -0.88, B = 2.770$$
$$a_1 = 0.415, b_1 = 2.870$$

则有:

$$F(X) = \exp[0.415 x^{2.870}]$$

此式为相对波高的 Weibull 的分布函数,而相对波高的概率密度函数为:

$$f(X) = -\frac{\mathrm{d}F(X)}{\mathrm{d}x} = 1.191 X^{1.870} \exp[0.415 x^{2.870}]$$

2.3 相对周期概率密度函数的确定

与此同时,认为周期分布函数也遵从 Weibull 分布,其形式为:

$$F(\tau) = \exp[-a_2 \tau^{b_2}]$$

如波高分布函数一样,可通过线性回归方程,并运用最小二乘法求得:

$$a_2 = 0.264, b_2 = 4.620$$

可得:

$$F(\tau) = \exp[-0.264 \tau^{4.620}]$$

此式为相对波高的 Weibull 的分布函数,而相对波高的概率密度函数为:

$$F(\tau) = -\frac{\mathrm{d}F(\tau)}{\mathrm{d}\tau} = 1.220 \tau^{3.620} \exp[-0.264 \tau^{4.620}]$$

2.4 相对波高和相对周期的联合分布

石臼海区相对波高和相对周期的联合概率密度函数:

18

$$f(x,\tau) = 1.453x^{1.87}\tau^{3.62}\exp - \left[0.42x^{2.87} + 0.26\tau^{4.62} \right]$$

根据以上联合分布,可推算出石臼海区多年一遇的设计波周期。

$$\frac{\partial f(x,\tau)}{\partial \tau} \Big|_{x = \frac{H_{1.96}}{H}} = 0$$

则有:

$$\frac{\partial f(x,\tau)}{\partial \tau} = 5.26x^{1.87}\tau^{2.62}\exp - \left[0.42x^{2.87} + 0.26\tau^{4.62} \right] -$$

$$1.57x^{1.87}\tau^{7.24}\exp - \left[0.42x^{2.87} + 0.26\tau^{4.62} \right]$$

解得:$\tau = 1.27$。

3　意义

根据记录资料建立的相对波高和相对周期的联合分布,推算出了石臼港设计波周期,这不仅介绍了石臼港设计波周期的推算过程,也介绍了运用联合分布理论的方法来推算设计波周期,这种方法在实际应用中意义很大,并且也可以用联合分布的方法对设计波高进行推算。

联合分布的方法推算波周期给水工建筑物设计提供了前提条件,又因利用石臼海天然良港的地理特征,使数据有一定的代表性。

参考文献

[1]　车金河.运用联合分布理论推算石臼港设计波周期.海岸工程,1982,1(1):70-74.
[2]　林少宫.基础概率论与数理统计.北京:人民教育出版社,1963.

防波堤护底层宽度的计算

1 背景

防波堤的形式一般有斜坡式、直立式和混合式三种。结构形式的选择，取决于水深、潮差、波浪、地质等自然条件。谢世楞[1]对直立式防波堤前护底层宽度进行了计算，以便更好地控制堤前海底被冲刷而发生的破坏。谢世楞[2]在确定直立堤前的护底措施时，首先判断冲刷坑可能发生的位置，估计冲刷坑的深度及大小，然后在地基整体稳定计算中，具体考虑存在冲刷坑后对稳定安全系数的影响。

2 公式

直立式防波堤在立波的作用下，堤前的沙底可有两种基本冲刷形态。其出现取决于泥沙的粒径以及波浪要素的大小，它可用无因次参数 $(u_m - u_c)/W$ 来判断。u_m 为节点处最大底流速 $(\mathrm{m \cdot s^{-1}})$，根据15组试验验证，可用下述公式计算：

$$u_m = \frac{2\pi H}{T} \frac{1}{\sin hkh}$$

式中，H 为波高(m)；T 为周期(s)；$k = 2\pi/\lambda$，λ 为波长(m)；h 为水深(m)。

u_c 为沙粒的起动流速 $(\mathrm{m \cdot s^{-1}})$，根据在38组试验中确定的数值与用不同起动流速公式的计算值比较，以巴格诺德公式的结果最接近于试验值：

$$u_c = 2.40\Delta^{2/3} D_{50}^{0.433} T^{1/3}$$

式中，$\Delta = (\rho_s - \rho)/\rho$ 为沙粒的相对密度，ρ_s 和 ρ 分别为沙粒和水的密度；D_{50} 为中值沙径，在此公式中以 m 计。

2.1 第 I 类冲刷形态

对于冲刷形态 I，其平衡冲刷剖面可近似地用余摆线来描绘：

$$x_t = \frac{\lambda}{4\pi}\theta + R\sin\theta$$

$$z_t = -R\cos\theta$$

式中：x_t 和 z_t 为曲线的水平和垂直坐标值(m)；x_t 自节点量起；z_t 自原始沙底面上高度 Z_0 处量起，向上为正；θ 自 $0 \sim 2\pi$。

$$R = \frac{1 - \sqrt{1 - \frac{8\pi}{\lambda}Z_{sm}}}{\frac{4\pi}{\lambda}}$$

$$Z_0 = R - Z_{sm}$$

冲刷深度 Z（米）自原始沙底面量起，向下为正。Z_s 为在时间 t 时冲刷谷的最大深度。Z_{sm} 为冲刷剖面达到平衡状态时冲刷谷的最大深度。它可用下式进行计算：

$$Z_{sm} = \frac{0.4H}{\left(\sin h2\pi\frac{h}{\lambda}\right)^{1.35}}$$

若实际波浪作用时间 t 小于 t_m，则可由下式求得与 t 相应的 Z_s：

$$\frac{Z_s}{Z_{sm}} = \left(\frac{t}{t_m}\right)^{0.3}$$

2.2 第 II 类冲刷形态

对于冲刷形态 II，其平衡冲刷剖面与长度参数 $I_0 = \frac{\lambda}{4} - I_r$ 有关。I_r 为自直立堤面至第一个沙波间的距离（m）。在 I_r 处的立波底流速 u_b 等于沙粒的起动流速 u_c，因此 I_0 可由下式求得：

$$I_0 = \frac{1}{k}\cos^{-1}\left(\frac{u_c}{u_m}\right)$$

若实际波浪作用时间 t 小于与 N_m 相应的 t_m，则可由下式求得与 t 相应的 Z_s：

$$\frac{Z_s}{Z_{sm}} = \left(\frac{1}{t_m}\right)^{0.4}$$

只有当堤体朝向外海一侧滑动，冲刷剖面才能影响其稳定安全系数。

因此当滑动圆心高于作用在防波堤上波浪力的作用点时，海底的冲刷仅在波谷作用时才影响堤的稳定性。圆弧滑动的安全系数为：

$$F = \frac{R\tan\phi\sum_{i=1}^{n}W_i\cos\alpha_i}{Pr_p - R\sum_{i=1}^{n}W_i\cos\alpha_i}$$

式中，R 为滑动圆的半径；ϕ 为地基土壤的内摩擦角（°）；W_i 为第 i 条土条的重量；α_i 为重力与作用在圆弧上的法向力间的夹角；P 为波浪力；r_p 为波浪力对滑动圆心的力臂。

根据少数几组不规则波试验的结果，表明可用有效波高 H_s 以及由平均周期 T 通过下式算得的波长 λ 作为直立堤前冲刷计算的波高和波长。

$$\lambda = \frac{g\overline{T}^2}{2\pi}\tanh\frac{2\pi h}{\lambda}$$

3　意义

根据护底层宽度的计算,可知在堤前 $\lambda/2$ 内防护层对沙底的影响较大。有防护层时堤前第一个冲刷谷的最终冲刷深度随堤前防护层的宽度的增加而减小;冲刷谷的长度也随堤前防护层的宽度的增加而减小;而第一个冲刷谷离堤的距离则随堤前防护层的宽度的增加而增加。

推导的模型律可知,冲刷深度的比尺与长度的比尺相等。直立堤前护底宽度设计的新方法,可先用于地基上壤较好的中小型防波堤。

参考文献

[1]　谢世楞. 直立式防波堤前护底层宽度设计的新方法. 海岸工程,1982,1(1):9-15.

[2]　谢世楞. 关于直立式防波堤设计的几个问题//1978 年学术年会论文. 天津市水运工程学会. 1979.

波浪的折射和绕射模型

1 背景

波浪绕射现象是近岸水域一种常见的现象。波浪在传播过程中,遇到建筑物或地形变化时,会发生绕射和折射,对波浪的传播、变形产生显著影响。侯国本等[1]进行了浮山湾波浪折射、绕射的模型试验研究,以找到更好的方案消除波浪对传播工作的影响。浮山湾位于胶州湾以东约 6 km 面向外海,东南、东、西南方向的波浪,在湾内先呈折射状态,后呈绕射状态,是研究波浪绕射折射很典型的水域。

2 公式

潮位是根据浮山湾附近观测站的资料与青岛大港多年观测资料换算的。其换算式:

$$y = kH + 0.08 \text{ m}$$

式中,y 为浮山湾的潮位;k 为两地的潮差比;H 为青岛大港的潮位。

2.1 相似律

1)几何相似

设脚标号 P、m、r 代表真型、模型及比尺。d、H、λ 几分别代表水深、波高及波长。则

$$\left. \begin{array}{l} d_r = \dfrac{d_p}{d_m} \\[2mm] H_r = \dfrac{H_p}{H_m} \\[2mm] \lambda_r = \dfrac{\lambda_p}{\lambda_m} \end{array} \right\}$$

且有 $d_r = H_r = \lambda_r$,即在整态模型中水平比尺与垂直比尺相等,得到浮山湾口外波浪要素(表1)。

表1 浮山湾口外波浪要素

方位	$H_{\frac{1}{10}}/m$	$\bar{\tau}/s$	$\lambda_{\frac{1}{10}}/m$	λ_0/m
东南(SE)	6.2	11.1	149	192

方位	$H_{\frac{1}{10}}/m$	$\bar{\tau}/s$	$\lambda_{\frac{1}{10}}/m$	λ_0/m
南南西(SSW)	3.5	8.2	97	104
西南(SW)	2.7	7.3	79	82

2)运动相似

在有限水深中波速:

$$C = \sqrt{\frac{g\lambda}{2\pi} \cdot \tan h \frac{2\pi d}{\lambda}}$$

$$C_r = \frac{C_p}{C_m} = \sqrt{\frac{g\lambda_p}{2\pi} \cdot \tan h \frac{2\pi d_p}{\lambda_p}} \bigg/ \sqrt{\frac{g\lambda_m}{2\pi} \cdot \tan h \frac{2\pi d_m}{\lambda_m}} = \sqrt{\lambda_r}$$

在浅水中:

$$C_r = \frac{C_p}{C_m} = \sqrt{gd_p} \bigg/ \sqrt{gd_m} = \sqrt{d_r} = \sqrt{\lambda_r}$$

$$T = \frac{\lambda}{C}$$

$$T_r = \frac{\lambda_r}{\sqrt{\lambda_r}} = \sqrt{\lambda_r}$$

3)重力相似

在液体运动中由运动产生的重力$\left(\frac{\lambda V^2}{g}\right)$与静力$(\gamma d)$之比,以$K_g$表示,则:

$$K_g = \frac{\gamma V^2}{g} \cdot \frac{1}{\gamma d} = \frac{V^2}{gd} = \frac{H^2}{d\lambda}$$

4)液体黏性力对波动的作用

$$K_R = \frac{CH}{r} = \frac{H\sqrt{gh}}{r} = \frac{6\sqrt{980 \times 14}}{r} > 4\,000$$

从而证明了模型与真型的阻力都在紊流阻力的范围之内。

2.2 模型比尺的选择

利用关系式$H_p = H_{mM}^{\beta}$,来确定模型中的长度比尺M_0,上式中应恰当的选取,以便使$\beta = 1$。M的选取系用下式:

$$M = M_0\left(\frac{K}{\alpha}\right)^{\frac{2}{3}}$$

$$M_0 = \frac{模型中可以观测到的最小波高}{真型中要求的波高}$$

24

通过模型确定比尺的选择(表2)。

表2　模型比尺的选择

d_p/m	d_m/cm	α	K	M_0	M
14	14	5 850	14 000	1/200	1:110
6	9	2 700	14 000	1/200	1:70

3　意义

根据波浪折射、绕射的模型,在仅有东堤的情况下,就港内波浪的衰减系数以高低水位的平均值来看,船坞及码头港池等区域衰减系数均很小,能够满足泊稳条件的需要。但在设计规划中的扩建区域衰减系数显然偏大。三个波浪方向东西双堤方案的遮蔽情况较好。从整体模型双堤各向波浪平均衰减系数分布来看:属于港内各点的衰减系数都小于0.50,因此在造船厂发展或扩建时,建议采用双堤方案。

参考文献

[1]　侯国本,等. 浮山湾波浪折射、绕射的模型试验研究. 海岸工程,1983,2(1):61-74.

海岸演变的横剖面模型

1 背景

根据近岸水动力因素的变化和水动力作用下泥沙的运动规律,建立物理数学模型,并进行数字电子计算机的模拟计算,用以研究海岸泥沙运动和海岸水下地形演化规律,并预测海岸演变,这一过程被称为海岸演变过程的数值模拟。沈剑平和王梅芬[1]对海岸水下剖面演变过程数值模拟进行了探讨。在研究海岸过程的数值模拟时,有三个因素参加作用,分别是水动力因素、泥沙因素与地形因素,它们处于相互作用与相互制约的过程中。

2 公式

2.1 波浪要素的计算

根据斯托克斯二阶波理论,海底固定点上波浪水质点运动速度(水平分量)的表达式为[2]:

$$V_x = A \cos\sigma t + B \cos 2\sigma t$$

其中,

$$A = \frac{gh\tau}{2\lambda \cos h\, KH}$$

$$B = \frac{3}{4}\left(\frac{\pi h}{\lambda}\right)^2 \frac{C}{\sin h^4\, KH}$$

$$\sigma = \frac{2\pi}{\tau} \qquad K = \frac{2\pi}{\lambda}$$

式中,g 为重力加速度;h 为波高;λ 为波长;τ 为波周期;C 为波速;σ 为圆频率;K 为波常数。

设深海中的波高和波长为 h_0 和 λ_0。当此波浪垂直向平直海岸传播时,若不考虑传播中的能量消耗,波高和波长的变化服从下式[2]:

$$\frac{h}{h_0} = \sqrt{\frac{1}{\tan hKH\left(1 + \dfrac{2KH}{\sin h\, 2KH}\right)}}$$

$$\frac{\lambda}{\lambda_0} = \tan hKH$$

另有：

$$C = \frac{g\tau}{2\pi}\tan hKH$$

$$\lambda = \frac{g\tau^2}{2\pi}\tan hKH$$

则 A 和 B 可整理得：

$$A = \sqrt{\frac{\pi g}{2}}\frac{h_0}{\sqrt{\lambda_0}}\frac{1}{\sin hKH}\sqrt{\frac{1}{\tan hKH\left(1 + \frac{2KH}{\sin h2KH}\right)}}$$

$$B = \frac{3\pi}{4}\sqrt{\frac{\pi g}{2}}\frac{h_0^2}{\lambda_0\sqrt{\lambda_0}}\frac{1}{\tan h^2KH\sin h^4KH\left(1 + \frac{2KH}{\sin h2KH}\right)}$$

由此可见 KH 应是 K_0H 的函数，即是原始波长和水深的函数。所以，A 和 B 也仅是 h_0、λ_0 和 H 的函数，可写为：

$$A = \frac{h_0}{\sqrt{\lambda_0}}a(K_0H)$$

$$B = \frac{h_0^2}{\lambda_0\sqrt{\lambda_0}}b(K_0H)$$

显然，$a(K_0H)$ 和 $b(K_0H)$ 应等于：

$$a(K_0H) = \sqrt{\frac{\pi g}{2}}\frac{1}{\sin hKH}\sqrt{\frac{1}{\tan hKH\left(1 + \frac{2KH}{\sin h2KH}\right)}}$$

$$b(K_0H) = \frac{3\pi}{4}\sqrt{\frac{\pi g}{2}}\frac{1}{\tan h^2KH \cdot \sin h^4KH\left(1 + \frac{2KH}{\sin h2KH}\right)}$$

当波高达到破碎的水深称为临界水深 H_c，按前假设：

$$H_c = 1.28h$$

则可得：

$$H_c = \frac{KH_c\tan hKH_c}{2\pi}\lambda_0$$

在波破碎区，即当 $H \leqslant H_c$ 时，得波破碎区内求 A、B 的公式为：

$$A = \sqrt{\frac{g\lambda_0}{2\pi}}a'(K_0H), B = \sqrt{\frac{g\lambda_0}{2\pi}}b'(K_0H)$$

此处，

$$a'(K_0H) = \frac{0.78KH}{2\cos hKH}$$

$$b'(K_0 H) = \frac{3}{16} \frac{(0.78KH)^2 \cos hKH}{\sin h^4 KH}$$

2.2 泥沙运动各要素的计算

采用窦国仁的泥沙起动流速公式[3],但将此公式做了简化。首先因是讨论较粗粒径的泥沙,可忽略黏结力的影响;另外因考虑的是贴近水底的起动流速,而公式的验证资料所用水深很小,实际上算是贴近水底的,故可取水深为零作为贴近水底的条件,也即不考虑下压力的影响。于是得泥沙起动流速 $V_0(\mathrm{m \cdot s^{-1}})$ 的公式为:

$$V_0 = \sqrt{6.25\, gad}$$

式中,d 为泥沙粒经(mm);a 为重率系数。

$$a = \frac{\rho_s - \rho}{\rho}$$

式中,ρ_s 为泥沙的密度;ρ 为海水的密度。

从表层算起第 n 层的泥沙,其正反向的起动流速就是 $nV_0^{\pm}$,而该层的正反向泥沙移动速度就是:

$$\overline{V}_{d_n}^+ = \frac{1}{\tau} \int_{-T_n}^{+T_n} (|V_x| - V_0^+)\,\mathrm{d}t = \frac{2}{\tau} \int_0^{T_n} (|V_x| - V_0^+)\,\mathrm{d}t$$

$$\overline{V}_{d_n}^- = \frac{1}{\tau} \int_{\frac{\tau}{2}-T''_n}^{\frac{\tau}{2}+T''_n} (|V_x| - V_0^-)\,\mathrm{d}t = \frac{2}{\tau} \int_{\frac{\tau}{2}}^{\frac{\tau}{2}T''_n} (|V_x| - V_0^-)\,\mathrm{d}t$$

式中,$V_{d_n}^+$ 与 $V_{d_n}^-$ 为第 n 层泥沙正反向移动速度;T'_n 为 T''_n 底流速达到正反向起动速度的相应时刻。

已知各层泥沙的移动速度,则泥沙的正反向体积输沙率为:

$$\overline{V}_v^+ = \frac{d}{1\,000} \sum_{n=1}^{N^+} \overline{V}_{d_n}^+$$

$$\overline{V}_v^- = \frac{d}{1\,000} \sum_{n=1}^{N^-} \overline{V}_{d_n}^-$$

整个横向体积输沙率就是:

$$\overline{V}_v = \overline{V}_v^{\,+} + \overline{V}_v^{\,-}$$

2.3 海岸地形要素的计算

水深 H 向下为正,在海岸地形不断变化的情况下,它应是横坐标 x 和时间 t 的函数,对某一点 x 来说,应有满足连续条件的微分方程:

$$\frac{\mathrm{d}H}{\mathrm{d}t} = \frac{\mathrm{d}\overline{V}_v}{\mathrm{d}x}$$

在时间 t_1 至 t_2 区间内,水深由 H_1 变至 H_2 积分上式,我们有:

$$\int_{H_1}^{H_2} dH = \int_{t_1}^{t_2} \frac{d\overline{V_v}}{dx} dt$$

即得:

$$H_2 = H_1 + \int_{t_1}^{t_2} \frac{d\overline{V_v}}{dx} dt$$

另一个地形要素——海底坡度,应按下式计算:

$$\tan \phi = -\frac{dH}{dx}$$

dV_v/dx 这一值既可称为体积输沙率梯度,又可按其实质称为水深随时间的变化率。

3　意义

根据随时间变化的海岸水下横剖面的数学模型,可以定量地去解释海岸动力地貌学的一些基本概念。数值模拟能使海岸横剖面的演变规律定量化,在原先的定性讨论和逻辑推理方法的基础上又前进了一步。有关中立线、剖面平衡的概念在模拟的结果中得到证实,剖面形态变化可以通过计算进一步看出海岸剖面不同地段的堆积与侵蚀过程以及波浪要素、泥沙粒径和剖面坡度变化对这一过程的影响。

参考文献

[1]　沈剑平,王梅芬. 海岸水下剖面演变过程数值模拟的探讨. 海岸工程,1983,2(1):46 - 59.

[2]　U. S. Army Coastal Engineering Research Center. Shore Protection Manual,1975,1(2):30 - 38.

[3]　窦国仁. 论泥沙起动流速. 水利学报,1960(4):4 - 60.

深水空心方块的裂缝公式

1 背景

空心方块比实心方块节省材料,可以加快施工进度以及减少投资,国内外码头设计及建造大多采用空心方块。在深水空心方块码头,有些块体发生了裂缝,导致严重事故,空心方块的采用数量也大量减少。张鲁生[1]对深水泊位中运用空心方块的结构型式进行研究,寻找避免块体裂缝出现的方法。合适的解决办法可以为码头的工程带来很多方便,工期延迟的现象也会改善很多。

2 公式

以下各图1~图4是重力式空心方块码头块体裂缝的几个实例,由此可引用以下公式进行分析。

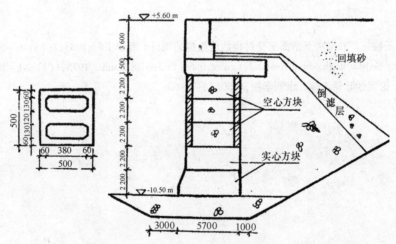

图1 青岛港八号码头七号泊位断面图(单位:mm)

对于矩形截面的混凝土受弯构件的正截面强度应按下列公式计算:

$$KM = \frac{R_1 \cdot bh^2}{3.5}$$

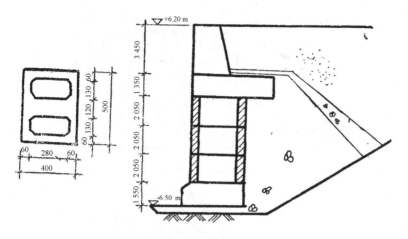

图2　山东沿海防波堤港侧码头断面图(单位:mm)

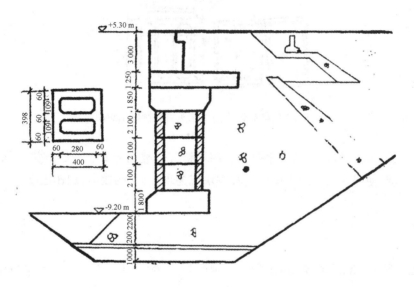

图3　烟台港新建深水码头断面图(单位:mm)

式中,K 为混凝土抗弯安全系数;M 为弯矩;R_2 为混凝土抗拉设计强度;b 为矩形截面的宽度;h 为矩形截面的高度。

3　意义

根据空心方块抗弯强度的计算,为避免裂缝的出现,可以采用轻质芯模,并掌握好活芯及脱模时机,脱模起吊时要准确对中,避免混凝土受内伤;块体堆存时要放置平整;尽量加大块体高度,使其满足混凝土抗弯强度要求,考虑到施工的可能,不能任意加高。中、小型

31

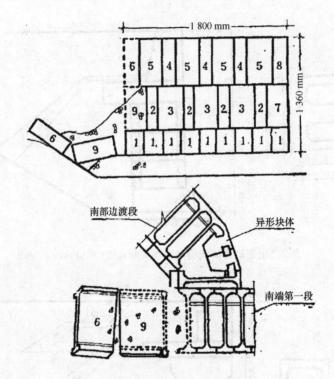

图 4　湛江磷矿码头南部端头方块倾倒示意图

码头采用一次出水的结构方案;深水码头采用不错缝的叠砌方式。空心方块的强度数值计算,避免了裂缝,使码头的大规模使用空心方块成为现实,节约成本,加速进度。

参考文献

[1]　张鲁生. 混凝土空心方块裂缝问题的探讨. 海岸工程,1983,2(1):79 – 84.

遥感图像的分辨率公式

1 背景

我国拥有漫长的海岸线,分布广阔的滩涂,因此,调查海岸带、开发海涂和发展养殖成为农渔区划的重要部分,遥感技术成为海岸带调查的有力手段。尹世源[1]利用遥感图像计算机最新处理方法对山东丁字湾遥感影像进行处理,来解译滩涂分布,并由计算机输出定量结果。遥感图像计算机分类技术,这几年发展迅速,已将国外引进的三套 S101 图像数字处理系统进行使用。

2 公式

我们把滩涂作为一类。假设有 l 个类别,表示为 $C_1,C_2,\cdots,C_l$,同时假设波段数为为 m,用 $b(p)$ 表示它的取值,$b(p)=1,2,3,4,\cdots,m$。若第 i 类取样数为 n_i,则像元观测值为 X_{ijb},这里 i 是类别下标,$j=1,2,3,\cdots,j$ 是在某类取样中被观测像元的顺序编号。

(1)首先对全部取样的像元进行测量,取得每类各变量中像元的灰度值,记为 X_{ijb}。

(2)计算各类各个变量的均值、方差和每两个变量的协方差估计值,并设立各类协方差矩阵:

$$S_i = \begin{bmatrix} S_{i11} & S_{i12} & \cdots & S_{i1n_i} \\ S_{i21} & S_{i22} & \cdots & S_{i2n_i} \\ \vdots & & & \\ S_{in_i1} & S_{in_i2} & \cdots & S_{in_in_i} \end{bmatrix}$$

其中,$S_{ibp} = \dfrac{1}{n_i-1}\sum_{j-1}^{n_i}(X_{ijb}-X_{ib})(X_{ijb}-X_{ip})$

$$X_{ib} = \frac{1}{n_i}\sum_{j=1}^{n_i}X_{ijb}$$

式中,i 为类别下标,$i=1,2,\cdots,l$;b、p 均为变量下标 b、$p=1,2,3,\cdots,m$。

(3)总体的协方差矩阵及逆矩阵:

$$S = S_1 + S_2 + \cdots + S_l; S^{-1} = (S^{-1}bp)$$
$$b,p = 1,2,3,\cdots,m$$

（4）计算判别方程的系数并求得第 i 类判别函数：

$$\lambda_{ib} = \sum_{p=1}^{m} S_{bp}^{-1} \overrightarrow{X}_{ip}$$

$$\lambda_{io} = -\frac{1}{2} \sum_{b=1}^{m} \sum_{p=1}^{m} S_{bp}^{-1} X_{ib} \overrightarrow{X}_{ip}$$

$$f_i = \lambda_{i0} + \lambda_{i1} X_1 + \lambda_{i2} X_2 + \cdots + \lambda_{im} X_m$$

计算各像元 X_i 对各类判别函数值 f_i，若 f_h 为最大，则这像元属于该"h"类。

3　意义

根据最大似然法,可知越高的图像分辨率,越大的比例尺,则越容易分类。使用大比例尺的图像来显示同一地区的情况,将成倍增加本地区图像的覆盖率,可以通过有多幅图像贮存功能的计算机处理系统,进行组织流水作业,能够快速、高效、即时地输入,成批地处理。随着图像处理技术的发展,把整批资料一起输入,由计算机连续作业已成为现实。

参考文献

［1］　尹世源. 计算机最大似然法分类在海岸调查中应用的探讨. 海岸工程,1983,2(1):75 – 78.

连云港的近海波浪公式

1 背景

波浪是由于风的摩擦,海水有规律的波状起伏运动而形成的,这些运动有一些自有的特征,波型、波向、波高等也是这些特征中的一部分。张方俭和林仕群[1]根据连云港海洋站的波浪观测资料,对连云港附近的海区做了波浪特征的统计分析。连云港海洋站位于海州湾南部西连岛的西北端,岛屿周围为基岩海岸,除东北方向约 670 m 处有一石礁外,海域开阔,海底平坦。

2 公式

对于风浪,各种波高之间理论上存在一定关系。这里根据 1975—1979 年观测资料,挑选强浪向(N—NE)上充分成长之风浪,用比值法求得该海区风浪的最大波高与波高的关系为:

$$H_{max} = 1.25 H_{\frac{1}{10}}$$

同时,根据 1975—1979 年观测资料,求得所有波浪(包括所有的风浪、涌浪和混合浪)的最大波高与波高的关系为:

$$H_{max} = 1.20 H_{\frac{1}{10}}$$

根据 1975—1979 年观测资料,选取 NNE—ENE 方向范围内之充分成长风浪,再用回归分析方法求得充分成长风浪波高与风速之间的关系为:

$$H_{\frac{1}{10}} = 0.092 W^{1.155} (m)$$

式中:W 为风速($m \cdot s^{-1}$);其相关系数 $r = 0.91$。

根据 1970—1979 年资料,取日最大 $H_{\frac{1}{10}}$(每日 4 次观测波高($H_{\frac{1}{10}}$)之最大值),按 0.5 m 波高间隔分别统计出现频率和累积频率。

由图 1 可知,保证率为 10 的日最大 $H_{\frac{1}{10}}$ 为 1.7 m(1 月)和 1.1 m(7 月);保证率为 1 的日最大 $H_{\frac{1}{10}}$ 为 3.0 m(1 月)和 1.9 m(7 月)。

从 1970—1979 年资料中,取逐次观测的波高,按 0.4 m 间隔分别统计其出现频率和累积频率。

由图 2 可以看出,保证率为 10 的波高($H_{\frac{1}{10}}$),1 月份为 1.5 m,7 月份为 0.9 m;保证率为

1 的波高($H_{\frac{1}{10}}$),1月份为 2.6 m,7月份为 1.6 m。

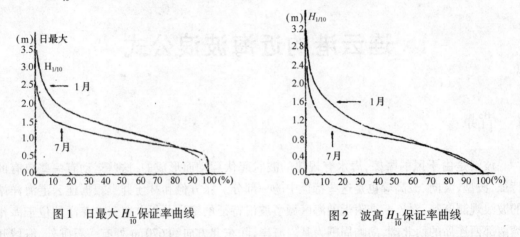

图 1 日最大 $H_{\frac{1}{10}}$ 保证率曲线　　　　　图 2 波高 $H_{\frac{1}{10}}$ 保证率曲线

1975—1979 年资料,选取强浪向(NNE—ENE)充分成长之风浪,采用回归分析方法、求得风浪之周期(s)与波高(m)的关系为:

$$T = 4.45 H_{\frac{1}{10}}^{0.32}$$

3　意义

根据波浪特征的分析,可以通过波型、波向、波高、周期等对建设港口、疏通航道、保护岸堤进行很好的控制。连云港近海波浪的方向,除与风向有关外,同时还受海岸、岛屿和海底地形等影响。风浪的波高主要取决于风要素——风速、风时和风区,风速越大,风时和风区越长,风浪的波高就越大;反之亦然,涌浪的波高除决定于原风浪波高外,随传播距离或传播时间的增加而逐渐减小。

参考文献

[1]　张方俭,林仕群. 连云港近海波浪特征. 海岸工程,1983,2(1):15 – 25.

浅水波要素的计算

1 背景

通过外力使浅水变形或使外力作用在海岸建筑物上,这些波浪特性是值得研究的问题。设计港口工程时,成功的关键是确定建筑物上的设计要素。刘大中[1]通过评述浅水波浪要素中波浪在播中的变形、破波变形及波高分布等问题,分别叙述波高差别的原因。由于天然海浪的不规则性,为符合实际应采用不规则波的研究成果。用等效深水来计算直立堤波浪要素,不规则波概念可被引入到浅水变形和破碎变形。

2 公式

岩垣考虑了水深和波向线间隔的变化,根据波速第二定义的斯托克司波的四阶近似解和椭圆余弦波导得的双曲线波求出了非线性波的浅水系数,并与折射系数分开,以便于实用,可近似由下式表示[1]:

$$K_s = K_{s_0} + 0.001\,5\left(\frac{d}{L_0}\right)^{-2.5} \cdot \left(\frac{H'_0}{L_0}\right)^{1.2}$$

式中,K_s 为按微幅波理论计算的浅水系数;$\frac{H_0}{L_0}$ 为深水波陡;$\frac{d}{L_0}$ 为相对水深,即水深 d 与深水波长 L_0 之比。

图 1 给出了首藤、酒井曲线及微幅波理论的曲线。并取各值列于表 1 对比其差别。

表 1   各种理论浅水系数 K_s 的比较

d/L_0		0.08		0.06		0.05			0.04			0.03			0.02			0.015		
H'_0/L_0		0.02	0.04	0.02	0.04	0.01	0.02	0.04	0.01	0.02	0.04	0.005	0.01	0.02	0.002	0.005	0.01	0.001	0.002	0.005
	微幅波	0.955		0.993		1.023			1.064			1.125			1.226			1.307		
K_s 值	首藤	0.97	—	1.00	1.08	1.02	1.05	1.18	1.08	1.17	—	1.12	1.20	1.40	1.22	1.33	1.53	1.30	1.36	1.60
	岩垣	0.96	0.992	1.01	1.08	1.05	1.08	1.16	1.11	1.18	1.32	1.17	1.24	1.38	1.28	1.38	1.57	1.36	1.42	1.64
	酒井	0.98	1.0	1.06	—	1.06	1.10		1.11	1.25		1.18	1.27		1.28	1.37		1.38	1.45	1.62

波浪在浅水区推进达某一水深时,由于底部摩擦受阻而减速,波浪变形,呈陡直卷曲,

37

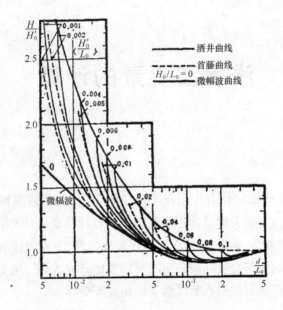

图 1　各种理论的浅水系数曲线

倾倒而破碎。波浪破碎有几种形态与解释[2,3]。对规则波,破碎点固定,称此点水深为破波水深 d_b,此处相应的波高为破波波高 H_b。但是,天然海浪的不规则波群,由于各波要素不一,所以波浪破碎在很宽的破波带上。经实验分析[4,5],给出如下波浪破碎界限的公式:

$$\frac{H_b}{L_0} = A\left\{1 - \exp\left[-1.5\frac{\pi d_b}{L_0}(1 + 15\tan^{3/4}\theta)\right]\right\}$$

式中,$A = 0.12 \sim 0.18$,由该式可求得破波波高 H_b。

3　意义

通过相同等效深水波要素,可知我国规范[6]方法与合田法[7]的波浪要素有时差别较大,主要因为波浪的非线性结果有时不被考虑,合田计算的最大波高比我国标准值偏高,还与水深水浅有很大关系。由于浅水变形和波浪力与波周期有明显关系,而规范选用平均波周期,有些偏低,为解决这一问题应在工程设计中应选用波高与周期组合。

参考文献

[1]　刘大中.浅水波浪要素确定方法的探讨.海岸工程,1983,2(1):10-14.

[2]　椹木亨.第 28 回海岸工学讲演论文集.1980:143-147.

[3]　俞聿修.直立堤前波浪界限和破碎水深.台风波浪对海岸工程作用技术讨论会技术报告汇编,

1973.

[4]　岩垣雄一等．第 28 回海岸工学讲演论文集．1981；104 – 108.

[5]　矶部雅彦等．第 28 回海岸工学讲演论文集．1980；139 – 142.

[6]　中华人民共和国交通部．港口工程技术规范．第二篇水文第一册海港水文，1978.

[7]　港湾山施设の技术上の标准の同解说，日本港湾局监修，1979 年（日）港湾协会．

总体波压力的计算

1 背景

波压力是水体波动时作用于水体中某点或固体边界上的压力。当建筑物的构件有多种不同方位时,计算各构件上力的分布及总波力是有待解决的问题。钟礼英等[1]用矢量法计算了三维框架结构物任意方位构件上的波浪力以及整个结构物上的总波压力和力矩。用 Morison 计算垂直向小直径桩柱上的波浪力是较方便的方式,为得出实际结果需选择估算波浪特征的波浪理论和计算构件不同方位的受力情况。

2 公式

对于任意方向构件上的波浪力与垂直桩上的波浪力类似,可以下式决定[2]:

$$f = C_D \frac{W}{2g} D U_n \mid U_n \mid + C_M \frac{W}{g} \frac{\pi D^2}{4} A_n$$

式中,U_n、A_n 是与构件垂直的方向上的速度和加速度;f 是作用于单位长度构件垂直方向的波力向量;$\mid U_n \mid$ 表示向量 U_n 的大小;C_D、C_M 分别为阻力系数和惯性力系数;g 为重力加速度;D 为构件的直径;W 是水的密度;f、U_n、A_n 均为 x、y、z、t 的函数。

若以 C 表示柱段的方位的单位向量,则利用向量积的性质,U_n 和 A_n 可写成[3]:

$$U_n = C(UC)$$
$$A_n = C(AC)$$

利用向量等式:

$$a(bc) = b(ac) - c(ab)$$

则:

$$U_n = \mid C \mid^2 U - (C \cdot U) C$$
$$= i[U_x(1 - C_x^2) - C_X C_Y U_Y - C_X C_Z C_Z] +$$
$$[- U_X C_X C_Y + U_Y(1 - C_Y^2) - C_Y C_Z U_Z] +$$
$$K[- U_X C_X C_Z - U_Y C_Y C_Z + (1 - C_Z^2) U_Z]$$
$$U_n^2 = [C^2 U - (C \cdot U) C]^2$$
$$= \mid U \mid^2 - C U^2$$

40

$$| U_n | = \sqrt{(1 - C_X^2) U_X^2 + (1 - C_Y^2) U_Y^2 + (1 - C_Z^2) U_Z^2 - 2C_X C_Y U_X U_Y - 2C_X C_Z U_X U_Z - 2C_Y C_Z U_Y U_Z}$$

式中，C_X、C_Y、C_Z 分别为构件的方向向量的 x、y、z 三个分量。U_X、U_Y、U_Z 为水质点速度的 x、y、z 方向的三个分量。

同理：

$$
\begin{aligned}
A_n &= | C |^2 A - (C \cdot A) C \\
&= i [A_X (1 - C_X^2) - C_X C_Y A_Y - C_X C_Z A_Z] + \\
& \quad j [- A_X C_X C_Y + A_Y (1 - C_Y^2) - C_Y C_Z A_Z] + \\
& \quad K [- A_X C_X C_Y - A_Y C_Y C_Z + (1 - C_Z^2) A_Z]
\end{aligned}
$$

根据上述，作用于第 i 个具有任意方位的构件上的波压力应为：

$$
\begin{aligned}
\int_0^{S_i} f_i \mathrm{d} S_i &= C_{D_i} \frac{W}{2g} D_i \int_0^{S_i} U_{ni}(x \text{、} y \text{、} z ; t) \mathrm{d} s_i + \\
& \quad C_{M_i} \frac{W}{g} \frac{\pi D_i^2}{4} \int_0^{S_i} A_{ni}(x \text{、} y \text{、} z ; t) \mathrm{d} S_i \\
&= C_{D_i} \frac{W}{2g} D_i \int_0^{S_i} U_{ni}(x_{i1} + c_{ix} s_i, y_{i1} + c_{iy} s_i, z_{i1} + c_{iz} s_i ; t) \mathrm{d} s_i + \\
& \quad C_{M_i} \frac{W}{g} \frac{\pi}{4} D_i^2 \int_0^{S_i} A_{ni}(x_{i1} + c_{ix} s_i, y_{i1} + c_{iy} s_i, z_{i1} + c_{iz} s_i ; t) \mathrm{d} s_i
\end{aligned}
$$

式中，$U_{ni} = U_{n1} | U_{ni} |$；$D_i$ 为第 i 个构件的直径；S_i 为第 i 个构件的长度；x_{i1}, y_{i1}, z_{i1} 为第 i 个端点坐标；C_{ix}, C_{iy}, C_{iz} 为分别为第 i 个构件的方向向量的三个分量；C_{di}, C_{mi} 为分别为第 i 个构件的阻力系数和惯性力系数。

得到了任意一个构件上的波力公式后，各个构件上的波力叠加即可得到：

$$F = C_{D_i} \frac{W}{2g} \sum_{i=1}^n D_i \int_0^{S_i} U_{ni}(x_{i1} + c_{ix} s_i, y_{i1} + y_{ix} s_i, z_{i1} + z_{ix} s_i ; t) \mathrm{d} s_i$$

整个桁架结构物所受的总力矩：

$$
\begin{aligned}
M &= C_D \frac{W}{2g} \sum_{i=1}^n D_i \int_0^{S_i} ZK \times U_{ni}(x_{i1} + c_{ix} s_i, y_{i1} + y_{ix} s_i, z_{i1} + z_{ix} s_i ; t) \mathrm{d} s_i + \\
& \quad C_M \frac{W}{g} \frac{\pi}{4} D_i^2 \int_0^{S_i} ZK \times A_{ni}(x_{i1} + c_{ix} s_i, y_{i1} + c_{iy} s_i, z_{i1} + c_{iz} s_i ; t) \mathrm{d} s_i
\end{aligned}
$$

$$
\begin{aligned}
M_{yi} - M_{xj} &= C_D \frac{W}{2g} \sum_{i=1}^n D_i \int_0^{S_i} (z_{i1} + c_{iz} s_i) U_{ni}(x_{i1} + c_{ix} s_i, y_{i1} + c_{iy} s_i, z_{i1} + c_{iz} s_i ; t) \mathrm{d} s_i + \\
& \quad C_M \frac{W}{g} \frac{\pi}{4} D_i^2 \int_0^{S_i} (z_{i1} + c_{iz} s_i) A_{ni}(x_{i1} + c_{ix} s_i, y_{i1} + c_{iy} s_i, z_{i1} + c_{iz} s_i ; t) \mathrm{d} s_i
\end{aligned}
$$

由 Stokes 四阶波理论决定的基本流场如下[4]：

$$\eta = \frac{1}{K} [\lambda \cos\alpha + (\lambda^2 B_{22} + \lambda^3 B_{24}) \cos 2\alpha + \lambda^3 B_{33} \cos 3\alpha + \lambda^4 B_{44} \cos 4\alpha]$$

质点水平速度：

$$U = C\left[\lambda^2 A_{02} + \lambda^4 A_{04} + (\lambda A_{11} + \lambda^3 A_{13})chk(h+z)\cos\alpha + \right.$$
$$2(\lambda^2 A_{22} + \lambda^4 A_{24})ch2k(h+z)\cos2\alpha +$$
$$\left. 3(\lambda^3 A_{33})ch3k(h+z)\cos3\alpha + 4(\lambda^4 A_{44})ch4k(h+z)\cos4\alpha\right]$$

质点垂直速度:

$$W = C\left[(\lambda A_{11} + \lambda^3 A_{13})chk(h+z)\sin\alpha + \right.$$
$$2(\lambda^2 A_{22} + \lambda^4 A_{24})sh2k(h+z)\sin2\alpha +$$
$$\left. 3\lambda^3 A_{33}sh3k(h+z)\sin3\alpha + 4\lambda^4 A_{44}sh4k(h+z)\sin4\alpha\right]$$

$$\alpha = k(x\sin Q + y\cos Q - ct)$$

式中,Q 为入射波向;x、y、z 为构件坐标;k 为波数;A_{ij}、B_{ij} 为文献[4]给定的系数;C 为波速, 按 Stokes 第二种波速定义为:

$$C = \frac{\int_0^L \int_{-h}^{\eta}(c+u)\mathrm{d}z\mathrm{d}x}{\int_0^L \int_{-h}^{\eta}\mathrm{d}z\mathrm{d}x}$$

式中,λ 为小参量,由下式给定:

$$z(\lambda + \lambda^3 B_{33}) = KH$$

3 意义

根据用矢量法计算三维框架结构物的总体波压力,可计算出建筑物的不同方位构件上的力及作用在整个建筑物上的总波力。这是通过 Morison 公式,即用向量分析方法计算构件上任意方位的波力和结构物的总体波力及力矩的计算公式。这个公式可用于计算任意角度的总体波力。基本流场的确定可通过 Stokes 四阶波理论来实现,用电子计算机把公式被编成源程序,可算出整个结构物上的总波力。

参考文献

[1] 钟礼英,侯国本,曾恒一,等. 用矢量法计算三维框架结构物的总体波压力. 海岸工程,1983,2(1): 1 - 9.

[2] Lars Skjelbreia,J A Hendrickson,R E Kilmer. Wave Force Calculation for Three - dimensional Structures Composed of Tubular Members. Proceeding of Offshore Explanation Conference. 1966.

[3] 日本土木学会. 波力矩阵. 海上作业场的设计要点. 1976.

[4] Ypshito Tsuchiya. Total Force on a Vertical Circular Cylindrial Pile. Proceeding of the Fourteenth Coastal Engineering Conference. 1974,Vol. 3.

立波的压力公式

1 背景

关于直立堤上立波压力的理论研究,当 $\dfrac{d}{L} = 0.1 \sim 0.2$ 时,采用拉格郎日坐标一次近似解;当 $\dfrac{d}{L} = 0.2 \sim 0.5$ 时,采用了欧拉坐标一次近似解。刘大中[1]就关于立波压力计算公式的探讨进行了研究。由于高阶近似解考虑了高频项,所以能解释实验中观察到的波压力—时间变化曲线中出现的所谓"双峰波压力"现象。而一阶近似解忽略了二阶以上各项,故压力峰与水位峰一致,而解释不了压力超前于水位等现象。

2 公式

欧拉一次式的相对总波浪力为:

$$P_{RE} = \frac{P_{TE}}{rHd_L} = \frac{1}{2}\frac{H}{d_L} + \frac{1}{2\pi}\frac{L}{d}\frac{d}{d_L}\left[\tan h\frac{2\pi d}{L} - \frac{\sin h2\pi\frac{d}{L}\left(1 - \frac{d_L}{d}\right)}{\cos h\frac{2\pi d}{L}}\right]$$

森式相对值可改写如下:

$$\frac{h_s}{H} = \pi\frac{H}{L}\cot h\frac{2\pi d}{L}$$

相对基底压力:

$$\frac{p_s}{rH} = \frac{1}{\cos h\dfrac{2\pi d}{L}}$$

相对静水面压力:

$$\frac{p_s}{rH} = \left(\frac{p_d}{rH} - \frac{d}{H}\right)\left(\frac{1 + \dfrac{h_s}{H}}{1 + \dfrac{h_s}{H} + \dfrac{d}{H}}\right)$$

相对墙底压力:

$$\frac{P_b}{rH} = \frac{P_s}{rH} - \left(\frac{P_s}{rH} - \frac{P_d}{rH}\right)\frac{d_L}{d}$$

代入上式各值即可求得相对总波浪力值:

$$P_{RS} = \frac{P_{TS}}{rHd_L} = \frac{1}{2}\left(1 + \frac{h_s}{H} + \frac{d_L}{H}\right)\left(\frac{P_b}{rH}\frac{H}{d_L} + 1\right) - \frac{1}{2}\frac{d_L}{H}$$

同时也将 Biesel 二阶近似解求总波浪力公式改写成相对值形式如下,即当$\frac{d_L}{d} = 1.0$时:

$$P_{RB} = \frac{P_{TB}}{Hrd_L} = \frac{1}{4r}\frac{H}{d_L}(A_R\sin\omega t + M_R\sin^2\omega t + N_R)$$

式中,

$$A_R = \frac{2}{\pi}\frac{L}{H}\tan h\frac{2\pi d}{L}$$

$$M_R = 3\left(1 + \sin^2\frac{2\pi d}{L}\right) + \frac{8\pi d}{L}\cot h\frac{4\pi d}{L}$$

$$N_R = \frac{4\pi d}{L}\left(\frac{1}{\sin\frac{4\pi d}{L}} + 1\right)$$

3   意义

通过比较直立堤上立波各理论解的波浪压力计算值,并引用一些试验数据检验符合程度。计算表明,森弗罗公式与其他各理论解及实验值的差别较大,而欧拉坐标的一次近似解却能包络大多数实测数据而不至于偏差过大。与合田法对比其相对值大体相当,绝对值则小于10% ~30% 。苏联规范的立波公式与我国规范值相比则小10% ~35% ,因而以欧拉坐标一次近似解作为立波压力公式是适宜的。

参考文献

[1]   刘大中.关干立波压力计算公式的探讨.海岸工程,1983,2(2):1 - 10.

破波带的破波公式

1 背景

黄岛前湾是胶州湾外湾中的一个小湾,在黄岛南侧,是黄岛和显浪半岛环抱而成的小湾。大部分水深小于 5 m,是一个典型的浅水湾。王文海[1]通过对黄岛前湾建港中的地质与泥沙问题的研究,论述其建深水港的可能。波浪状况是影响港口工程的另一重要动力因素。海湾水下地形和滩地地形非常平缓海域底层沉积物主要是泥质粉砂,海滩沉积物主要是细砂。它不仅关系到港口工程的造价和泊稳条件,而且也关系到泥沙运动,影响港口的徊淤问题。

2 公式

波浪对泥沙的作用表现在两个方面:一是波浪掀沙,一是波浪输沙。破波带是泥沙活动最为活跃的地带,因此确定破波带的位置非常重要。从理论上讲,破波波高由下式[2]求得:

$$H_b = \frac{H_0}{3.3 \sqrt[3]{H_0/L_0}} \sqrt[3]{I_0/I}$$

式中,H_b 为破波波高;H_0 为深水波高;L_0 为深水波长;I_0 为深水处两条折射线之间距;I 为计算处两条折射线之间距。

除破波带是泥沙的激烈活动带以外,波浪能在不同的水深能引起不同程度的泥沙运动。日本学者用下列公式进行计算[3]:

$$\frac{H_0}{L_0} = \alpha \left(\frac{d_m}{L_0} \right)^n \sin h \left(\frac{2\pi D_c}{L} \right) \cdot \frac{H_0}{H}$$

式中,H_0 为深水有效波高;L_0 为深水波长;H 为计算处有效波高;L 为计算处波长;d_m 为计算处泥沙中值粒径;α 为待定系数;n 为待定指数。

根据有关文献,公式中的系数指数及其物理意义(表1)。

表1   公式中的系数指数

项目	佐滕·岸	佐滕·田中	佐滕·田中
n	1/2	1/3	1/3
α	10.2	1.35	2.40
运动形态	个别运动	表层运动	完全运动

3   意义

根据地质与泥沙探讨的公式,可知黄岛前湾具有优越的自然条件;在此建深水港的可能性还是比较大的。由于它具备深大的掩埋基岩基础,物理力学良好的土壤性质,水动力比较弱,泥沙来源少,航道和港池徊淤较轻微,因此是一个建深水大港非常好的场所。只要事先搞好规划设计,进行系统的安排,将会建成一个有相当规模的、现代化的青岛新港。为青岛的发展带来不可估量的益处。

参考文献

[1]   王文海.黄岛前湾建港中的地质与泥沙问题.海岸工程.1983,2(2):38-49.

[2]   文圣常.海浪原理.济南市:山东人民出版社,1964.

[3]   日本港湾协会.港口建筑物设计标冲.北京:人民交通出版社,1979.

桩柱的波力公式

1 背景

对规则余波来说主要有四种:线性波理论、司托克斯波理论、椭圆余弦波理论、孤立波理论。合理选择波浪理论进行研究,对分析动力条件、估算泥沙运动和岸滩演变以及估算波浪力等方面都有其重大的影响,因此,对这些波浪理论的适用范围的分析还有待进一步研究。竺艳蓉[1]对几种波浪理论适用范围进行了分析,对选出合适的波浪理论用于实践具有重要意义。通过研究桩柱和墩柱建筑物上波浪作用力的基本公式,来改进桩柱和墩柱建筑物上波力计算方法。

2 公式

线性波理论的基本公式

波长:

$$L = \frac{gT^2}{2\pi}\text{th}kd$$

周期:

$$T = \sqrt{\frac{2\pi L}{g}\cot hkd}$$

波速:

$$C = \sqrt{\frac{g}{k}\text{th}kd}$$

波剖面:

$$\eta = \frac{H}{2}\cos(kx - \sigma t)$$

势函数:

$$\phi = \frac{HL}{2T}\frac{\text{ch}kz}{\text{sh}kd}\sin(kx - \sigma t)$$

水质点的水平速度:

$$u = \frac{\partial \phi}{\partial x} = \frac{\pi H}{T}\frac{\text{ch}kz}{\text{sh}kd}\cos(kx - \sigma t)$$

水质点的垂直速度：

$$V = \frac{\partial \phi}{\partial Z} = \frac{\pi H}{T} \frac{\mathrm{ch}kz}{\mathrm{sh}kd} \sin(kx - \sigma t)$$

水质点的水平加速度：

$$a_x = \frac{\partial u}{\partial t} = \frac{2\pi^2 H}{T^2} \frac{\mathrm{ch}kz}{\mathrm{sh}kd} \sin(kx - \sigma t)$$

水质点的垂直加速度：

$$a_z = \frac{\partial u}{\partial t} = \frac{2\pi^2 H}{T^2} \frac{\mathrm{ch}kz}{\mathrm{sh}kd} \cos(kx - \sigma t)$$

式中：k 为波数，$k = \frac{2\pi}{L}$；σ 为波浪圆频率，$\sigma = \frac{2\pi}{T}$。

司托克斯波二阶近似

波剖面：

$$\eta = \frac{H}{2}\cos(kx - \sigma t) + \frac{\pi H^2}{4L}\left(1 + \frac{3}{2\mathrm{sh}^2 kd}\right)\cot hkd \cdot \cos 2(kx - \sigma t)$$

势函数：

$$\phi = \frac{HL}{2T} \frac{\mathrm{ch}kz}{\mathrm{sh}kd} \sin(kx - \sigma t) + \frac{3\pi H^2}{16T} \frac{\mathrm{ch}2kz}{\mathrm{sh}^4 kd} \sin 2(kx - \sigma t)$$

水质点的水平速度：

$$u = \frac{\partial \phi}{\partial x} = \frac{\pi H}{T} \frac{\mathrm{ch}kz}{\mathrm{sh}kd} \cos(kx - \sigma t) + \frac{3}{4}\left(\frac{\pi H}{T}\right)\left(\frac{\pi H}{L}\right) \frac{\mathrm{ch}2kz}{\mathrm{sh}^4 kd} \cos 2(kx - \sigma t)$$

水质点的垂直速度：

$$V = \frac{\partial \phi}{\partial z} = \frac{\pi H}{T} \frac{\mathrm{ch}kz}{\mathrm{sh}kd} \sin(kx - \sigma t) + \frac{3}{4}\left(\frac{\pi H}{T}\right)\left(\frac{\pi H}{L}\right) \frac{\mathrm{ch}2kz}{\mathrm{sh}^4 kd} \sin 2(kx - \sigma t)$$

水质点的水平加速度：

$$a_x = \frac{\partial u}{\partial t} = \frac{2\pi^2 H}{T^2} \frac{\mathrm{ch}kz}{\mathrm{sh}kd} \sin(kx - \sigma t) + 2\left(\frac{\pi^2 H}{T^2}\right)\left(\frac{\pi H}{L}\right) \frac{\mathrm{ch}2kz}{\mathrm{sh}^4 kd} \sin 2(kx - \sigma t)$$

水质点的垂直加速度：

$$a_z = \frac{\partial u}{\partial t} = \frac{2\pi^2 H}{T^2} \frac{\mathrm{ch}kz}{\mathrm{sh}kd} \cos(kx - \sigma t) + 2\left(\frac{\pi^2 H}{T^2}\right)\left(\frac{\pi H}{L}\right) \frac{\mathrm{ch}2kz}{\mathrm{sh}^4 kd} \cos 2(kx - \sigma t)$$

司托克斯波五阶近似

波长：

$$\frac{\pi H}{d} = \frac{1}{\left(\frac{d}{L}\right)}\left[\lambda + \lambda^3 B_{33} + \lambda^5(B_{35} + B_{55})\right]$$

$$\frac{d}{L_0} = \left(\frac{d}{L}\right)\tan hkd\left[1 + \lambda^2 C_1 + \lambda^4 C_2\right]$$

波速：

$$kC^2 = g\mathrm{th}kd(1 + \lambda^2 C_1 + \lambda^4 C_2)$$

波剖面：

$$K\eta = \lambda\cos k(x - Ct) + (\lambda^2 B_{22} + \lambda^4 B_{24})\cos2k(x - Ct) +$$
$$(\lambda^3 B_{33} + \lambda^5 B_{35})\cos2k(x - Ct) +$$
$$\lambda^4 B_{44}\cos4k(x - Ct) + \lambda^5 B_{55}\cos5k(x - Ct)$$

势函数：

$$\frac{k\phi}{C} = (\lambda A_{11} + \lambda^2 A_{13} + \lambda^5 A_{15})\mathrm{ch}kz\sin k(x - Ct) +$$
$$(\lambda^2 A_{22} + \lambda^4 A_{24})\mathrm{ch}2kz\sin2k(x - Ct) +$$
$$(\lambda^3 A_{33} + \lambda^5 A_{35})\mathrm{ch}3kz\sin3k(x - Ct) +$$
$$\lambda^4 A_{44}\mathrm{ch}4kz\sin4k(x - Ct) + \lambda^5 A_{55}\mathrm{ch}5kz\sin5k(x - Ct)$$

水质点的水平速度：

$$u = \frac{\partial\phi}{\partial x} = C\big[(\lambda A_{11} + \lambda^3 A_{13} + \lambda^5 A_{15})\mathrm{ch}kz\cos k(x - Ct) +$$
$$2(\lambda^2 A_{22} + \lambda^4 A_{24})\mathrm{ch}2kz\cos2k(x - Ct) +$$
$$3(\lambda^3 A_{33} + \lambda^5 A_{35})\mathrm{ch}3kz\cos3k(x - Ct) +$$
$$4\lambda^4 A_{44}\mathrm{ch}4kz\cos4k(x - Ct) + 5\lambda^5 A_{55}\mathrm{ch}5kz\cos5k(x - Ct)\big]$$

水质点的垂直速度：

$$V = \frac{\partial\phi}{\partial z} = C\big[(\lambda A_{11} + \lambda^3 A_{13} + \lambda^5 A_{15})\mathrm{ch}kz\sin k(x - Ct) +$$
$$2(\lambda^2 A_{22} + \lambda^4 A_{24})\mathrm{ch}2kz\sin2k(x - Ct) +$$
$$3(\lambda^3 A_{33} + \lambda^5 A_{35})\mathrm{ch}3kz\sin3k(x - Ct) +$$
$$4\lambda^4 A_{44}\mathrm{ch}4kz\sin4k(x - Ct) + 5\lambda^5 A_{55}\mathrm{ch}5kz\sin5k(x - Ct)\big]$$

水质点的水平加速度：

$$a_x = \frac{\partial u}{\partial t} = \frac{2\pi}{T}C\big[(\lambda A_{11} + \lambda^3 A_{13} + \lambda^5 A_{15})\mathrm{ch}kz\sin k(x - Ct) +$$
$$2^2(\lambda^2 A_{22} + \lambda^4 A_{24})\mathrm{ch}2kz\sin2k(x - Ct) +$$
$$3^2(\lambda^3 A_{33} + \lambda^5 A_{35})\mathrm{ch}3kz\sin3k(x - Ct) +$$
$$4^2\lambda^4 A_{44}\mathrm{ch}4kz\sin4k(x - Ct) + 5^2\lambda^5 A_{55}\mathrm{ch}5kz\sin5k(x - Ct)\big]$$

水质点的垂直加速度：

$$a_z = \frac{\partial v}{\partial t} = \frac{2\pi}{T}C\big[(\lambda A_{11} + \lambda^3 A_{13} + \lambda^5 A_{15})\mathrm{sh}kz\cos k(x - Ct) +$$
$$2^2(\lambda^2 A_{22} + \lambda^4 A_{24})\mathrm{ch}2kz\cos2k(x - Ct) +$$
$$3^2(\lambda^3 A_{33} + \lambda^5 A_{35})\mathrm{ch}3kz\cos3k(x - Ct) +$$

$$4^2\lambda^4 A_{44}ch4kzcos4k(x-Ct)+5^2\lambda^5 A_{55}ch5kzcos5k(x-Ct)]$$

式中, $L_0=\dfrac{gT^2}{2\pi}$; λ 为待定系数 A_{11}、A_{13}、A_{15}、A_{22}、B_{22}、B_{24}、B_{33}、B_{35} 等为待定系数,均是相对水深 $\dfrac{d}{L}$ 的函数,已计算成(表1)。

表 1

序号	d/cm	T/s	H/cm	$T\sqrt{g/d}$	H/d	d/gT^2	H/gT^2
1	30.5	0.93	9.08	5.3	0.298	0.036 0	0.010 7
2	20.9	0.96	7.22	6.6	0.345	0.023 1	0.008 0
3	16.0	0.94	5.22	7.4	0.326	0.018 5	0.006 0
4	13.0	0.95	3.98	8.3	0.306	0.014 7	0.004 5
5	16.0	1.10	4.91	8.6	0.307	0.013 5	0.004 1
6	13.0	1.10	4.13	9.6	0.318	0.011 0	0.003 5
7	29.8	1.74	7.12	10.0	0.239	0.010 0	0.002 1
8	21.0	1.74	6.47	11.9	0.308	0.007 1	0.002 2
9	21.0	1.76	6.44	12.0	0.306	0.006 9	0.002 1
10	21.0	1.89	6.24	12.9	0.297	0.006 0	0.001 8
11	16.0	1.73	5.18	13.6	0.324	0.005 4	0.001 7
12	13.0	1.93	3.66	16.8	0.282	0.003 6	0.001 0

椭圆余弦波理论

波长:

$$L=\sqrt{\frac{16d^2}{3H}}\cdot kK(k),\ \text{或}\ \frac{L^2H}{d^3}=\frac{16}{3}k^2K^2(k)$$

波速:

$$c^2=gd\left\{1+\frac{H}{d}\left[-1+\frac{1}{k^2}\left(2-3\frac{E(k)}{K(k)}\right)\right]\right\}$$

周期:

$$T\sqrt{\frac{g}{d}}=\sqrt{\frac{16d}{3H}}\left\{\frac{kK(k)}{\sqrt{1+\frac{H}{d}\left[-1+\frac{1}{k^2}\left(2-3\frac{E(k)}{K(k)}\right)\right]}}\right\}$$

波剖面:

$$Z_s = Z_t + HC_n^2 \left[2K(k) \left(\frac{x}{L} - \frac{t}{T} \right) k \right]$$

式中的 Z_t 为海底至波谷底的距离;C_n 为椭圆余弦函数,k 为椭圆积分的模数;$K(k)$ 和 $E(k)$ 分别是模数为 k 的第一类和第二类完全椭圆积分。

海底至波峰顶的距离 Z_c 以及海底至波谷底的距离 Z_t 可由下述关系求出:

$$Z_c = d + \frac{16d^2}{3L^2} \left[K(k)K(K) - E(k) \right]$$

$$Z_t = Z_c - H$$

水质点的水平速度:

$$\frac{u}{\sqrt{gd}} = \left\{ -\frac{5}{4} + \frac{3Z_t}{2d} - \frac{Z_t^2}{4d^2} + \left(\frac{3H}{2d} - \frac{Z_t H}{2d^2} \right) C_n^2( ) - \right.$$

$$\frac{H^2}{4d^2} C_n^4( ) \frac{8HK^2(k)}{L^2} \left(\frac{d}{3} - \frac{Z^2}{2d} \right) \left[-k^2 S_n^2( ) C_n^2( ) + \right.$$

$$\left. + C_n^2( ) d_n^2( ) - S_n^2( ) d_n^2( ) \right] \right\}$$

水质点的垂直速度:

$$\frac{v}{\sqrt{gd}} = Z \cdot \frac{2HK(k)}{Ld} \left\{ 1 + \frac{z_t}{d} + \frac{H}{d} C_n^2( ) + \frac{32K^2(k)}{3L^2} \left(d^2 - \frac{z^2}{2} \right) \right.$$

$$\left[k^2 S_n^2( ) - k^2 C_n^2( ) - d_n^2( ) \right] \right\} S_n( ) C_n( ) d_n( )$$

水质点的水平加速度:

$$a_x = \frac{\partial u}{\partial t} = \sqrt{gd} \cdot \frac{4HK(k)}{Td} \left\{ \left(\frac{3}{2} - \frac{Z_t}{2d} \right) - \frac{H}{2d} C_n^2( ) + \right.$$

$$\frac{16K^2(k)}{L^2} \left(\frac{d^2}{3} - Z^2 \right) \left[k^2 S_n^2( ) - k^2 C_n^2( ) - \right.$$

$$\left. d_n^2( ) \right] \right\} S_n( ) C_n( ) d_n( )$$

水质点的垂直加速度:

$$a_z = \frac{\partial v}{\partial t} = Z \sqrt{gd} \cdot \frac{4HK^2(k)}{LTd} \left\{ \left[1 + \frac{Z_t}{d} \right] \left[S_n^2( ) d_n^2( ) - C_n^2( ) d_n^2( ) + \right. \right.$$

$$\left. k^2 S_n^2( ) C_n^2( ) \right] + \frac{H}{d} \left[3S_n^2( ) d_n^2( ) - C_n^2( ) d_n^2( ) - C_n^2( ) \right] \right\}$$

式中,$S_n( )$、$C_n( )$、$d_n( )$ 统称雅可比椭圆函数。

$$C_n^2( ) = C_n^2 \left[2K(k) \left(\frac{x}{L} - \frac{t}{T} \right), k \right]$$

$$S_n^2( ) = S_n^2 \left[2K(k) \left(\frac{x}{L} - \frac{t}{T} \right), k \right] = 1 - C_n^2 \left[2K(k) \left(\frac{x}{L} - \frac{t}{T} \right), k \right]$$

$$d_n^2(\ ) = d_n^2\left[2K(k)\left(\frac{x}{L} - \frac{t}{T}\right), k\right] = 1 - k^2\left\{1 - C_n^2\left[2K(k)\left(\frac{x}{L} - \frac{t}{T}\right), k\right]\right\}$$

孤立波是椭圆余弦波在 $k = 1$ 时的特殊情况。当 $k^2 = 1$ 时,椭圆余弦波计算波剖面公式为:

$$Z_d = d + H\text{sech}^2\left[\sqrt{\frac{3H}{4d^3}}(x - Ct)\right]$$

水质点的水平速度:

$$\frac{u}{\sqrt{gd}} = \frac{H}{d}\text{sech}^2\left[\sqrt{\frac{3H}{4d^3}}(x - Ct)\right]$$

水质点的垂直速度:

$$\frac{v}{\sqrt{gd}} = 3\left(\frac{H}{d}\right)^{3/2}\frac{Z}{d}\text{sech}^2\left[\sqrt{\frac{3H}{4d^3}}(x - Ct)\right] \cdot \tanh\left[\sqrt{\frac{3H}{4d^3}}(x - Ct)\right]$$

公式中的 u 总是为正值,至于 v,在波峰前为正值,在波峰后为负值。

3 意义

根据波浪理论适用范围的研究,作用在桩柱上最大水平拖曳力和水质点的最大水平速度得出的结论是一致的,都是随水深的减小而增大。因此波浪理论适用范围随水深的变化而变化。在波浪破碎前,无论是计算作用在桩柱建筑物上的最大水平惯性力,还是计算作用在桩柱建筑物上的最大水平拖拽力,应根据建筑物所在海区的不同相对水深,采用不同的波浪理论进行计算。

参考文献

[1]　竺艳蓉. 几种波浪理论适用范围的分析. 海岸工程. 1983. 2(2):11 – 27.

防波堤的块石防波公式

1 背景

防波堤为阻断波浪的冲击力、围护港池、维持水面平稳以保护港口免受坏天气影响以便使船舶安全停泊和作业而修建的水中建筑物。防波堤还可起到防止港池淤积和波浪冲蚀岸线的作用。波陡和波周期被视为块石护面防波堤稳定的决定因数。但很多时候波周期并没有在设计方法中有所体现。华耀明[1]对举力和惯性力项目进行了详尽的分析以说明块石护面防波堤块石的稳定。波陡被具有稳定数的惯性作用修正。护块石护面稳定性随着惯性参数的显著变化而减小。

2 公式

当单个护块以接触点为中心,各作用力所产生的力矩使护块开始启动,则:

$$(F_D + F_I)C_1 \mid \cos\theta + F_I C_1 \mid \sin\theta = (p_s - p_w)gC_1C_2I^4\sin(\theta - \alpha)$$

其中,
$$F_D = \frac{P_w}{2}C_D(C_2I^2)u \quad （拖拽力—阻力）$$

$$F_I = p_w C_M C_3 I^3 \frac{du}{dt} \quad （惯性力—质量力）$$

$$F_D = C_L(C_2I^2)u^2 \quad （上举力）$$

式中,C_D、C_L、C_M分别为拖拉力系数(阻力系数)、上举力系数和有效质量系数或惯性系数;θ为单个护块的静止角;I为单个护块特征长;α为斜坡与水平面的夹角;C_1I为接触点到单个块体重心的距离;C_2I^2为单个块体在斜面上投影到速率方向上的横断面积;C_3I^3为单个块体的体积;F_D及F_I为拖曳力及惯性力简化公式。

护面石块的重量为:

$$W = \rho_s g C_3 I^3$$

式中:ρ_s为块石的密度。

如坡面的速率是正向的,则上述公式可写作:

$$-u \mid u \mid \left(1 + \frac{C_L}{C_D}\right)\tan\theta = g\left(\frac{2C_3}{C_2C_D}\right)\left(\frac{W}{\rho_s g C_3}\right)^{\frac{1}{3}}\left[(s-1)(\tan\theta\cos\alpha - \sin\alpha) - \frac{C_M}{g}\frac{du}{dt}\right]$$

代入稳定公式求得块石重量:

$$W = \frac{C_3}{\left(\dfrac{2C_3K}{C_2C_D}\right)^3} \cdot \frac{-\rho_s gH^2\left(1 + \dfrac{C_L}{C_D}\tan\theta\right)\sin^3\psi \mid \sin^2\psi \mid}{\left[(s-1)(\tan\theta\cos\alpha - \sin\alpha) + C_M\pi\left(\dfrac{H}{L}\right)\cos\psi\right]^3}$$

确定 N 为稳定系数,则:

$$N = C_2\left(\frac{2C_3K}{C_2C_D}\right)^{-3}$$

如果无举力($C_L = 0$)和惯性力($C_M = 0$)则公式被简化,假如由波峰降波,速率取最大值,则:

$$W = \frac{N\rho_s gH^3}{(S_g - 1)^3(\tan\theta\cos\alpha - \sin\alpha)^2}$$

保持惯性力和举力项目,转变波相角冲使弧度二处于降坡速度和重力加速度位置,则公式被改写为:

$$W = \frac{N\rho_s gH^3\left(1 + \dfrac{C_L}{C_D}\tan\theta\right)\sin^2\psi \mid \sin^3\psi \mid}{\left[(S_g - 1)(\tan\theta\cos\alpha - \sin\alpha) + C_M\pi\left(\dfrac{H}{L}\right)\cos\psi\right]^3}$$

令 $W = W'P_s$,则式中,

$$W' = \frac{N\rho_s gH^2\left(1 + \dfrac{C_L}{C_D}\tan\theta\right)}{(s-1)^3(\tan\theta\cos\alpha - \sin\alpha)}$$

$$P_s = \frac{\sin^3\psi \mid \sin^3\psi \mid}{(1 - R\cos\psi)^3}$$

其中,

$$R = \frac{C_M\pi\left(\dfrac{H}{L}\right)}{(S-1)(\tan\theta\cos\alpha - \sin\alpha)}$$

式中,P_s 为相位稳定数,而 R 为惯性重力比数。

3 意义

通过对块石稳定性的研究,可知当惯性力达到极限状态时,波陡是决定因素。当块石护面结构利用坡陡以试验室试验为基础得出来的稳定系数要比实际发生在现场的要低。建造块石防波堤,除了防浪外还兼有防沙的要求。对沙质海岸,防波堤可以起到拦截挟沙水流,改变泥沙淤积部位的作用。对淤泥质海岸,防波堤可用于引导挟沙水流,尽量不改变原来滩沙冲淤平衡。港内泥沙淤积强度直接影响港池和航道水深,除采用防波堤防淤、防波堤减淤外,必要时还需采用疏浚措施维护水深。

参考文献

[1] 华耀明.块石护面防波堤块石的稳定.海岸工程.1983,2(2):120 – 123.

年极值波浪的分布函数

1 背景

海上建筑物的设计受极值波浪的长期分布规律的影响比较大,它包括选定合适的概率分布以及合适的设计值。潘锦嫦[1]通过对年极值波浪长期分布推算的探讨,在大连东港设计波浪工作的基础上,减少人为影响因素,推导出较方便的对数正态分布律来拟合经验频率曲线。适线时常常为照顾首部及尾部而人为地调整参数,因而对于点较为集中的中段由于考虑较少而配合欠佳,导致不自觉地加大设计值。

2 公式

设变量(波高或周期)以 x 表示,令 $\lg x = y$,则 y 的正态分布的频率密度函数为:

$$f(y) = \frac{1}{\sigma_y \sqrt{2\pi}} \exp\left[-\frac{(y - \bar{y}^2)}{2\sigma y^2} \right]$$

式中,$\bar{y}$ 是 y 的平均值,即:

$$y = \frac{1}{n} \sum_{i=1}^{n} y_i = \frac{1}{n} \sum_{i=1}^{n} \lg x_i$$

σ_y 为 y 的方差,即 σ_{lgx}。

由函数转换的方法知对数正态分布的密度函数为:

$$f(x) = f(y) \frac{dy}{dx}$$

于是对数正态分布的频率密度函数为:

$$f(x) = \frac{1}{x\sigma_{lgx} \sqrt{2\pi}} \exp\left[-\frac{(lgx - \overline{lgx})^2}{2\sigma_{lgx}^2} \right]$$

取变量的一阶原点矩及二阶中心矩,即:

$$\lg x = \frac{1}{n} \sum_{i=1}^{n} \lg x_i$$

$$\sigma_{lgx} = \sqrt{\frac{\sum (lgx_i - lgx)^2}{n-1}}$$

参数求出后,给出任意的 P 值,利用正态分布积分表查出 t 值:

$$\lg x_p = \lg x + \sigma_{\sigma_{\lg x}} t$$

经验表明:与用皮尔逊1型分布律适线一样,矩法求出的值往往偏小,故按适线法的办法计算出均方差的抽样误差,对于正态分布,均方误可由下式计算:

$$\sigma_\sigma = \frac{\sigma}{\sqrt{2n}}$$

在对数正态概率格纸上,直线方程可表示为:

$$\lg x_p = A + BP$$

式中,A 即为直线的截距;B 为斜率。

又可得:

$$\lg x_i = \overline{\lg x} + \sigma_{\lg x} t_i$$

故以经验频率:

$$P_i = \frac{i}{n+1}\%$$

柯氏检验的标准是分歧度 λ,其表达式为:

$$\lambda = D\sqrt{n}$$

式中,D 表示假设的总体分布与经验分布的最大差值,即:

$$D = \max |P(X) - P^*(X)|$$

柯氏法认为当 n 很大时,λ 的分布近似为:

$$K(\lambda) = \begin{cases} \sum_{K=-\infty}^{\infty} (-1)^{K_C - 2K^2\lambda^2} & (\lambda > 0) \\ 0 & (\lambda \leqslant 0) \end{cases}$$

3 意义

根据极值波浪可以避免适线参数的任意性且计算简捷,因此可以用来拟合波浪的长期分布。还可以与 P Ⅲ 分布同时试用,优缺互补,累计数据。同时,用矩法和最小二乘法做参数估计,会得出稍有差异的结果。矩法计算简便,易得出结果,但合理性不足;最小二乘法则更为合理,鉴于正态分布的对称性,用最小二乘法求参数也极为方便,建议用最小二乘法。

参考文献

[1] 潘锦嫦. 年极值波浪长期分布推算的探讨. 海岸工程. 1983, 2(2):28 – 37.

波浪要素的探讨

1 背景

波浪要素是表征波浪运动性质和形态的主要物理量。波高、波长和波速是确定波浪形态的主要要素。赵宗浩[1]通过研究水流对波浪要素影响来说明影响波浪形态的另一因素。水流对波浪要素影响问题是个重要的物理海洋学问题,已日益为各国海洋学者所重视,取得一些研究成果。但还不能确定其有使用意义。研究途径很多,可以从流体力学方面,或是动力和几何相似原理方面,都可以设计实验来验证。

2 公式

前进波水质点运动轨迹近似地认为是圆(无限水深)或椭圆(有限水深),水质点垂直运动振幅沿水深衰减规律为:

$$\zeta_Z = \zeta_0 \exp(k_0 z) \qquad (\text{无限水深})$$

$$\zeta_Z = \zeta_0 \frac{\mathrm{sh}\, kH\left(1 + \dfrac{Z}{H}\right)}{\mathrm{sh}\, k_0 z} \qquad (\text{有限水深})$$

式中,ζ_Z 为水深 Z 处质点的垂直振幅;ζ_0 为表面水质点的振幅;Z 为质点坐标,由自由水面算起,向上为正;$Z = \dfrac{Z}{H}$ 为相对水深;λ_0 为波长。

波速和波长的变化规律如下。

波速:

$$\frac{C'}{C} = \frac{\left(1 + \sqrt{1 \pm 4U/C_0}\right)}{2} \qquad (\text{无限水深})$$

$$\frac{C'}{C} = \frac{\mathrm{th}\, kH\left(1 + \sqrt{1 \pm \dfrac{4U}{C_0}\mathrm{th}\, kH}\right)}{2} \qquad (\text{有限水深})$$

波长:

$$\frac{\lambda}{\lambda_0} = \left(\frac{C'}{C}\right)^2 = \frac{1}{4}\left(1 \pm \sqrt{1 \pm \frac{4U}{C_0}}\right) \qquad (\text{无限水深})$$

$$\frac{\lambda}{\lambda_0} = \left(\frac{C'}{C}\right)^2 = \frac{1}{4}\text{th}kH\left(\sqrt{1 \pm \frac{4U}{C_0}\text{th}kH}\right) \quad （有限水深）$$

Johson 补充了 Unna 的不足，研究波高和波陡的变化，从其能量平衡方程式出发直接得到波高的变化为：

$$\frac{a}{a_0} = \left(\frac{C_0}{C \pm 2U}\right) = \left(\frac{2}{\sqrt{1 \pm 4\frac{U}{C_0}} + 1 \pm \frac{U}{C_0}}\right)^{\frac{1}{2}}$$

波陡的变化公式：

$$\frac{\delta}{\delta_0} = \left(\frac{2}{1 \pm 4\frac{U}{C_0} + \sqrt{1 \pm 4\frac{U}{C_0}}}\right)^{\frac{1}{2}} \times \frac{2}{\left(1 + \sqrt{1 \pm 4\frac{U}{C_0}}\right)^2}$$

在求解波高变化规律的过程中，认为水流中的波能输送率等于波浪和水流单独存在时的质量输送率之和，由此推出 $U = f(z) = \text{cost}$ 时，波高变化公式为：

$$\frac{a}{a_0} = \left[\frac{1 + \frac{2k_0H}{\text{sh}2k_0H}}{\left(1 + \frac{2k_0H}{\text{sh}2k_0H}\right)\left(1 \pm 3\frac{U}{C_0}\right) \pm \frac{U}{C_0}}\right]^{1/2} \quad （有限水深）$$

$$\frac{a}{a_0} = \left(\frac{1}{1 \pm 4\frac{U}{C_0}}\right)^{\frac{1}{2}} \quad （无限水深）$$

刘家驹从波动水体的基本性质出发建立起能量守恒方程，并得出较切合实际的底床粗糙系数的结果为：

$$\frac{a}{a_0} = \sqrt{\frac{1 + \frac{2k_0H}{\text{sh}2k_0H}}{\left(1 + \frac{U}{C_0}\right)\left(1 + \frac{2k_2H}{\text{sh}2k_2H}\right) \pm \left(\frac{2k_2H}{\text{sh}2k_2H} + 3 + M\right)\frac{U}{C_0}}}$$

式中，

$$M = \frac{3\varepsilon - k^2H^2\varepsilon}{3kH\text{sh}2kH} + \frac{\varepsilon}{4\text{sh}^2kH} - \frac{3\varepsilon}{4k^2H^2}$$

李玉成认为波浪在前进中能量损失略去不计，得到波长变化公式为：

$$\frac{\lambda}{\lambda_0} = \frac{C}{C_0} = \frac{1}{\left(1 - \frac{U}{C}\right)^2}\frac{\tanh kH}{\tanh k_0H}$$

并采用波能守恒原理，导出了稳定流情况下线性波理论的波高变化公式为：

$$\frac{H}{H_0} = \left(1 + \frac{2U}{C}\frac{1}{1 - \frac{U}{C}}\frac{1}{A}\right)^{\frac{1}{2}}\left(\frac{1}{\frac{C}{C_0} - \frac{U}{C_0}}\right)^{\frac{1}{2}}\left(\frac{A_0}{A}\right)^{\frac{1}{2}}$$

式中，

$$A = 1 + \frac{2kH}{\text{sh}2kH}$$

$$A_0 = 1 + \frac{2k_0H}{\text{sh}2k_0H}$$

当采用斯托克斯三阶波理论应用 Skjelbreia 的方法得出波高计算公式为：

$$\frac{H}{H_0} = \left(1 + \frac{2U}{C}\frac{1}{1 - \frac{U}{C}}\frac{1}{A}\right)^{-\frac{1}{2}} \left(\frac{\frac{C_0}{C}}{\frac{C}{C_0} - \frac{U}{C_0}}\right)^{\frac{1}{2}} \left(\frac{A_0}{A}\right)^{\frac{1}{2}} \frac{\left[1 + 2\left(\frac{\pi H_0}{\lambda_0}\right)\frac{G_0}{A_0}\right]^{\frac{1}{2}}}{\left[1 + \left(\frac{\pi H}{\lambda_0}\right)^2 \frac{G}{A}\right]^{\frac{1}{2}}}$$

式中

$$G = \frac{\text{ch}^2 2kH + 3\text{ch}2kH + 2}{16\text{sh}^4 kH} + \frac{3}{4}\text{sh}^2 kH +$$

$$\frac{9(2kH + \text{sh}2kH)}{64\text{sh}^7 kH\text{ch}kH} + \frac{3(\text{ch}kH + \text{sh}3kH)}{8\text{sh}^4 kH\text{ch}kH} +$$

$$\frac{kH\text{tanh}kH + \text{sh}^2 kH}{2\text{sh}^4 kH}$$

采用土屋义人的方法应用线性波理论时：

$$\frac{H}{H_0} = \left(1 - \frac{U}{C}\right)^{\frac{1}{2}} \left(\frac{\lambda_0}{\lambda}\right)^{\frac{1}{2}} \left(\frac{A_0}{A}\right)^{\frac{1}{2}} \left(1 + \frac{U}{C}\frac{2 - A}{A}\right)^{-\frac{1}{2}} = R$$

水流对波浪统计性质影响的问题按照 C. C. Tung 和 Norden E. Huang 的观点，与风相比较，水流对波浪的统计性质的影响是比较温和的，但终究是有影响的，他们在有流情况得出的频率谱和波数谱的形式为：

$$\Phi(\omega) = \frac{4\Phi_0(\omega)}{\left[1 + \left(1 + 4\frac{U}{g}\right)^{1/2}\right]\left[\left(1 + 4\frac{U}{g}\right)^{1/2}\left(1 + 4\frac{U}{g}\right)\right]}$$

式中，ω 为波动频率；g 为重力加速度；U 为水流速度；$\Phi_0(\omega)$ 为没有水流影响下的波动频率谱。

波数谱为：

$$\Phi(k) = \frac{\alpha}{2\left(1 + \frac{U}{C}\right)}\frac{1}{k^3}\exp\left\{-\beta\left[\frac{\omega_0}{k(U + C)}\right]^4\right\}$$

式中，$C = \sqrt{\dfrac{g}{k}}$ 为相速度；U 为水流速度；k 为波数。

波纵坐标的概率分布为：

$$P(M) = (2\pi)^{-\frac{1}{2}}\left[\varepsilon\exp\left(\frac{\eta^2}{2\varepsilon^2}\right)\right] + \eta(1-\varepsilon^2)^{\frac{1}{2}}\exp\left(-\frac{\eta^2}{2}\right)\int_{-\infty}^{\eta\left[\varepsilon(1-\varepsilon^2)^{\frac{1}{2}}\right]}\exp\left(-\frac{Z^2}{2}\right)\mathrm{d}z$$

式中,ε 为能潜宽度,其定义为:

$$\varepsilon = 1 - \frac{m_2^2}{m_0 m_4}$$

3 意义

根据波浪公式的计算,可知水流对波浪因素的影响还是很大的,特别是在海流和潮流相当大的海区,进行风浪推算时,流的影响更是不可忽视。还有很多待解决的问题,例如是否只有水流流速很微弱时,波周期才可视为不变;波浪相对于水流时的波速是否不等于没有水流时的波速;波浪和水流之间会不会有能量交换,并提出水流对波动做功,能量有交换的论点。

参考文献

[1]　赵宗浩. 水流对波浪要素影响研究概况. 海岸工程. 1983,2(2):103 – 110.

高程的基准面公式

1 背景

高程基准面是地面点高程的起算面。不同地点上,通过验潮站长期观测所得的平均水面存在差异,验潮站所测得的各平均海水面均不相同,为统一全国的高程系统,选用一个平均海平面为高程基准面。乔建荣[1]为研究关于黄海高程基准面的真值,展开了一系列的公式计算。由于 1950 年的潮位资料存在问题,致使该基准面存在较大误差,这个误差直接影响了我国大地高程的精度,不少人已发现这个问题,虽未找出产生误差的根本原因,但已在积极的研究当中。

2 公式

算平均海平面的方法很多,但是它们得到的结果,基本上是一致的[2]。为简便起见,我们采用求算术平方值得方法,即:

$$\text{日平均海平面} \quad A_D = \frac{1}{24} \sum_{i=0}^{23} \xi_i$$

$$\text{月平均海平面} \quad A_M = \frac{1}{n} \sum_{i=1}^{n} A_{Di}$$

$$\text{年平均海平面} \quad A_Y = \frac{1}{12} \sum_{i=1}^{12} A_{Mi}$$

$$\text{多年平均海平面} \quad A_O = \frac{1}{N} \sum_{i=1}^{N} A_{Yi}$$

海平面是一类随时间变化的随机变量,它的基本数字特征为:

$$\text{均值} \quad \bar{A} = \frac{1}{N} \sum_{i=1}^{N} A_i$$

$$\text{方差} \quad S^2 = \frac{1}{N} \sum_{i=1}^{N} (A_i - A)^2$$

$$\text{相关系数} \quad Yj = \frac{1}{N-j} \sum_{i=1}^{N-j} (A_i - A)(A_{i+j} - A)/S^2$$

$$j = 1,2,3,\cdots,K \ll N.$$

式中,N 为样本个数;K 为最大相关延迟。

鉴于我们只有 35 年资料,即 $N = 35 < 50$。前者很难给出精确的参数估计,因此,我们采用后者。由 1949—1983 年资料计算得到结果如下:

$$最高年平均海平面 \quad A_{max} = 249.0 \text{ cm} \quad 结果$$

$$最低年平均海平面 \quad A_{min} = 231.8 \text{ cm}$$

$$极差 \quad L = A_{max} - A_{min} = 17.2 \text{ cm}$$

$$均值 \quad A - \frac{1}{N} \sum_{i=1}^{N} A_i = 241.6 \text{ cm}$$

$$标准差 \quad S = \sqrt{\frac{1}{N} \sum_{i=1}^{N} (A_i - \bar{A})_i^2} = 3.23 \text{ cm}$$

$$标准均差 \quad M = \sqrt{\frac{N}{1 - \frac{2}{\pi}} \left(\frac{1}{N} \sum_{i=1}^{N} \frac{|A_i - \bar{A}|}{S} \right) - \sqrt{\frac{2}{\pi}}} = 0.67 \text{ cm}$$

$$标准偏度系数 \quad G_1 = \sqrt{\frac{1}{6N} \sum_{i=1}^{N} \left(\frac{|A_i - \bar{A}|}{S} \right)^3} = 1.34 \text{ cm}$$

$$标准峰度系数 \quad D_1 = \sqrt{\frac{N}{24} \left[\frac{1}{N} \sum_{i=1}^{N} \left(\frac{|A_i - \bar{A}|}{S} \right)^4 - 3 \right]} = 0.98$$

根据样本个数 N 与最大相关迟延 K 的最优统计关系,一般取 $K < \frac{N}{4}$,此处 $K = 7$,得到相关系数如表 1 所示。

表 1　相关系数表

j	1	2	3	4	5	6	7
γ_j	0.057	0.009	-0.002	-0.007	0.019	0.016	0.011

3　意义

根据海平面的测量及方差、标准差的公式计算,已可以得出相对准确的高程基准面的真值。重新计算确定新的黄海高程基准面不仅在理论上,而且在实践上都有重要的意义。它有助于全国各地地物高度的精度,有助于用统一的标准去衡量各海区平均海平面的高度,从而确定各高程系统的精确关系,消除沿海各站平均海平面的脱节状态;同时对地震预报和海岸工程也有重要的参考价值。鉴于 1956 年黄海高程基准面存在的误差,建议重新修订黄海高程系统,订正已测得的所有地物高度。

参考文献

[1]　乔建荣．关于黄海高程基准面的真值．海岸工程．1984,3(1):78－82.

[2]　陈宗镛．潮汐学．北京:科学出版社,1980:200－214.

围埝的土石挡水计算

1 背景

挡水埝是指位于边沟外侧,防止边沟以外的水汇入边沟的一个设施,一般来说为梯形。沿海浅水地区,在修建水工建筑物时,挡水围埝成为整个工程关键项目。刘世章[1]通过对4座围埝的工程实践的计算,来确定最佳的石围埝的使用条件和设计施工。土石围捻避免了造价高昂、抗震适应性差的缺点,因此在潮间带,透水层较薄的地段上,采用土石围埝的挡水结构是相对经济合理的。

2 公式

围捻的断面,可按一般的土坝结构通过校核地基应力、整体、圆弧滑动的稳定计算进行确定。这里仅对埝顶高程和黏土防渗层的厚度确定做论述。

1)埝顶高程

一般取:

$$h = h_{cp} + h_B + \Delta H$$

式中,h_{cp} 为设计高水位;h_B 为波浪爬高;ΔH 为富裕量。

2)黏土防渗层的厚度

一般规定斜墙底厚:

$$\delta_1 = 0.2 \sim 0.4H$$

斜墙顶厚:

$$\delta_0 \geqslant 0.4 \text{ m}$$

铺盖长度:

$$l = 3 \sim 5H$$

有效长度:

$$l = \sqrt{\frac{6.25K_0 t(T - t)}{K_n}}$$

铺盖厚度:

$$t = 0.1 \sim 0.2H, \text{且不小于} 0.5 \text{ m}$$

对不透水地基上的斜墙抛石坝,位长度上渗流量为:

$$q = K_a \frac{H^2}{2\delta \sin \alpha}$$

对不透水地基上的心墙土坝,按"等值"的均质土坝计算渗流量,可联解下列方程组求得。

$$\begin{cases} q = K_T \dfrac{h^2}{2L} \\[2mm] h = \sqrt{\dfrac{LH^2}{L + \sigma\delta}} \\[2mm] \sigma = \dfrac{k_r}{k_a}, \delta = \dfrac{\delta_0 + \delta_1}{2} \end{cases}$$

对有限厚的透水层,具有外斜墙铺盖的堆石坝:

$$\begin{cases} q = \dfrac{K_0 + H}{\Phi} + \dfrac{K_a(1 + m^2)H^2}{25} \\[2mm] \Phi = \dfrac{\text{th}(\alpha l_n)}{\alpha(T - t)} \\[2mm] \alpha = \sqrt{\dfrac{K_n}{K_0 t(T - t)}} \end{cases}$$

$$m = \text{ctg}\,\beta, l_n = \frac{2.5}{\alpha}$$

对有限厚的透水层,具有内斜铺盖的堆石坝:

$$q = \frac{K_0 T H}{2(0.441T + 1)}$$

3 意义

根据青岛沿海地区 4 座施工围堰的计算公式及工程实践,对土石挡水围堰的使用、设计和施工方面有了系统的认识。特别是在围堵安全、围堵渗透计算、开口方法和质量控制等方面尤为重视。在地基上低水头、透水层较薄的情况下,采用土石挡水围堰,作为主体工程干施工的手段,是相对经济合理的。由于水文、地质等方面的影响,对防渗、防浪、防冲的技术要求较高,因此实现设计有一定的难度,需要做好技术处理工作,考虑围堰的合拢,加强质量控制,就会有理想的效果。

参考文献

[1] 刘世章. 土石挡水围堰的设计和施工. 海岸工程. 1984,3(1):53 - 63.

夯实法的夯沉量公式

1 背景

强夯法是加固地基的一种技术,它通过很大的冲击能对地基进行强力夯击,来实现加固的目的。采用单缆重锤夯实是近于强夯的一种夯实施工方法。单缆重锤夯实法的冲击能量比一般建筑地基加固所采用的重锤夯实法的冲击能量更大。郑延武和张启祯[1]通过对单缆锤重夯法加固地基施工技术的数值研究,来进一步说明重锤夯实法的作用机理。随着机械设备起重能力的加大,在建筑工程中,这种方法日趋广泛地得到应用。

2 公式

程序:夯前整平→重锤夯实→夯后整平。

夯前整平按下式确定的高程进行:

$$H = h + s + \Delta s \quad (m)$$

式中:H 为夯前高程;h 为建筑物地基顶高程;s 为夯实总沉降平均值;ΔS 为夯实超沉值。超沉值根据不同区域夯沉量的变化确定。

重锤夯实步骤是,夯锤对点→提升重锤→每点三击落夯→换点(摆动扒杆或吊机行走)。

夯击顺序按图1中的序号进行。1、2、4、6……为第一遍的夯击点,3、5、7……为第二遍的夯击点。

吊机行走按图示 OO' 方向退行。吊机在某点就位后,扒杆弧形摆动所夯的锤位不宜超出6个,超出6个时,本行与下一行夯击点衔接不易准确(图1)。

3 意义

根据单缆重锤夯实法的数值计算,可知这种夯实法是一种经济、简便而又高效的施工方法。对地基进行加固具有很好的效用,因此可采用它作为堆场地基加固的施工方法。在实施过程中还应考虑多方面的问题。比如针对不同地质情况,提出相应的地基加固技术要求;采取适应于现场的简易检测手段,来处理异常情况;对于含水量较大的黏土,不宜采用

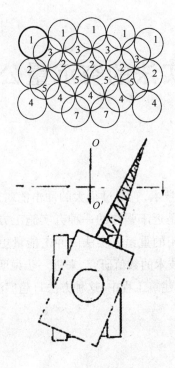

图 1　吊机行走的路线

重锤夯实法进行地基加固。只有各方面很好的结合才能更好地完成施工。

参考文献

[1]　郑延武,张启祯. 单缆锤重夯法加固地基施工技术. 海岸工程.1984,3(2):36-39.

海浪的波陡函数

1 背景

波陡是波高与波长之比。它表征了波动的平均斜率。在有限振幅波（Stokes）理论中，具有极限波陡为 0.142，当波动波陡大于此值时，波面发生破碎。吴碧君[1]通过对波陡特征的研究，以波高和周期的分布来探讨波陡的特性，并确定风浪作用时波陡的分布范围以及在海上设计时波陡的选取。其工程设计标准已逐步从注重波浪的极端状态，向日常状态的波浪状态演变。

2 公式

波陡的概率密度函数为：

$$f(\delta) = \frac{2\delta}{\delta_0^2 \left(1 + \frac{\delta^2}{\delta_0^2}\right)^2}$$

式中，$\delta_0 = \frac{\overline{H}}{\overline{\lambda}}$，$\overline{H}$ 为平均波高，$\overline{\lambda}$ 为平均波长。应地波陡的累积概率函数为：

$$F(\delta) = \int_0^\infty f(\delta) \mathrm{d}\delta = \frac{1}{1 + \frac{\delta^2}{\delta_0^2}}$$

若用平均波陡 $\overline{\delta}$ 代替 δ_0，则概率密度函数为：

$$f(\delta) = \frac{\pi^2}{2} \frac{\delta}{\overline{\delta}^2 \left(1 + \frac{\pi^2}{2}\frac{\delta^2}{\overline{\delta}^2}\right)^2}$$

相应地累积概率函数为：

$$F(\delta) = \frac{1}{1 + \frac{\pi^2}{4}\frac{\delta^2}{\overline{\delta}^2}}$$

其中：$\overline{\delta} = \int_0^\infty \delta f(\delta) \mathrm{d}\delta = 2\delta_0 \int_0^\infty \left(\frac{\delta}{\delta_0}\right)^2 \left[1 + \left(\frac{\delta}{\delta_0}\right)^2\right]^{-2} \mathrm{d}\left(\frac{\delta}{\delta_0}\right)^2 = \frac{\pi}{2}\delta_0$

从石臼所的实测资料确立波陡的概率密度函数和累积概率函数的经验公式[2]是：

$$f(\delta) = 1999.131\delta^{1.002}\exp\left[-998.567(\delta)^{2.002}\right]$$
$$F(\delta) = \exp\left[-998.567(\delta)^{2.002}\right]$$

若用无因次方式表示,则:

$$f(\delta) = 1.53\frac{1}{\bar{\delta}}\left(\frac{\delta}{\bar{\delta}}\right)^{0.985}\exp\left[-0.769\left(\frac{\delta}{\bar{\delta}}\right)^{1.985}\right]$$

$$F(\delta) = \exp\left[-0.769\left(\frac{\delta}{\bar{\delta}}\right)^{1.985}\right]$$

由无因次波陡的概率密度函数求得的最大概率值为$\left(\dfrac{\delta}{\bar{\delta}}\right) = 0.80$。这表明最可能的波陡比平均波陡要小。表 1 列出了各种方法累积概率的换算值。

表 1　累积概率的换算值

方法 ＼ F/% 　　δ/δ̄	0.01	0.05	0.10	0.20	0.30	0.40	0.50
实测	2.85	1.98	1.73	1.42	1.22	1.07	0.91
石白所分布函数[2]	2.46	1.98	1.74	1.45	1.25	1.09	0.95
理论[1]	6.34	2.77	1.91	1.27	0.96	0.77	0.64
苏联规范	6.50	2.75	1.90	1.30	0.96	0.77	0.62

方法 ＼ F/% 　　δ/δ̄	0.60	0.70	0.80	0.90	0.95	0.98	
实测	0.78	0.68	0.56	0.44	0.37	0.29	
石白所分布函数	0.81	0.68	0.54	0.37	0.26	0.16	
理论	0.50	0.41	0.32	0.21	0.14	0.09	
苏联规范	0.51	0.40	0.30	0.20	0.15	0.04	

波陡为波高和波长之比,但目前在现场观测中,波长的数据收集较困难。在深水的情况下(水深与波长之比大于 1/2),波陡可以换算成波高和周期的函数。即:

$$\delta = \frac{H}{\frac{g}{2\pi}T^2} = 0,\quad 64\frac{H}{T^2}$$

理论上对于任何水深条件下的极限波陡由米许(Miche)提出的下列公式计算[3]:

$$\frac{H_b}{\lambda_b} = 0.142\,\mathrm{th}\frac{2\pi d_b}{\lambda_b}$$

式中，λ_b 为破碎波波长。实际海面上波浪的破碎指标比上述公式的计算结果要小得多，即波陡不到 1/10 波浪已经破碎。

建议采用下列公式计算波陡周期的上下限[1]：

$$T_{\min} = 2.53 \sqrt{H}$$

$$T_{\max} = 5.66 \sqrt{H}$$

$$T_{mode} = 3.86 \sqrt{H}$$

式中，H 为有效波高，$T_{\min}$、$T_{\max}$、T_{mode} 分别为 H 所对应的最小周期、最大周期和众值周期。

$T_{H_{1/10}}$、$T_{H_{1/3}}$、$T_{H_{\max}}$ 三种特征周期值十分接近，故由某一特征波高分别与不同的特征波长值求取的特征波陡值接近。即：

$$\frac{H_{\max}}{\lambda H_{\max}} = \frac{H_{\max}}{\lambda H_{1/3}} = \frac{H_{\max}}{\lambda H_{1/10}}$$

$$\frac{H_{1/3}}{\lambda H_{1/3}} = \frac{H_{1/3}}{\lambda H_{1/10}} = \frac{H_{1/3}}{\lambda H_{\max}}$$

$$\frac{H_{1/10}}{\lambda H_{1/10}} = \frac{H_{1/10}}{\lambda H_{1/3}} = \frac{H_{1/10}}{\lambda H_{\max}}$$

任两种波陡之间的经验换算系数，得到如下关系式：

$$\frac{\delta H_{\max}}{\delta H} = 1.67$$

$$\frac{\delta H_{1/10}}{\delta H} = 1.27$$

$$\frac{\delta H_{1/3}}{\delta H} = 1.07$$

其中，$\delta H_{\max} = \dfrac{H_{\max}}{\lambda H_{\max}}$；　$\delta H_{1/3} = \dfrac{H_{1/3}}{\lambda H_{1/3}}$；　$H_{1/10} = \dfrac{H_{1/10}}{\lambda H_{1/10}}$；　$\delta \overline{H} = \dfrac{\overline{H}}{\lambda \overline{H}} = \delta_0$。

3　意义

根据海浪的波陡特性的研究，在描述波高和波长的同时，已成为计算海上建筑物作用力的可靠依据。波陡不仅可以用在实际应用中，也可以将其换算成波高和波周期的函数，然后根据海洋资料描绘出以波高、周期和波陡为参量的网络图，并确定了波陡在工程上选取的范围。波陡的大小主要取决于波高。对开敞式码头需从波高、波周期和波陡的网络图来确定波周期带的范围。各种特征波陡换算时，需注意各种因子的修正。其虽揭示了海浪波陡的某些特征，但毕竟使用的资料是有限的。今后，还需由更多的资料或直接从海上测取波长进行检验和修正。

参考文献

[1]　吴碧君.关于波陡的特性.海岸工程.1984,3(2):50-62.

[2]　姚兰芳,韩立祝.石臼所港波陡的统计分析.海洋研究.1981(4):33-36.

[3]　文圣常.海浪原理.济南市:山东人民出版社,1962:22-25.

波浪的折射公式

1 背景

当波浪传播进入浅水区时,如果波向线与等深线不垂直而成一偏角,则波向线将逐渐偏转,趋向于与等深线和岸线垂直,这种现象称为波浪折射。牛世奎[1]利用小麦岛海区五十年一遇的大浪,通过电子计算机,计算了波浪在胶州湾内、外折射传播的情况,初步分析了外海大浪向胶州湾内传播的变化规律。胶州湾是闻名世界的重要港口基地之一,调查分析胶州湾的内、外波浪,对开发胶州湾有着十分重要的价值。

2 公式

波浪在浅水中的传播速度,以下式计算:

$$C^2 = \frac{gL}{2\pi}\text{th}\frac{2\pi h}{L}$$

式中,L 和 h 分别表示波长和水深,对于深水波来说,则有:

$$C_0^2 = \frac{gL_0}{2\pi}$$

式中,L_0 和 C_0 分别表示深水波长和波速。

两式相比可得:

$$\frac{C^2}{C_0^2} = \frac{L}{L_0}\text{th}\frac{2\pi h}{L}$$

如果把波浪的周期视为保守量,在波浪的传播过程中不发生变化,则有:

$$C_0 = L_0/T \qquad C = L/T \qquad \frac{C}{C_0} = \frac{L}{L_0}$$

化简后得到:

$$\frac{C}{C_0} = \frac{L}{L_0} = \text{th}\frac{2\pi h}{L} = \text{th}\frac{2\pi h/L_0}{L/L_0}$$

计算波高,采用下面的公式:

$$\overline{H} = K_r K_s \overline{H_1}$$

式中,$K_r = \sqrt{\dfrac{b_1}{b}}$ 为折射系数;b_1 和 b 分别为折射起始处和推算点处相邻两条波向线间的宽度

(或相邻几条波向间的平均宽度)。

$$K_s = \frac{K_{s_p}}{K_{s_1}}$$

式中,K_{s_p}和K_{s_1}分别为推算点处和折射起始处的浅水系数。

将两海区的值分别代入上式,得到湾口中心和安湖石北侧的波高(表1)。

表 1　湾口中心和安湖石北测波高

外海波向 波高 计算点	E			ESE			SE
	H/m	$H_r K_s$	$H_{\frac{1}{10}}/m$	H/m	$H_r K_s$	$H_{\frac{1}{10}}/m$	
湾口中心	1.6	0.48	3.2	1.9	0.47	3.8	该向外波浪经折
安湖石北侧	1.1	0.33	2.2	1.3	0.31	2.6	射后基本不能传 入湾内

3　意义

根据波浪的浅水关系式和波折射的变化关系,对波浪传播变化进行了波浪折射的数值计算。可知因受水深变化因素的影响,外海波浪向胶州湾内传播时,能量衰减,波高降低,传至胶州湾内的黄岛前湾处的波浪,其波高约占外海波高的2/5。由于波向偏离湾口的方向较大,再加击地阻挡和水深的影响,传入湾内的波浪小得多。其波高值比 E 向和 ESE 向,但还有部分问题未得到解决,对于波浪在传播中受到海底磨擦因素的影响和通过胶州湾口以后产生的绕射现象未做分析,且没有做出详细的解释。

参考文献

[1]　牛世奎. 胶州湾内、外波浪折射计算与分析. 海岸工程. 1984,3(2):71 - 77.

风速和风压的耦合模型

1 背景

    风压是指与风向垂直的结构物平面上,风速最大时,所受到的压强,因此计算风压首先要计算不同重现期的最大风速。江何[1]通过对连云港基本风压分析,以期发现一些规律,由于更换测风的仪器以及使用不同的观测方法,测出的最大风速值存在一定的误差,并且需要一定的手段来修正,显然日观测次数愈少,误差愈大。可以从统计理论和经验概率上来确定最大风速的概率分布线型。

2 公式

1)方法一(矩法)

设随机变量的分布函数为:

$$F(x) = e^{-e^{-\frac{x-b}{a}}}$$

令 $y = \dfrac{x-b}{a}$,则分布函数为:

$$F_1(y) = e^{-e^{-y}}$$

由上式解出 y,则:

$$y = -\ln[-\ln F_1(y)]$$

取无偏估计量得:

$$a(x) = \frac{\delta(x)}{\delta(y)} = \frac{\dfrac{1}{n-1}\sum_{i=1}^{n}(x_i - \bar{x})^2}{\dfrac{1}{n-1}\sum_{i=1}^{n}(y_i - \bar{y})^2}$$

$$b(x) = \bar{x} - a\bar{y} = \frac{1}{n}\sum_{i=1}^{n}x_i - a\frac{1}{n}\sum_{i=1}^{n}y_i$$

2)方法二

极值分布函数仍用上述公式,即:

$$F(X) = e^{-e^{-\frac{x-b}{a}}} \qquad (-\infty < x < \infty)$$

$$y = \frac{x - b}{a}$$

数学期望的矩法估计为:

$$E(x) = \bar{x} = \frac{1}{n} \sum_{i=1}^{n} x_i$$

方差为:

$$\delta^2(x) = \frac{1}{n-1} \sum_{i=1}^{n} (x_i - \bar{x})^2$$

可求得:

$$a(x) = \frac{\sqrt{6}}{\pi} \delta(x) = \frac{\sqrt{6}}{\pi} \cdot \frac{1}{n-1} \sum_{i=1}^{n} (x_i - \bar{x})^2$$

$$b(x) = \bar{x} - r \frac{\sqrt{6}}{\pi} \delta(x) = \bar{x} - 0.5772a$$

计算参数,b 估计值后,得 k 年一遇最大风速 x_k:

$$x_k = b - a\ln\left[-\ln\left(1 - \frac{1}{k}\right)\right]$$

基本风压值:

$$Q = 0.0625255\left\{b - a\ln\left[-\ln\left(1 - \frac{1}{k}\right)\right]\right\}$$

3)方法三(有序统计量法)[2]

布莱因把极值分布函数写成:

$$F(x) = F(x, \mu, \beta) = e^{-e^{-\frac{x-\mu}{\beta}}}$$

引入 ξ_p 及 y_p 两值,其意义:

$$e^{-e^{-\frac{\xi_p - \mu}{\beta}}} = e^{-e^{-y_p}} = F(\xi_p) = P$$

因此,$\xi_p = \mu + \beta y_p$。

由此算出:

$$W_i = a_i + b_i y_p \quad (i = 1, 2, 3, 4, 5, 6)$$
$$L = f_1 + f_2 y_p$$

式中,f_1, f_2 为 $x_1, x_2, \cdots, x_n$ 的函数,由于 L 是 ξ_p 的估计值 $\hat{\xi}_p$,那么,f_1 即为 μ 的估计值 $\hat{\mu}$,f_2 为 β 的估计值 $\hat{\beta}$,这样即可估计在一定保证率下 $x = \xi_p$ 的值。

4)方法四(尺度变换法)

为了保证 t 是 x 的单调可微函数,假定 $G(x)$ 为单调可微函数,由此,$dt = G'(x)dx$,故:

$$\int_{t_1}^{t_2} \Phi(t)d(t) = \int_{x_1}^{x_2} \Phi[G(x)]G'(x)dx$$

其中,x_1、x_2 分别满足 $t_1 = G(x_1)$ 及 $t_2 = G(x_2)$,则得到 x 的概率分布函数为:

$$f(x) = \Phi[G(x)]G'(x)$$

实际应用中,不用把 $f(x)$ 找出,一般采用正态分布曲线,作为原始概率线,即:

$$\Phi(t) = \frac{1}{\sqrt{2\pi}}e^{-\frac{t^2}{2}}$$

因为根据最大风速资料所描绘的点,一般有接近于某极限 b 的趋势,所以一般采用 $G(x)$ 的形式,表示为:

$$t = a_1 + a_2 x + a_3 \log(x - b)$$

再以最小二乘法求出 a_1、a_2、a_3,即得出变换函数 $G(x)$,即得理论上大于 xl 的出现概率。

5)方法五($P(\text{Ⅲ})$ 型分布曲线)

先计算离差系数 C_v:

$$C_v = \sqrt{\frac{1}{n-1}\sum_{i=1}^{n}\left(\frac{x_1}{x} - 1\right)^2}$$

偏差系数:

$$C_3 = \sqrt{\frac{\sum\left(\frac{X_1}{X} - 1\right)^3}{(n-3)C_u^3}}$$

根据参数 x、C_v、C_3,应用 P(Ⅲ)型曲线的离均系数和 Φ 值表,计算概率曲线上的各点坐标。

台风中实测风和梯度风之间主要差异在于摩擦力的作用,因此利用平面上已达成平衡的旋转摩擦风运动方程,对台风域内的风速进行了计算,即:

$$G^2 = C^2 + F^2$$
$$G\cos a = C$$
$$G\sin a = F$$

式中,G 为摩擦梯度力;F 为摩擦力;C 为折向与离心力。

由此可得:

$$(k^2 + f^2)v^2 + \frac{V^4}{R^2} + 2f\frac{V^4}{R} - \left(\frac{1}{\rho} - \frac{\partial P}{\partial R}\right)^2 = 0$$

$$k = (v + Rf)\frac{\tan a}{R}$$

式中,k 为摩擦系数;v 为风速;f 为柯氏参数;R 为质点至台风中心距离;ρ 为空气密度;a 为风向与等压线的交角;$\frac{\partial P}{\partial R}$ 为气压梯度;海面上 $k = 6 \times 10^{-6}\,\text{s}^{-1}$;陆地上 $k = 21 \times 10^{-5}\,\text{s}^{-1}$。

计算结果见表1。

表1　各方法计算结果

方　　法	矩法一	矩法二	有序统计量法	尺度变换法	P(Ⅲ)型方法	天气图推算法
平均最大风速 /(m · s⁻¹)	33.9	32.9	28.1	28.8	27.4	36.0
风压 /(kg · m⁻²)	71.83	67.65	49.35	51.84	46.92	81.00

高耸建筑物和构筑物的设计,还需要考虑不同高度风速和风压的变化规律,目前我国荷载规范,在 10 m 以内用下式换算:

$$v_n = v_1 \frac{\log z_n - \log z_0}{\log z_1 - \log z_0}$$

式中,v_n 为在高度 z_n 的风速;v_1 为在高度 z_1 的已知风速;z_0 为地面粗糙度。

3　意义

根据最大风速的计算,可以变相地知道风压的值,从而可以很好地控制建筑物的高度,使台风等对建筑物的损害降到最低。考虑到近五十年来影响连云港最严重的一次台风过程计算出基本风压为 81.00 kg · m⁻²,作为特别重要或有特殊要求构筑物基本风压设计标准;但对于连云港地区一般建筑物基本风压按 71.83 kg · m⁻² 来设计相关的建筑高度。

参考文献

[1]　江何 . 连云港基本风压分析 . 海岸工程 . 1984,3(2):78 - 86.

[2]　朱瑞兆 . 风压计算的研究 . 北京:科学出版社,1976.

重力式码头的软地基计算

1 背景

重力式码头是由胸墙、墙身、抛石基床、墙后回填等组成,靠建筑物自重和结构范围内的填料重量和地基强度保持稳定性。按墙身结构,有整体砌筑式、方块砌筑式、沉箱式和扶壁式。山东沿海海底上现代沉积物较薄,很多的海港码头为重力式码头,又由于盛产砂石,为就地取材提供了方便。但是,沿海个别地方也有软基,且下卧层较厚,为取材方便,节约成本,也会选择重力式码头。刘幼如[1]就沿海地区展开了淤泥质软基上建重力式码头的研究。

2 公式

1)基床顶面应力计算

基床顶面的$\frac{最大}{最小}$应力为:

$$\delta_{\frac{max}{min}} = \frac{G}{B}\left(1 + \frac{6e}{B}\right) = \frac{18.08}{16.96}(t \cdot m^{-2})$$

2)基床底面的应力计算

基床底面的最大应力为:$\delta'_{max} = \frac{B_1 \delta_{max}}{B_1 + 2d} + rd$

则:

$$\delta'_{max} = \frac{4.3 \times 18.08}{4.3 + 2 \times 4} + 1.1 \times 4 = 10.72(t \cdot m^{-2})$$

$$\delta'_{min} = \frac{4.3 \times 16.96}{4.3 + 2 \times 4} + 1.1 \times 4 = 10.33(t \cdot m^{-2})$$

式中:d 为基床厚度(m);R 为块石的水下容重(t·m^{-3})

3)地基承载力修正

根据土壤的各种指标查表而得的容许承载力应按下式修正:

$$R = [R] + m_B r_1(B_0 - 3) + m_D r_2(D - 1.5)$$

因承载力系数查表结果 $m_B = 0$;$m_D = 1$,故:

$$R = 8 + 0 + 1 \times 0.86 \times (6 - 1.5) = 11.87(\text{t} \cdot \text{m}^{-2})$$

基床底面的平均压应力应小于或等于修正后的容许承载力。

平均应力为：

$$\overline{\sigma'} = \frac{1}{2}(\sigma'_{\max} + \sigma'_{\min})\frac{B'}{B'_g}$$

式中，$e' = \dfrac{B_1 + 2d}{6} \times \dfrac{\sigma'_{\max} - \sigma'_{\min}}{\sigma'_{\max} + \sigma'_{\min}} = \dfrac{4.3 + 2 \times 4}{6} \times \dfrac{10.72 - 10.33}{10.72 + 10.33} = 0.038$（m）

e' 为抛石基床底面合力作用点的偏心距(m)。

$$B'_0 = B' - 2e' = 12.3 - 2 \times 0.038 = 12.224(\text{m})$$

B' 为抛石基床底面的受压宽度。

$$\overline{\sigma'} = \frac{1}{2}(10.72 + 10.33) \times \frac{12.3}{12.224} = 10.59 < 11.75(\text{t/m}^2)（满足要求）$$

3　意义

根据质地较软的地基上海港码头的设计计算,对原始的重力式码头进行了相关修改。通过挖除部分淤泥来改善地基强度;使用空心方块来减轻自重;加大方块宽度来扩散地基应力,填充摩擦较大的填料增强整体防滑性。经过一系列的改良,不仅解决了软质地基不太适合常规重力式码头建设的问题,还带来了取材方便,节省开支等便利。

参考文献

[1]　刘幼如. 淤泥质软基上建重力式码头. 海岸工程. 1984,3(2):31 - 35.

堤坝地基的稳定方程

1 背景

堤坝或路堤修建在沿海软弱地基上,往往会由于地基不稳定而引起断裂,在均匀而较厚的软土情况下,滑裂面会出现一个圆柱面。杨运来[1]通过对宫川法的讨论,来指出宫川法的一些不正确的地方,又提出了新的计算方法,以此来分析软土地区的堤坝稳定性。对于堤坝地基的稳定性分析,由于宫川法简便易行,因而得到较为普遍的应用,但由于存在不足需要进一步改善。

2 公式

列出滑体上各力对 O 点的力矩平衡方程式:

$$W(g - f) = \tau_c 2\theta R^2$$

将 $R = \dfrac{g}{\sin\theta}$,代入上式得:

$$W = \frac{2\theta}{\sin^2\theta} \times \frac{g^2}{g - f}\tau_c$$

因此认为所能承受的为最小值时的那个滑裂面就是最危险的滑裂面。得:

$$W = \frac{8\theta}{\sin^2\theta} \times f\tau_c = 11f\tau_c$$

故:$\tau_c = \dfrac{1}{11}\left(\dfrac{w}{f}\right)$。由此可得整个滑弧的最小稳定安全系数为:

$$F_{\min} = \frac{\tau_r}{\tau_c} = 11\tau_f\left(\frac{f}{\omega}\right)$$

式中,τ_f 为地基软土的初始抗剪强度。

2.1 较简单粗略的计算

列出滑体的平衡方程式:

$$W(g - f) = \tau_c 2\theta R^2$$

得:

$$\tau_c = \frac{W}{2} \times \frac{g - f}{\theta R^2} = \frac{W}{2} \times \frac{(g - f)\sin^2\theta}{\theta g^2}$$

81

认为 τ_c 值为最大的滑移面就是最危险的滑移面。因此使：

$$\frac{\partial \tau_c}{\partial g} = 0 \quad \frac{\partial \tau_c}{\partial g} = \frac{W\sin^2\theta}{2\theta}(2f - g) = 0$$

$$\frac{\partial \tau_c}{\partial \theta} = 0 \quad \frac{\partial \tau_c}{\partial \theta} = \frac{W(g - f)}{2g^2} \frac{2\theta\sin\theta\cos\theta - \sin^2\theta}{\theta^2} = 0$$

得：

$$g = 2t$$

$$2\theta = \text{tg }\theta \quad \theta = 66°47$$

2.2 较为精确的计算

τ_c 值与抗剪强度的差值($U = \tau_c - \tau_f$)为最大的滑移面就是最危险的滑移面。下面以此为根据进行计算。

$$W(g - f) = \tau_c 2\theta R^2$$

得：

$$\tau_c = \frac{W}{2} \times \frac{g - f}{\theta R^2} = \frac{W}{2} \times \frac{(g - f)\sin^2\theta}{\theta g^2}$$

由 $F_y = 0$, 且 τ_c 分解的 y 方向的合力为零得：

$$2\sigma_c\sin\theta = W + \theta R^2 p - \frac{g^2}{\text{tg }\theta}p$$

$$\sigma_c = \frac{W}{2R\sin\theta} + \frac{\theta R p}{2\sin\theta}$$

式中, p 为地基土的密度。

由库仑定律 $\tau_f = c + k\sigma_c$, 整理得：

$$RW\sin^4\theta(2f - g) + 2pk\theta\cos\theta\, g^4 = 0$$

$$\frac{\partial u}{\partial \theta} = 0$$

$$\frac{\partial u}{\partial \theta} = \frac{W(g - f)}{2g^2} \times \frac{2\theta\sin\theta\cos\theta - \sin^2\theta}{\theta^2} - k\left(\frac{W\cos\theta}{2R\sin^2\theta} + \right.$$

$$\left. \frac{Rp}{2} \times \frac{\sin\theta - \theta\cos\theta}{\sin^2\theta} - \frac{g^2 p}{2R} \times \frac{-\sin^2\theta - 2\sin\theta\cos\theta}{\sin^4\theta}\right) = 0$$

$$2RW(g - f)(\theta\cos\theta - \sin\theta)\sin^4\theta - k(-Wg^2\theta^2\cos\theta\sin\theta)$$

两式可求出 g、θ 值。该联立方程组的解析解是求不出来的,但可由迭代法求出近似解。

然后求出 τ_f、τ_1, 则可求出安全系数 $F = \dfrac{\tau_f}{\tau_c}$。

2.3 更进一步精确计算的讨论

$$\theta' = \frac{1}{R} \times \frac{c}{b} \times \frac{1}{\sqrt{1 - x^2\dfrac{\sin^2\theta}{b^2}}}dx = \frac{b}{R\sin\theta}\left[au\,\sin\left(\frac{c}{b}\sin\theta\right) - \theta\right]$$

$$\frac{\partial \theta'}{\partial \theta} = -\operatorname{ctg}\frac{b}{R\sin\theta}\Big[au\sin\Big(\frac{c}{b}\sin\theta\Big)-\theta\Big]+\frac{b}{R\sin\theta}\Big[\frac{b}{\sqrt{b^2-c^2\sin^2\theta}}\Big(\frac{c}{b}\cos\theta+\frac{\sin\theta}{b}\frac{\partial c}{\partial\theta}\Big)-1\Big]$$

$$\frac{\partial\theta'}{\partial b}=\frac{1}{R\sin\theta}\Big[au\sin\Big(\frac{c}{b}\sin\theta\Big)-\theta\Big]+\frac{b}{R}\frac{1}{\sqrt{b^2-c^2\sin^2\theta}}\Big(\frac{\partial c}{\partial b}-\frac{c}{b}\Big)$$

$$M_{\text{动}}=\frac{p}{2}\Big\{\frac{b^2}{\sin^2\theta}d-\frac{1}{3}\Big[d^3(1+\operatorname{ctg}^3\alpha)-3d^2(b\operatorname{ctg}\theta+a\operatorname{ctg}^2\alpha)+3d(b^2\operatorname{ctg}^2\theta+a^2\operatorname{ctg}\alpha)\Big]\Big\}$$

$$\frac{\partial M_{\text{动}}}{\partial\theta}=\frac{p}{2}\Big[\frac{b^2}{\sin^2\theta}\frac{\partial d}{\partial\theta}-(1+\operatorname{ctg}^3\alpha)d^2\frac{\partial d}{\partial\theta}+2(b\operatorname{ctg}\theta+a\operatorname{ctg}^2\alpha)d\frac{\partial d}{\partial\theta}-$$

$$\frac{b}{\sin^2\theta}d^2-(b^2\operatorname{ctg}^2\theta+a^2\operatorname{ctg}\alpha)\frac{\partial d}{\partial\theta}\Big]$$

$$\frac{\partial M_{\text{动}}}{\partial b}=\frac{p}{2}\Big[\frac{b^2}{\sin^2\theta}\frac{\partial d}{\partial b}+\frac{2b}{\sin^2\theta}d-(1+\operatorname{ctg}^3\alpha)d^2\frac{\partial d}{\partial b}+2(B\operatorname{ctg}\theta+a\operatorname{ctg}^2\alpha)d\frac{\partial d}{\partial b}+$$

$$(\operatorname{ctg}\theta-\operatorname{ctg}^2\alpha)d^2-(b^2\operatorname{ctg}^2\theta+a^2\operatorname{ctg}\alpha)\frac{\partial d}{\partial b}-2(b\operatorname{ctg}^2\theta-a\operatorname{ctg}\alpha)d\Big]$$

$$\frac{\partial\tau_c}{\partial\theta}=\frac{\sin^2\theta}{(2\theta+\theta')b^2}\frac{\partial M_{\text{动}}}{\partial\theta}+\frac{M_{\text{动}}}{b^2}\frac{(2\theta+\theta)\sin2\theta-\Big(2+\frac{\partial\theta'}{\partial\theta}\Big)\sin^2\theta}{(2\theta+\theta')^2}$$

$$\frac{\partial\tau_c}{\partial b}=\frac{\sin^2\theta}{(2\theta+\theta')b^2}\frac{\partial M_{\text{动}}}{\partial\theta}-M_{\text{动}}\sin^2\theta\frac{2(2\theta+\theta')+b\frac{\partial\theta'}{\partial b}}{(2\theta+\theta')b^3}$$

整理得：

$$\frac{\partial u}{\partial\theta}=\Big[1-\frac{k_1\sin(2\theta+\theta')}{1-\cos\theta'}\frac{2\theta}{2\theta+\theta'}\Big]\frac{\partial\tau_c}{\partial\theta}-\Big[\frac{\sin(2\theta+\theta')}{1+\cos\theta'}\frac{2\Big(\theta'-\theta\frac{\partial\theta'}{\partial\theta}\Big)}{(2\theta+\theta')^2}+$$

$$\frac{2\theta}{2\theta+\theta'}\frac{\cos(2\theta+\theta')\Big(2+\frac{\partial\theta'}{\partial\theta}\Big)(1-\cos\theta')-\sin\theta'\sin(2\theta+\theta')\frac{\partial\theta'}{\partial\theta}}{(1-\cos\theta')^2}\Big]\tau_c k_1$$

$$\frac{\partial u}{\partial b}=\Big[1-\frac{k_1\sin(2\theta+\theta)}{1-\cos\theta'}\frac{2\theta}{2\theta+\theta'}\Big]\frac{\partial\tau_c}{\partial b}+\Big[\frac{\sin(2\theta+\theta')}{2\theta+\theta'}-\frac{\cos(2\theta+\theta')-\cos2\theta}{1-\cos\theta'}\Big]\times$$

$$\frac{2\theta}{(1-\cos\theta')(2\theta+\theta')}\tau_c k_1\frac{\partial\theta'}{\partial b}+\frac{2\theta}{2\theta+\theta'}(c_1-c_2)\frac{\partial\theta'}{\partial b}=0$$

由迭代法联解式可求出 θ、b 值。然后求出 τ_f、τ_t，则可求出安全系数 $F=\frac{\tau_f}{\tau_c}$。

3 意义

根据对宫川法的计算,按照较简单粗略的计算,较为精确的计算和更进一步精确计算的讨论来进行研究。这三种都是以平均应力和平均抗剪强度来代替真实应力和真实抗剪强度,所求得的都是近似解。在计算的过程中所需的前提条件比较多,而这些条件在很多时候是不容易满足的,得出的结果局限性很大。宫川法所适用的都是均匀的厚度较大的软土地基,这些不能涵盖所有情况。因此,新方法推导出了可以求得较为精确解的二元方程组,对更进一步精确解的求出方法进行了讨论,并推导出当坡面为直线时求解的方程组。

参考文献

[1] 杨运来. 对软土地区堤坝地基稳定分析的宫川法的讨论. 海岸工程. 1985,4(1):54-62.

抛石基床的沉降量公式

1 背景

对于重力式码头,为避免码头前倾而危及码头的整体稳定,应按最不可能出现的情况来进行荷载组合,计算码头墙底的基床顶面及底面应力,并应计算出地基的沉降量。但是,在方块安装前基床整平时所定的后倾坡度处于不断地变化之中,它随着码头方块安装层数的增加而增加。岳明显[1]通过对重力式方块码头的沉降位移与后倾坡度的研究,给出了关于对重力式码头抛石基床的密实度及整平层厚度对沉降量的影响的经验公式。

2 公式

设夯前基床块石体积 $V = 1.0 \text{ m}^3$,则抛石高床夯前的孔隙比:

$$e = \frac{G(1 + \omega/100)}{r} - 1 = 0.559$$

抛石基床夯前的孔隙率:

$$n_{前} = \frac{e}{1 + e} \times 100\% = 35.9\%$$

则抛石基床中块石的纯体积为:

$$V_s = \frac{\omega_s}{r_s} = 0.642 \text{ m}^3$$

式中,ω_s 为块石的重量 1.7 t(即为夯前的块石容重值);r_s 为块石没有孔隙时的容重为 2.65 t(即为块石的密度)。

则基床中孔隙的体积为:

$$V_v = V - V_s = 0.198 \text{ m}^3$$

则基床夯后的孔隙率为:

$$n_{后} = \frac{V_v}{V} = 23.6\%$$

如果我们把基床块石的实体体积与基床的总体积之比作为基床块石的密实度 D,则抛石基床的夯前密实度为:

$$D_{前} = 1 - n_{前} = 64.1\%$$

抛石基床的夯后密实度为:

$$D_后 = 1 - n_后 = 76.4\%$$

即夯后的基床块石密实度比夯前提高了19%。

未经夯实的基床部分,它比之于已夯的基床部分,将有较大的沉降。其沉降量可按下式估算:

$$\Delta = a_k \times p \times d$$

式中:Δ 为基床压缩的沉降量(m);p 为基床顶面应力($t \cdot m^{-1}$);d 为基床厚度(m);a_k 为抛石基床的压缩系数($m \cdot t^{-1}$)。

3 意义

根据重力式码头抛石基床的密实度及整平层厚度对沉降量的影响的经验公式,结合青岛港八号码头的实例,指出影响后倾坡度变化的主要因素是码头断面的结构型式、抛石基床的密实度以及基床顶部的整平层厚度。为解决这一问题,抛石基床应做成向墙里倾斜的后倾坡度;应减少码头底面的后踵应力来减少后倾坡度的增加;进行定期沉降观测;将墙底后踵向后加宽到1.5倍基床厚度,以满足基床应力向下扩散的要求;要重视设计低水位时墙底基床应力。

参考文献

[1] 岳明显. 重力式方块码头的沉降位移与后倾坡度. 海岸工程,1985,4(1):42 – 49.

薄壁工型块的结构计算

1 背景

山东沿海地区由于其地基情况,建筑材料及施工条件等,决定了大多数码头采用重力式方块结构。为加快工程的进程,适应新形势,烟台港西港池工程多采用薄壁工型块重力式结构,不仅结构合理,而且技术效果甚佳,又加快了速度、降低了成本,一举多得。纪政之[1]通过对薄壁工型块的结构分析及计算,来更具体地分析薄壁工型块的合理性、经济型。

2 公式

码头断面设计,首先确定码头断面形式,码头全高10.2 m,如图1所示。码头后设二级抛石棱体,+1.0 m以下一级系采用山皮、石碴做减压棱体。石碴、山皮货源充沛且价格低廉,其质量可满足设计要求。

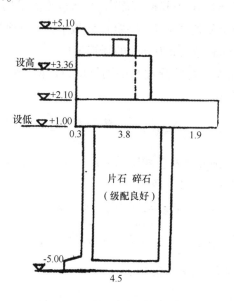

图1 码头断面设计(单位:m)

设20 t普通系船柱,不设风暴系船柱。设计组合与校核组合下抗滑、抗倾稳定性如

87

表 1。其中高水位时校核组合 K_0 略小于 1.4，待港池形成后，此处码头前波高将在 1.0 m以内。

表 1　设计组合与校核组合下抗滑、抗倾稳定性

计算情况		抗滑 $K_s \geqslant 1.2(1.1)$	抗倾 $K_0 \geqslant 1.5(1.4)$
高水位	设计组合	1.69	2.01
	校核组合	1.16	1.38
低水位	设计组合	1.82	2.37
	校核组合	1.64	2.36

前趾板：前趾板为外伸悬臂板，荷载即为基床反力。

底板：底板系工型块上最重要部位。对底板分析为受基床反力和腔内填料加底板自重共同作用，三边固定、一边自由板。

立板：工型块安装完毕后，相邻上型块形成一个个空腔，内填充级配良好的片石、碎石等起自身倒滤井的作用。

肋板：对肋板来讲，沿码头纵向看，肋板两侧受方向相反、大小相等的贮仓侧压力，肋板即处轴向受压状态。

工型块高 6 m，单件重 61.4t，因其壁薄而高柔，所以无法采用类似方块和普通空心方块一般起吊。经与施上单位反复切磋之后，决定在肋板上部（距顶端 1.5 m 处）设两个 $\phi140$ mm 的吊孔，设计出 $\phi120$ mm、净长 570 mm 的圆钢吊杠。

吊杠与孔壁分析为轴线平行的圆柱与凹面接触，按弹性理论查力学手册，最大接触应力由公式：

$$\delta_{\max} = 0.418 \sqrt{\frac{PE(R_2 - R_1)}{LR_1 R_2}}$$

该式使用条件：孔壁与圆柱体材质相同，即：$E_1 = E_2 = E$，$u_1 = u_2 = 0.3$，P 为起吊力；L 为接触长度；R_1、R_2 分别为圆柱、孔口半径。

$$\sigma_{\text{III}} = \sigma_1 - \sigma_3 \leqslant [\sigma]$$

$$\sigma_{\text{IV}} = \sqrt{\frac{1}{2} \left[(\sigma_1 - \sigma_2)^2 + (\sigma_2 - \sigma_3)^2 + (\sigma_3 - \sigma)^2 \right]} \leqslant [\sigma]$$

这里，$[\sigma]$ 为材料许用应力；$\sigma_1 = 0.18\sigma_{\max}$；$\sigma_2 = -0.288\sigma_{\max}$；$\sigma_3 = -0.78\sigma_{\max}$。

3　意义

根据薄壁工型块的结构计算及设计，这种结构设计较一般的重力式方块结构确实有它的可取之处。首先,工型块壁薄块高,空心率高,节约材料;一次安装即可出水;就地取材,并以自身倒滤井免去倒滤层,缩短工期。薄壁工型块做到了省时省力省钱,是对重力式方块结构的一次重大改进。此外,工字型块本身在制作、安装及对基床整平的要求都较高,施工也相当有难度。

参考文献

[1]　纪政之. 薄壁工型块码头. 海岸工程,1985,4(2):89-94.

不规则的波浪模型

1 背景

海浪是一种相当复杂的不规则的波动现象。在研究很多海浪课题时,都要考虑波浪的不规则因素,因此研究不规则波已成当务之急。俞聿修[1]系统地介绍和探讨波浪模型试验中不规则波浪的模拟方法和入射波、反射波的确定方法。目前产生不规则波的方法有三种:通过模拟波谱产生不规则波,直接模拟实测到的天然波列和在风浪水槽中由风或由风和机械造波机联合产生不规则波。

2 公式

计算造波板的驱动波形谱 $S_e(\omega)$:

$$S_e(\omega) = S_\eta(\omega) \cdot |T(\omega)|^2$$

对于每个试验波列,其水深 h 是已知的,故上述各传递函数仅是频率的函数 $T(\omega)$。总传递函数等于各传递函数之积。

由造波板驱动波形谱导得造波板驱动信号(时间系列)。此法把驱动波形谱划分成 m 个区间(频宽为 $\Delta\omega$),将分别代表 ω 个区间内"波能"的 n 个余弦波叠加起来得出造波板驱动信号的时间系列值,为:

$$X(n \cdot \Delta t) = \sum_{i=1}^{m} \sqrt{2S_e(\omega_i) \cdot \Delta\omega} \cos(\widetilde{\omega_1} \cdot n \cdot \Delta t + \varepsilon_j)$$

式中:m 为组成波数;Δt 为信号时间系列的时距;$\widetilde{\omega_1}$ 为第 i 个组成波的代表圆频率;ε_j 为随机初位相。

与目标谱相比较,如不能满足要求,修正输入波谱:

$$S_\eta^0(\omega) = S_\eta(\omega) + a[S_\eta(\omega) - S_\eta m(\omega)]$$

式中:$S_\eta^0(\omega)$ 为修正后的输入波谱;$S_\eta(\omega)$ 为目标谱;$S_\eta m(\omega)$ 为模型处实测谱;a 为修正系数。

二点法测定入、反射波波高

入、反射谱密度:

$$S_I(f_m) = \sum_{j=-p}^{p} H(j) \frac{1}{2} a_I^2(m-j)/\Delta f \Bigg\}$$

$$S_R(f_m) = \sum_{j=-p}^{p} H(j) \frac{1}{2} a_R^2(m-j)/\Delta f$$

$$\sum_{j=-p}^{p} H(j) = 1; \Delta f = 1/T$$

式中, $H(j)$ 是光滑函数。

入、反射波的能量为:

$$E_I = \int_{f_{\min}}^{f_{\max}} S_I(f) \, df$$

$$E_R = \int_{f_{\min}}^{f_{\max}} S_R(f) \, df$$

波室良反射率:

$$K_R = \sqrt{E_R/E_I}$$

K_R 代表波系全体的平均反射率。而入射波高和反射波高可用这样的反射率和实测的合成波高 H_s(二点的均值)如下算得:

$$H_I = H_S \Big/ \sqrt{1 + K_R^2}$$

$$H_R = K_R H_S \Big/ \sqrt{1 + K_R^2}$$

上式对于无论是有效波高或平均波高等都认为是适用的。

三点法测定入、反射波波高

由频谱计算振幅谱:

$$A_1(K \cdot \Delta f) = \sqrt{2 S_1(K \cdot \Delta) \Delta f}$$

对所有的 K 计算角度 $\beta(K \cdot \Delta f)$ 和 $\gamma(K \cdot \Delta f)$:

$$\beta_K = 2\pi X_{12}/L_K; \qquad \gamma_K = 2\pi X_{13}/L_R$$

波长 L_K 必须根据水深(可采用测点处的平均水深)和波频 $K \cdot \Delta f$ 计算决定。

对所有 K 值计算:

$$D_K = 2\left[\sin^2\beta_K + \sin^2\gamma_K + \sin^2(\gamma_K - \beta_K) \right] \Bigg\}$$

$$R_{1K} = \sin^2\beta_K + \sin^2\gamma_R$$

$$Q_{1K} = \sin\beta_K \cos\beta_K + \sin\gamma_K \cos\gamma_K$$

$$R_2K = \sin\gamma_K \sin(\gamma_K - \beta_K)$$

$$Q_{2K} = \sin\gamma_K \cos(\gamma_K - \beta_K) - 2\sin\beta_K$$

$$R_{3K} = -\sin\beta_K \sin(\gamma_K - \beta_K)$$

$$Q_{3K} = \sin\beta_K \cos(\gamma_K - \beta_K) - 2\sin\gamma_K$$

计算入、反射波的振幅谱:

$$Z_{I.K} = \left[B_{I.K}(R_1 + iQ_1) + B_{2.K}(R_2 + iQ_2) + B_{3.K}(R_3 + iQ_3) \right]/D_K \left.\right\}$$
$$Z_{R.K} = \left[B_{I.K}(R_1 + iQ_1) + B_{2.K}(R_2 + iQ_2) + B_{3.K}(R_3 + iQ_3) \right]/D_K$$

此处 $Z_{I.K}$，$Z_{R.K}$ 分别是 $Z_1(K \cdot \Delta f)$、$B_1(K \cdot \Delta f)$ 的简化表示，余类推。

计算入、反射波的谱密度：

$$S_I(K \cdot \Delta f) = |Z_I(K \cdot \Delta f)|^2/(2 \cdot \Delta f) \left.\right\}$$
$$S_R(K \cdot \Delta f) = |Z_R(K \cdot \Delta f)|^2/(2 \cdot \Delta f)$$

计算反射系数：

$$K_R(K \cdot \Delta f) = |Z_R(K \cdot \Delta f)| / |Z_I(K \cdot \Delta f)|$$
$$X_{12} = L_P/10, L_P/6 < X_{13} < L_P/3 ; X_{13} \neq L_P/5, X_{12} \neq 3L_P/10$$

此处 L_P 为相应于谱峰频率的波长。

入、反射波的波形：

$$\phi_{Im} = \tan^{-1}\left(\frac{-A_{1m}\cos K_m\Delta 1 - B_{1m}\cos K_m\Delta 1 + A_{2m}}{A_{1m}\sin K_m\Delta 1 - B_{1m}\cos K_m\Delta 1 + B_{2m}} \right) \left.\right\}$$
$$\phi_{Rm} = \tan^{-1}\left(\frac{A_{2m} - A_{1m}\cos K_m\Delta 1 + B_{1m}\sin K_m\Delta 1}{B_{2m} - A_{1m}\sin K_m\Delta 1 + B_{1m}\sin K_m\Delta 1} \right)$$

最后可得入、反射波形：

$$\eta_I(t) = \sum_{m=1}^{m_s} a_{Im}\cos(-2\pi f_m t + \phi_{Im}) \left.\right\}$$
$$\eta_R(t) = \sum_{m=1}^{m_s} a_{Rm}\cos(-2\pi f_m t + \phi_{Rm})$$

3 意义

根据不规则波浪的模拟，有很多方面需要考虑，要做到波谱相似，波高、周期和波面极值统计分布的相似，波群相似。完全满足几乎不可能，但通过计算可以确定模拟误差。通过计算公式可得出入、反射波高、波形，为进一步的波浪模拟提供了前提条件。两点法算出的入、反射波高适合规则波和不规则波；入、反射波的波形得出时，进一步可对入、反射波波形进行统计分析和波群特征分析。

参考文献

[1] 俞聿修. 不规则波浪的实验室模拟. 海岸工程,1985,4(2):1-10.

海区波浪的折射方程

1 背景

当波浪传播进入浅水区时,如果波向线与等深线不垂直而成一偏角,则波向线将逐渐偏转,趋向于与等深线和岸线垂直,这种现象称为波浪折射。刘新求[1]通过对广利河口及桩11海区波浪折射的讨论分析导出其折射方程,并计算出波浪折射路径。波浪由于折射会使波高、波速、波长等都发生一系列变化,从而影响海岸线演变过程,决定了作用在水工建筑物上波浪力的大小及方向。

2 公式

以相速 C 传播的波动,从 A 点传到 B 点所需的时间 t 为:

$$t = \int_A^B \frac{1}{C(x,y)} \left[1 + (y'/x')^2 \right]^{1/2} x' \mathrm{d}s$$

这里 S 为波向线的弧长变量。

$$x' = \frac{\mathrm{d}x}{\mathrm{d}s}, y' = \frac{\mathrm{d}y}{\mathrm{d}s}。$$

波浪沿需时最短的路径 A 点传到 B 点。依变分原理,上述条件等价于函数 $X(S), Y(S)$ 的泛函 t 的变分为零,即:

$$\delta \int_A^B \frac{1}{C(x,y)} \left[1 + (y'/x')^2 \right]^{1/2} x' \mathrm{d}s = 0$$

这要求被积函数:

$$f(x,y,x',y') = \frac{1}{C(x,y)} \left[1 + (y'/x')^2 \right]^{1/2}$$

整理得:

$$\frac{\mathrm{d}\theta}{\mathrm{d}S} = -\frac{1}{C} \left(-\sin\theta \frac{\partial C}{\partial x} + \cos\theta \frac{\partial C}{\partial y} \right)$$

简化得:

$$\frac{\mathrm{d}\theta}{\mathrm{d}S} = -\frac{1}{C} \times \frac{\mathrm{d}C}{\mathrm{d}W}$$

此式为波向线的特征方程,它反映了波向线任一点上的曲率与该点处波速沿波峰变化之间的关系。W 为波峰线的弧长变量。

由 Airy 波理论结果，我们知有限水深中波速 C 由下式决定：

$$C = \frac{gT}{2\pi}\mathrm{th}\frac{2\pi h}{L}$$

式中，L 为波长，T 为波浪周期，h 为水深，g 为重力加速度。

如假定波浪在由深水向浅水的传播过程中周期保持不变，则由波长、波速、周期三者之间的关系式 $(L = CT)$ 及上式可得：

$$\frac{C}{C_0} = \mathrm{th}\Big(\frac{2\pi h}{L_0}\Big/\frac{C}{C_0}\Big)$$

这里 C_0、L_0 分别为深水波速、波长，由下式决定：

$$C_0 = \frac{gT}{2\pi}, \quad L_0 = \frac{gT^2}{2\pi}$$

可便利地化为显函数的形式：

$$\frac{h}{L_0} = \frac{1}{4\pi} \cdot \frac{C}{C_0}\ln\Big(\frac{1 + C/C_0}{1 - C/C_0}\Big)$$

设波向线的方程为：

$$x = x(y)$$

则显然：

$$\frac{\mathrm{d}x}{\mathrm{d}y} = \mathrm{ctg}\ \theta$$

从而，波向线特征方程转化为以坐标为自变量的常数微分方程组：

$$\mathrm{I}\begin{cases}\dfrac{\mathrm{d}x}{\mathrm{d}y} = \mathrm{ctg}\ \theta \\[2mm] \dfrac{\mathrm{d}\theta}{\mathrm{d}y} = \dfrac{1}{C}\Big(\dfrac{\partial C}{\partial x} - \mathrm{ctg}\ \theta\ \dfrac{\partial C}{\partial y}\Big)\end{cases}$$

为表述简洁及便于数值计算，引入无维波速 $C = C/C_0$，将上述方程组改写为：

$$\mathrm{II}\begin{cases}\dfrac{\mathrm{d}x}{\mathrm{d}y} = \mathrm{ctg}\ \theta \\[2mm] \dfrac{\mathrm{d}\theta}{\mathrm{d}y} = \dfrac{\partial C}{\partial x} - \mathrm{ctg}\ \theta\ \dfrac{\partial C}{\partial y}\end{cases}$$

方程组 II 即为进行波浪折射的数值计算模式。对于该方程组，我们采用了定步长的四阶 Runge – Kutta 方法：

$$X_{+1} = X + \frac{1}{6}(k_1 + 2k_2 + 2k_3 + k_4)$$

$$\theta_{+1} = \theta + \frac{1}{6}(m_1 + 2m_2 + 2m_3 + m_4)$$

其中：

$$k_1 = \mathrm{d}y \cdot \mathrm{ctg}\,\theta_n$$

$$k_2 = \mathrm{d}y \cdot \mathrm{ctg}(\theta_n + m_1/2)$$

$$k_3 = \mathrm{d}y \cdot \mathrm{ctg}(\theta_n + m_2/2)$$

$$k_4 = \mathrm{d}y \cdot \mathrm{ctg}(\theta_n + m_3)$$

$$m_1 = \mathrm{d}y \cdot \mathrm{u}(x_n, y_n, \theta_n)$$

$$m_2 = \mathrm{d}y \cdot \mathrm{u}\left(x_n + \frac{k_1}{2}, y_n + \frac{\mathrm{d}y}{2}, \theta_n + \frac{m_1}{2}\right)$$

$$m_3 = \mathrm{d}y \cdot \mathrm{u}\left(x_n + \frac{k_2}{2}, y_n + \frac{\mathrm{d}y}{2}, \theta_n + \frac{m_2}{2}\right)$$

$$m_4 = \mathrm{d}y \cdot \mathrm{u}(x_n + k_3, y_n + \mathrm{d}y, \theta_n + m_3)$$

这里,函数 $u(x、y、\theta)$ 的表达式为:

$$u(x、y、\theta) = \frac{1}{C}\left(\frac{\partial C}{\partial x} - \mathrm{ctg}\,\theta\frac{\partial C}{\partial y}\right)$$

求 $u(x、y、\theta)$ 时,用中心差商来代替波速对坐标的偏导数。

3 意义

根据对波浪折射的计算导出了波浪传播过程中在水深变化作用下的折射方程,计算出波浪折射路径,还给出了数值计算程序。为更进一步地研究波浪运动提供了有利条件,但是这里给出的方程也有它的局限性。这里的数值计算是以水深变浅导致波浪折射为出发点的,得出的数值有些过于理想化。复杂的近岸流系波浪沿波峰的绕射对波浪折射的影响就很显著,这需要更精确的计算。不同的海区采用与之相适应的波浪理论进行折射计算,也是一个待解决的问题。

参考文献

[1] 刘新求. 广利河口及桩 11 海区波浪折射的数值计算. 海岸工程,1985,4(2):39－54.

风与波浪的关系式

1 背景

因青岛的对外开放,胶州湾中南部将成为水上交通的要冲,该海区波浪预报研究也就变得至关重要。但目前所使用的海港水文规范,对小风区的预报误差较大,效果并不好。为了提供可靠的风浪预报方法,刘学先[1]从胶州湾中南部北向风与波浪的关系入手,建立了适合本湾的风与浪的关系式和风浪预报图。该方法所得数据与实测数据基本一致,从而满足了青岛湾的建港、旅游等需要。

2 公式

根据无维量波高与无维量风区的模式方程:

$$\frac{gH}{u^2} = A_1\left(\frac{gF}{u^2}\right)^{B_1}$$

简化成直线回归方程式:

$$\ln\left(\frac{gH}{u^2}\right) = \ln A_1 + B_1\ln\left(\frac{gF}{u^2}\right)$$

令: $y = \ln\left(\frac{gH}{u^2}\right), x = \ln\left(\frac{gF}{u^2}\right), c = \ln A_1$

则:

$$y = c + B_1 x$$

确定各个波浪回归方程的系数,代入模式方程,确定各自均值风浪的要素关系式。

再根据模式方程 $\frac{g\overline{T}}{u} = A_2\left(\frac{gH}{u^2}\right)^{B_2}$,运用确定波高关系相同的方法,得出波高和周期的关系式。

3 意义

根据胶州中南部小风区风与波浪的关系式的确定及预报图的制定,预报出的波高精度是相当高的,基本满足各方面需要。在仅相距几千米的情况下,规范法预报值偏差较大,主要由于胶州湾基本是一个封闭式的海湾,并不适合开敞式的海区总结出的规范法公式。为运算简便,可采用预报值 – 实测值法。

参考文献

[1] 刘学先. 胶州湾中南部北向风与波浪的关系. 海岸工程,1985,4(2):55 – 65.

近岸海水的湍流扩散模型

1 背景

湍流扩散是指湍流运动导致大气或水体中的污染物质或其他物质与周围清洁流体的混合。湍流扩散的研究主要是确定污染物质和海流间的关系。姜太良等[1]利用"LGCZ – IA"水中荧光计和荧光染料试验对近岸海水的湍流扩散进行了研究。通过人为地投放一种具有显著特征的物质,来追踪观测和分析。海流的作用可分为湍流和平流,湍流决定物质的扩散,平流影响物质的输运。

2 公式

利用水中荧光计进行为期 3 天的测试,结果如表 1 所示。

表 1 水中荧光计测试结果

试验时间	试验地点	排放染料量/kg	初始浓度/$(g \cdot mL^{-1})$	观测层次
1984 年 8 月 27 日	胶州湾	3.5	3.5×10^{-3}	表层
1984 年 8 月 28 日	沙子口港外	5.0	5.0×10^{-3}	表层
1984 年 9 月 13 日	朝连岛北侧	15.0	1.5×10^{-2}	表层和深层
1984 年 9 月 14 日	胶州湾	10.0	1.0×10^{-2}	表层

扩散方差和扩散系数是度量海水扩散能力的重要参数。其中纵向方差 σ_x^2 为:

$$\sigma_x^2 = \int c \, x^2 \mathrm{d}x / \int c \, \mathrm{d}x$$

横向方差 σ_y^2 为:

$$\sigma_y^2 = \int c \, y^2 \mathrm{d}x / \int c \, \mathrm{d}y$$

横向和纵向扩散系数分别为 K_y 和 K_x:

$$K_y = \frac{1}{2} \times \frac{\Delta \sigma_y^2}{\Delta t}$$

$$K_x = \frac{1}{2} \times \frac{\Delta \sigma_x^2}{\Delta t}$$

式中,C 为扩散物质的浓度。

少有风浪引起的湍流效应的情况下我们可写出其扩散方程:

$$\frac{\partial c}{\partial t} + \frac{\partial}{\partial x}(uc) = k\frac{\partial^2 c}{\partial x^2}$$

其解析解为:

$$c(x,t) = \frac{C_0}{2}\Big[1 - erf\Big(\frac{x - ut}{\sqrt{4kt}}\Big)\Big]$$

式中,c 为示踪燃料浓度;C_0 为初试浓度;u 为 X 方向上的流速;k 为定常扩散系数;erf 为误差函数。

3 意义

根据扩散方程的计算,定出其水平扩散系数及变化,可知胶州湾和朝连岛区域,扩散能力都比较差,在这些区域应该注意排污。并且这次测试时使用的水中荧光计是我国自制水中荧光计,从最终的检测结果来看可以看出它的精准度及各方面性能还是很好的,是仪器方面的一次突破。稍加改进便可以测出微油、叶绿素等含量,是海洋环境研究的理想工具。

参考文献

[1] 姜太良,夏达英,胡福辰,等. 利用"LGCZ – IA"水中荧光计和荧光染料试验研究近岸海水的湍流扩散. 海岸工程,1985,4(2):75 – 82.

海平面的变化模型

1 背景

海平面是海的平均高度,指在某一时刻假设没有潮汐、波浪、海涌或其他扰动因素引起海面波动,海洋所能保持的水平面。平均海平面变化可分为短期变化、季节变化、长期变化和突然变化。乔建荣[1]通过大量搜集资料及相关测量,对 60 年来黄海平均海平面的变化进行了论述。研究海平面的变化,可以弄清影响其变化的因子,掌握变化规律,为进一步认识海洋奠定基础。

2 公式

给出两个数字时间序列:

$$A_1, A_2, A_3, \cdots, A_i, \cdots, A_N$$

$$B_1, B_2, B_3, \cdots, B_i, \cdots, B_N$$

式中,$i = 1, 2, 3, \cdots, N$,取 $N = 63$。$\{A_i\}$代表烟台港历年平均海平面距平,$\{B_i\}$代表青岛港历年平均海平面距平。

为了揭示时间的变化规律,我们采用处理非平稳时间序列的参数分析方法。

由加法模型,非平稳时间序列可表示为:

$$x(t) = D(t) + \varepsilon(t)$$

式中,$D(t)$是时间 t 的确定性函数;$\varepsilon(t)$为时间 t 的平稳随机函数[2]。我们的目的就是提取 $D(t)$。设 $D(t)$ 由两类函数叠加而成,即:

$$D(t) = f(t) + P(t)$$

式中,$f(t)$表示时间序列的长期趋势变化;$P(t)$表未时间序列的周期变化[3]。

线性系数的计算[3]为:

$$r_{xt} = \frac{1}{N} \sum \left(\frac{X_n - \overline{X}}{s} \right) \sqrt{12} \left(\frac{n}{N} - \frac{1}{2} \right)$$

式中,x_n 为序列第 n 个数据;$\overline{x}$ 和 s 分别为序列的均值和均方差;N 为序列长度。

A_i、B_i 随时间具有明显的线性增长趋势,因此设:

$$f(t) = kt + c$$

在最小二乘意义下,求得回归系数:

$$K = \frac{\sum\limits_{i=1}^{N}(f_i - \bar{f})(t_i - \bar{t})}{\sum\limits_{i=1}^{N}(t_i - \bar{t})^2} = \frac{\sum\limits_{i=1}^{N}\Delta f \cdot \Delta t}{\sum\limits_{i=1}^{N}(\Delta t)^2}$$

$$C = \bar{f} - k\bar{t}$$

设去掉 $f(t)$ 后得到新的有序集合:

$$y(t) = x(t) - f(t)$$

对上式进行傅立叶展开,有:

$$y(t) = a_0 + \sum_{j}^{K}\left(a_j\cos\frac{2\pi j}{N}t + b_j c\sin\frac{2\pi j}{N}t\right) + s(t)$$

$$t = 1,2,3,\cdots,N$$

这里,傅里叶系数:

$$a_0 = \frac{1}{N}\sum_{t=1}^{N}y_t = \bar{y}$$

$$a_j = \frac{2}{N}\sum_{t=1}^{N}y_t\cos\frac{2\pi j}{N}t$$

$$ba_j = \frac{2}{N}\sum_{t=1}^{N}y_t\sin\frac{2\pi j}{N}t$$

$I = 1,2,3,\cdots,K$;N 为奇数,$K = \dfrac{N-1}{2}$;N 为偶数,$K = \dfrac{N}{2}$。

$$I(f_j) = \frac{N}{2}(a_j^2 + b_j^2)$$

时间序列的周期图,基频为 $\dfrac{1}{N}$,$f_j = \dfrac{1j}{N}$,隐含周期 $T_j = \dfrac{1}{f_i} = \dfrac{N}{j}$。时间序列的振幅谱为:

$$A(F_i) = \frac{1}{2}\sqrt{a_j^2 + b_2^j}$$

3 意义

根据回归分析等分析方法,结合 60 年来得海平面资料,分析了 60 年来黄海平均海平面的变化,可以看出 60 年来黄海平均海平面总趋势是上升的;经历了两个大的周期变化;影响黄海平均海平面变化的长周期因素,交点分潮 M_N 和周期为 M_N 的 1.5 倍、振幅为 M_N 的 2 倍的波动。60 年来黄海平均海平面的变化趋势,与世界各地平均海平面的变化趋势是一致的,但也略有差异。

参考文献

[1] 乔建荣.六十年来黄海平均海平面的变化.海岸工程,1985,4(2):83-88.

[2] 黄忠恕.波谱分析方法及其在水文气象学中的应用.北京市:气象出版社,1983.

[3] 中国科学院计算中心.概率统计计算.北京市:科学出版社,1979.

防波堤的螺母块体结构公式

1 背景

为增强斜坡堤的抗浪能力,往往用护面块体来保护堤身,最初重力型的人工块体使用较多。但由于其消耗水泥多,施工困难,目前使用也渐渐减少。一种新型的块体逐渐走进人们的视野,孙精石和张吉[1]就螺母块体的结构及用材进行了分析,讨论了它的优点和经济效益。空心块体具有独特的消波机理,块体的咬合勾连不再是防波堤的关键,而是通过建立空间防护层达到节省材料又增强稳固性的作用。

2 公式

当波浪回卷时,会有来自堤心的场压力作用在块体上。护面块体往往是由于"法向跳脱"而造成失稳,块体所受的法向力为 F_N:

$$F_N = K_p \cdot r \cdot H \cdot a^2$$

式中,$K_p = (P_m/r)H$,为相对最大负压强;r 为水容重;H 为波高;a 为块体单位尺度。

如果螺母块体在坡面上的投影面积为 S,有空隙率为 P,则法向 F_N^m 为:

$$F_N^m = K_p \cdot r \cdot H \cdot S(1 - P)$$

Brown 在其 1983 年的论文中,给出了螺母块体的设计公式:

$$R = \frac{H}{1} - PC_B \Phi(\alpha)(S - 1)$$

$$M = R \cdot A_g(1 - P)S$$

$$A_g = 0.65D^2$$

式中,H 为设计波高;R 为护面层厚度,即块体高度;P 为护面层空隙率;C_B 为护面层水力特性系数;$\Phi(\alpha)$ 为坡角函数;α 为坡角;A_g 为块体在斜坡上投影总面积;M 为块体重量;S 为块体密度;D 为块体外接圆直径,即对角块体宽度。

Brown 从流体力学的观点,令作用在块体上的波浪力与块体稳定力相平衡,导出:

$$R = \frac{H \cdot \cos^2(\delta - \beta)}{(1 - P)(S - 1)\sin \delta} \cdot C_d \cdot C$$

式中,δ 为把块体作为一个质点,其运动的初始角与水平线的夹角;β 为水流作用方间与水平

103

线的夹角;C_d、C 为仍表示水力特性系数。

3　意义

　　根据空心型块体的稳定力公式计算,可知螺母块体的抗浪机理和水力特性,它是消波机理为基础的空心型块体,这样的设计既解决了块体上不稳定的点,又因为空心结构而节省了材料,获得一定的经济效益。这种设计还没有普遍推广,需要与国际上普遍使用的工字块体进行对比性试验,来完善空心块体的不足。同时消波机理还需要进一步的验证,找到稳定规律来探索新型块体。

参考文献

[1]　孙精石,张吉. 螺母块体研究的展望. 海岸工程,1985,4(2):109－119.

南黄海大风的预报方程

1 背景

在春季南黄海海域偏南大风随时间增加次数上升,很多时候突然出现,又比较猛烈,严重妨碍了海上运输、捕捞、养殖等。为避免因大风引起的事故,做好及时准确的预报工作就变得尤为重要。唐万林等[1]就偏南大风的 MOS 预报方法进行了详细的介绍,利用预报方程来做出更准确的预报工作。与日本气象传真图资料相结合,制作出的 MOS 预报还是比较适合南黄海海域的春季偏南大风的。

2 公式

求取两点间的气压梯度 $\left(\dfrac{\partial P}{\partial D}\right)$ 作为第一个预报因子,这个预报因子的物理意义清楚,$\dfrac{\partial P}{\partial D}$ 越大,风速也越大。

$$\frac{\partial P}{\partial D} = \frac{\Delta P}{\Delta D} = \Delta P = P_1 - P_2 （设两点间的距离 \Delta D 为单位距离）$$

在日本 850mb 24 h 温度场报告图上读取格点上的温度 T_1 和格点上的温度 T_2,求取这两点的气温梯度:

$$\frac{\partial T}{\partial D} = \frac{\Delta T}{\Delta D} = \Delta T = T_1 - T_2 （设两点间的距离 \Delta D 为单位距离）$$

根据 $P_{1(5)}(X_1)$ 等可得预报方程的系数为:$C_1 = C_2 = 13.7$ 和 $C_3 = 17.3$。

即得五月份偏南大风的 MOS 预报方程为:

$$\hat{y}_5 = 13.7(x_1 + x_2) + 17.3x_3$$

3 意义

根据日本的数值资料,得出预报因子,建立了权重回归 MOS 方程,并经过严格的统计假设检验而得出可靠的方程。这对春季四五月份南黄海海域及沿海偏南大风具有很大的意义。选取概括率较高的预报因子,多方面结合,增强预报方程在使用中的稳定性,因此得出的预报效果还是比较理想的。避免沿海区域突然起大风的影响,对很多产业是很有作用的,可以做好防护工作,降低损失。

参考文献

[1] 唐万林,刘士进,常瑞媛. 南黄海海域及其沿海春季(四五月)偏南大风的 MOS 预报方法. 海岸工程,1985,4(2):27−31.

斜坡堤的扭工字块体稳定公式

1 背景

北海船厂防波堤是我国第一座采用扭工字块体护面的抛石斜坡堤,因其水深较浅,所以利用当地天然石料丰富的特点,选用斜坡式结构方案是正确的,它的断面结构形式已作为标准断面被收编。武桂秋和张就兹[1]通过扭工字块体经一场风暴后堤身无损而堤头遭损的个例对扭工字块体的稳定性进行初步分析。浮山湾口具有靠近外海和海底较浅的特点,东南方向的风暴,对沿海建筑物有直接的破坏作用,适合选用斜坡式的结构方案。

2 公式

护面块体采用扭工字块体,块体单重按我国规范[2]中规定的赫德逊公式计算:

$$W = \frac{r_b H^3}{K_D \left(\frac{r_b}{r} - 1 \right)^3 \cot \alpha}(t)$$

该防波堤设计中,扭工字块允许失稳率 $n = 1\% \sim 2\%$,稳定系数 $K_D = 38$。其特征长度 h 按公式:

$$V = 0.142 h^3$$

每 100 m² 平均安装块体数依公式:

$$N = nc \left(1 - \frac{P}{100} \right) V^{-2/3} \times 100$$

根据有限水深波长计算公式[3]:

$$L = \frac{g \overline{T}^2}{2\pi} \tan h \left(\frac{2\pi d}{L} \right)$$

波坦对块体稳定性的影响,给出了波坦修正系数公式进行修正,波坦修正系数表如表 1 所示。

$$K_\delta = \exp \left[0.03 \left(\frac{L}{H} - 10 \right) \right]$$

表 1   波坦修正系数

L/H	10	15	20	25	30	35	40
K_δ	1.00	1.16	1.35	1.56	1.82	2.12	2.45

堤头扭工字块体稳定重量的确定,对防波堤进行了以下计算:

$$V_1 = H^{\frac{1}{2}}\left[\frac{\pi g\delta}{Z}\cot h(2\pi\eta_{b\delta})\right]^{\frac{1}{2}} + K_C H^{\frac{1}{2}}\left[\frac{g}{2\pi\delta}\tan h(2\pi\eta_{b\delta})\right]^{\frac{1}{2}}$$

求得波浪于坡面临界水深破碎并形成射流的初始水平速度为 $2.88\ \mathrm{m\cdot s^{-1}}$。根据公式:

$$\left.\begin{array}{l} X_2 = \dfrac{1}{g}\left[-\dfrac{V_1^2}{m} \pm V_1\left(\dfrac{V_1^2}{m^2} + 2gZ_C\right)\right]^{\frac{1}{2}} \\[3mm] Z_2 = \dfrac{X_2}{m} \end{array}\right\}$$

求得射流冲击坡面的作用点。根据公式:

$$V_2 = \left\{K_V\left[V_1^2 + \left(\frac{gX_2}{V_1}\right)^2\right]\right\}^{\frac{1}{2}}$$

求得坡面冲击点处的最大流速。并根据公式:

$$P_{2\max} = 1.7\gamma\frac{V_2^2\cos^2\varphi}{2g}$$

求得坡面冲击点处的最大动水压强。

3   意义

根据稳定性的计算公式,可知在设计块体重量时,怎样更好地选择稳定系数 K_D,强调堤头块体应比堤身块体重 $0.3 \sim 0.5$ 倍。此外,设计块体重量时,波浪周期务必要考虑在内。台风期间,北海船厂防波堤堤头受到了中等的损坏,这也是部分问题考虑不周的结果,扭工字块体按一定模式施工也显得重要。因此,对建成后的扭工字块斜坡堤进行现场观测、技术验证具有重要的意义。

参考文献

[1] 武桂秋,张就兹. 扭工字块体稳定性的个例分析. 海岸工程,1985,4(2):95 - 105.

[2] 交通部港口工程技术规范第二篇. 海港泳文(试行). 北京:人民交通出版社,1978:46 - 86.

[3] 奎因. 海港工程设计和施工. 北京:人民交通出版社,1930:123 - 135.

地下水与植被的耦合模型

1 背景

干旱区河岸植被具有相对较高的生产力和生物多样性,对稳定河岸绿洲生态环境起着重要作用。建立干旱区典型植物盖度与地下水埋深关系的分布模型,以确定植物的最适宜地下水埋深、适宜地下水埋深区间及其对环境因子的忍耐度,对干旱区植被恢复具有重要的指导意义[1]。赵传燕等[2]围绕着黑河下游的植被生态恢复问题,建立了流域尺度上植被时空变化与地下水动态的耦合模型,模拟了研究区潜在植被的分布格局,旨在揭示植被空间分布与演化机理,为开展区域生态恢复提供科学依据。

2 公式

胡杨的地下水位耐受范围约为 1~10 m、柽柳为 1.5~8.0 m,二者的最适宜地下水位在 2~3 m[1],属于偏正态分布。因此,选择对数正态分布模型建立研究区胡杨和柽柳物种盖度与地下水的关系,其模型形式如下:

$$c = \frac{1}{\sqrt{2\pi}\sigma_x}\exp\left[-\frac{(\ln x - \mu)^2}{2\sigma^2}\right] \tag{1}$$

式中,c 为植被盖度;x 为地下水埋深(m);μ 为 $\ln x$ 的平均值;σ 为植物对地下水埋深的耐受范围[1]。植被盖度最大值对应的地下水埋深 X_{opt}、地下水位均值 $E(X)$ 和地下水位方差 $\sigma(x)$ 用下式计算:

$$X_{opt} = e^{\mu-\sigma^2} \tag{2}$$

$$E(X) = e^{\mu+\frac{1}{2}\sigma^2} \tag{3}$$

$$\sigma(x) = e^{\mu+\frac{1}{2}\sigma^2}(e^{\sigma^2}-1)^{\frac{1}{2}} \tag{4}$$

式中,地下水位均值 $E(X)$ 表示物种生长所对应的地下水埋深的平均程度;地下水位方差 $\sigma(x)$ 表示植物对地下水埋深的忍耐程度。

将地下水埋深共分 1~2 m,2~3 m,3~4 m,…,9~10 m 和大于 10 m 10 个级别,对同级地下水埋深的植被盖度进行平均,分别获得了研究区胡杨和柽柳的地下水与盖度两组数据,然后进行对数正态分布拟合(图1),确定了参数 μ 和 σ 值,根据式(1)得到胡杨和柽柳的地下水埋深模型为:

$$c_{胡杨} = \frac{1}{1.151x}\exp\left[-\frac{(\ln x - 1.1615)^2}{0.4217}\right] \tag{5}$$

$$c_{柽柳} = \frac{1}{1.312x}\exp\left[-\frac{(\ln x - 0.9745)^2}{0.5483}\right] \tag{6}$$

根据拟合方程参数 μ 和 σ，利用式(2)得到胡杨和柽柳的最适宜地下水位分别为 2.6 m 和 2.0 m；利用式(3)得到胡杨和柽柳的平均地下水位分别为 3.6 m 和 3.0 m；利用式(4)得到胡杨和柽柳地下水位方差分别为 2.4 和 2.1。

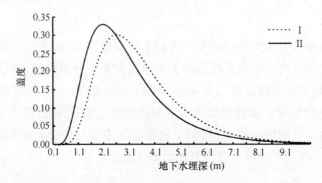

图1 黑河下游胡杨和柽柳植被盖度与地下水埋深的拟合曲线

3 意义

基于 2006 年黑河下游的野外实测数据，建立了研究区胡杨和柽柳植被盖度与地下水埋深的模型[2]，并模拟了研究区的潜在植被。地下水与植被的耦合模型表明：黑河下游胡杨的最适宜地下水位和平均地下水位分别为 2.6 m 和 3.6 m，柽柳则分别为 2.0 m 和 3.0 m；胡杨的高盖度分布区主要集中在河道两侧的区域，而柽柳则可以在研究区的大部分区域以较高的盖度生存，对于研究区当前的地下水埋深而言，柽柳应该是最适宜生存的物种之一；研究区胡杨和柽柳的潜在植被空间分布与现状分布的相似性分别为 43.4% 和 55.6%，导致相似程度不高的主要原因为土壤中存在的石膏盐盘层阻碍了土壤水分的垂直运动。

参考文献

[1] Zhao C Y, Feng Z D, Nan Z R, et al. Modelling of potential vegetation in Zulihe River watershed of the west – central Loess Plateau. Acta Geographica Sinica, 2007, 62(1): 52 – 61..

[2] 赵传燕, 李守波, 贾艳红, 等. 黑河下游地下水波动带地下水与植被动态耦合模拟. 应用生态学报, 2008, 19(12): 2687 – 2692.

城市生态系统的供需模型

1 背景

城市生态承载力的大小直接影响城市生态安全和可持续发展水平[1]。如何衡量人类活动利用自然资本的程度、城市自然资源的存量及定量测度城市生态经济协调发展程度已成为区域生态经济研究的重要问题。在国家振兴东北工业基地的政策背景下,哈尔滨市正面临社会经济的快速发展。蔡春苗和尚金城[2]利用城市生态足迹分析模型和经过修正的城市生态承载力模型,对哈尔滨城市生态系统供需状况进行了定量计算和分析,同时利用生态足迹多样性指数和万元国内生产总值(GDP)生态足迹指标,综合评价了哈尔滨城市发展能力,旨在定量说明人类活动对城市生态系统产生的压力和影响程度,为城市建设和决策提供依据。

2 公式

2.1 生态系统需求模型

采用生态足迹分析方法计算哈尔滨市生态系统需求水平。生态足迹模型主要用来计算在一定的人口和经济规模条件下维持资源消费和废弃物吸收所必需的生态生产性土地面积,是人类对生态系统的需求,其公式如下[3]。

$$EF = N \cdot ef = N \sum r_i A_i = N \sum r_j C_i / Y_i \tag{1}$$

式中,EF 为总人口生态足迹(hm^2);N 为人口数;ef 为人均生态足迹($hm^2 \cdot cap^{-1}$);r_j 为不同类型生物生产土地的均衡因子,由于单位面积不同土地类型的生物生产能力差异较大,为了保证计算结果的可比性,在每种生物生产面积前乘均衡因子,本研究采用 Wackernagel[4]的研究成果和世界自然基金会提供的数据;A_i 为第 i 种消费项目折算的人均占有生物生产面积($hm^2 \cdot cap^{-1}$);C_i 为第 i 种消费项目的年人均消费量($kg \cdot cap^{-1}$);Y_i 为生物生产土地生产第 i 种消费项目的年(世界)平均产量($kg \cdot hm^{-2}$);i 为消费项目的类型。

2.2 生态系统供给模型

本研究的生态系统供给主要计算哈尔滨市各种土地类型的面积,并采用可变产量法计算耕地产量因子,得出综合土地面积,以此作为城市生态承载力的分析依据。公式如下[5]:

$$EC = N \cdot ec = N \cdot \sum a_j r_j y_j \tag{2}$$

式中，EC 为城市总人口生态承载力（hm^2）；N 为人口数；ec 为人均生态承载力（$\text{hm}^2 \cdot \text{cap}^{-1}$）；$a_j$ 为第 j 类生物生产土地的人均生物生产面积（$\text{hm}^2 \cdot \text{cap}^{-1}$）；$r_j$ 为第 j 类生物生产土地的均衡因子；y_j 为第 j 类生物生产土地的产量因子。

为使不同国家和地区同类生物生产土地的计算结果具有可比性，在生态供给计算中需乘以均衡因子和产量因子进行调整，又由于不同时间内区域的科技水平和生产方法有很大不同，产量因子在一个地区内随着时间而有所差别，因此，本研究考虑了不同年份生态承载力的社会经济影响因素，采用可变产量法计算各土地类型的产量因子（表1）。

$$Y_j = P_y / \overline{P_s} \tag{3}$$

式中，Y_j 为各土地类型的产量因子；P_y 为研究区各土地类型的年均生产能力（$\text{kg} \cdot \text{hm}^{-2}$）；$P_s$ 为世界各土地类型的年均生产能力（$\text{kg} \cdot \text{hm}^{-2}$）。因缺乏草地的资料，其产量因子采用 Wackernagel 等[6]研究中的数据。

表1　哈尔滨市各种土地类型的产量因子

土地类型	1998 年	1999 年	2000 年	2001 年	2002 年	2003 年	2004 年	2005 年
耕地	2.26	2.20	1.98	1.91	2.12	1.95	1.85	1.89
草地	0.19	0.19	0.19	0.19	0.19	0.19	0.19	0.19
林地	0.67	0.85	0.71	2.22	0.93	1.17	1.26	1.12
水域	1	1	1	1	1	1	1	1
建筑用地	2.26	2.20	1.98	1.91	2.12	1.95	1.85	1.89

2.3　生态足迹多样性指数与发展能力模型

通过分析生态足迹多样性指数，可说明城市生态系统中各种土地利用类型的多样化程度，进而判断自然资源利用效率，据此可分析哈尔滨市生态足迹多样性与城市发展能力之间的关系。

本研究采用 Shannon – Wiener 公式计算生态足迹多样性指数[7]：

$$H = - \sum P_i \ln P_i \tag{4}$$

式中，H 为生态足迹多样性指数；P_i 为第 i 种土地类型生态足迹在总生态足迹中的百分比。上式主要由表示土地利用类型数量的丰裕度和衡量生态足迹分配状况的公平度两部分组成，即生态经济系统中生态足迹分配越平等，对给定系统组分的生态经济系统来说其多样性就越高，则其系统越稳定。

采用 Ulanowicz 发展能力公式计算哈尔滨市发展能力[7]：

$$C = ef(- \sum P_i \ln P_i) \tag{5}$$

式中，C 为发展能力；ef 为国家或地区的人均生态足迹。

根据式(1)、式(2)得到1998—2005年哈尔滨市人均生态足迹、人均生态承载力(扣除12%生物多样性保护用地面积[8])(图1)。

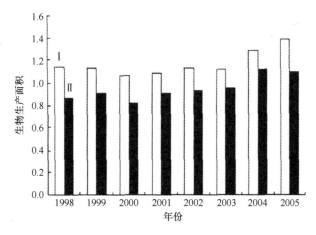

图1 哈尔滨市人均生态足迹(Ⅰ)和人均生态承载力(Ⅱ)

研究期间,哈尔滨市生态系统供需结构的变化不明显,各种资源之间分布不平衡(图2)。

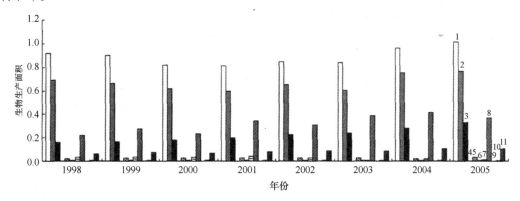

图2 哈尔滨市人均生态足迹供需结构

1:耕地人均生态足迹;2:耕地人均生态承载力;3:草地人均生态足迹;4:草地人均生态承载力;5:水域人均生态足迹;6:水域人均生态承载力;7:林地人均生态足迹;8:林地人均生态承载力;9:化石能源人均生态足迹;10:建筑用地人均生态足迹;11:建筑用地人均生态承载力

万元 GDP 生态足迹代表了城市经济结构和技术手段,其与区域资源利用效率之间存在明显的相关关系,前者需求大,反映后者较低,反之,则资源利用效率较高。通过万元 GDP 生态足迹可将生态足迹指标与社会经济及技术水平结合起来。由图3可以看出,哈尔滨市万元 GDP 生态足迹呈逐年降低的趋势。

哈尔滨市发展能力与人均 GDP 之间呈正相关关系,相关系数达 0.82,说明本研究中采

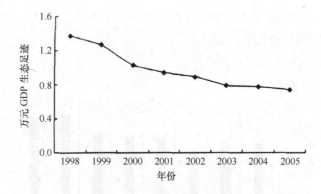

图 3　哈尔滨市万元 GDP 生态足迹的变化

用以生态足迹为指标计算的发展能力可较好地反映区域生态经济系统发展状况(图 4)。

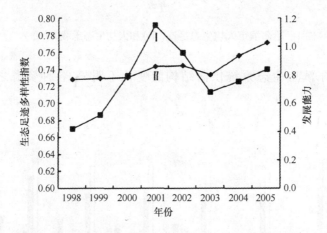

图 4　哈尔滨市生态足迹多样性指数(Ⅰ)和发展能力(Ⅱ)

3　意义

基于生态足迹分析模型和修正的城市生态承载力模型[2],对 1998—2005 年哈尔滨市自然资源的利用程度及其供给水平进行了定量研究,综合量度了城市生态系统的供需状况,并对哈尔滨城市发展能力进行了分析。根据城市生态系统的供需模型,哈尔滨市生态系统的需求大于供给,虽然研究区的生态赤字呈减小趋势,年降幅为 2.45%,但生态系统供需矛盾仍较突出。生态足迹多样性指数与发展能力总体均呈上升趋势,后者的升幅远大于前者,说明研究区发展能力的提高是以消耗生态资源为基础的,城市发展处于不可持续状态。应从社会、经济等方面采取措施来调和生态系统供需矛盾,以实现哈尔滨市的可持续发展。

参考文献

［1］ Su MR, Yang ZF, Hu TL. Economic causes of urban ecological crisis. Environmental Science and Technology, 2007,30(3): 45 - 47.

［2］ 蔡春苗,尚金城. 哈尔滨市生态系统供需水平和发展能力动态. 应用生态学报,2009,20(1):163 - 169.

［3］ Zhang ZQ, Xu ZM, Cheng GD, et al. The ecological footprints of the 12 provinces of west China in 1999. Acta Geographica Sinica, 2001,56(5): 599 - 610 .

［4］ Wackernagel M. Ecological footprint time series of Austria, the Philippines, and South Korea for 1961 - 1999: Comparing the conventional approach to an actual land area approach. Land Use Policy, 2004,21: 261 - 269.

［5］ Zhang YY, Han XZ, Li ZZ,et al. Improvement of the ecological capacitymodel and its application. Journal of Lanzhou University(Natural Science), 2007,43(1): 75 - 79.

［6］ Wackernagel M, Onisto L, Bello P, et al. National natural capital accounting with the ecological footprint concept. Ecological Economics, 1999,29: 375 - 390.

［7］ Xu ZM, Zhang ZQ, Cheng GD,et al. Ecological footprint calculation and development capacity analysis of China in 1999. Chinese journal of Applied Ecology, 2003,14(2): 280 - 285 .

［8］ Wackemagel . Why sustainability analysis ust include iophysical assessment? cological Economics, 1999, 29: 13 - 15.

森林半腐层的厚度空间模型

1 背景

森林地表的半腐层一般指半分解层和腐烂层,其主要源于森林枯落物、地衣和苔藓生物量以及植物根系[1],半腐层物质是大兴安岭林区地下火燃烧的主要物质基础[2]。地统计学方法基于区域化随机变量,利用单变量[如普通 kriging(ordinary kriging, OK)]或多变量[包括主变量和辅助变量,如 kriging(cokriging, COK)[3]]之间空间结构的相关性,能够对变量进行插值预测。刘志华等[4]对森林半腐层地统计学插值方法的有效性和森林半腐层的空间格局进行了研究,并探讨了利用辅助变量是否能提高插值精度,旨在揭示森林半腐层厚度的空间分布规律,并比较不同插值方法对森林半腐层厚度空间插值的影响。

2 公式

kriging 法是一种局部估计的加权平均方法,根据待估点(或块段)邻域内若干信息样本数据以及它们实际存在的空间结构特征,通过半方差图确定各观察点的权重,是一种线性、无偏、最优估计法[5]。

变异函数(Semivariograms)是地统计分析所特有的工具。如设 $z(u)$ 为区域化变量,u 为空间位置,$(u+h)$ 为与 u 距离为 h 的空间位置,在满足二阶平稳或本征假设条件下,变异函数 $r(h)$ 定义为:

$$r(h) = \frac{1}{2N(h)} \sum_{a=1}^{N(h)} \left[z(u_a) - z(u_a + h) \right]^2 \tag{1}$$

式中,$N(h)$ 为相距 h 的采样点的配对数。

空间变化可能包括 3 个影响因素:空间相关因素(代表区域变量的变化)、偏移或结构(代表趋势)和随机误差。当考虑利用辅助变量时, kriging 算法可以利用辅助变量起到趋势约束作用,从而将辅助变量纳入 kriging 算法中,以提高插值精度[6]。

(1)局部变化平均简单 kriging 法(simple kriging with varying localmeans, SKlm)。SKlm法利用主、辅助变量之间的相关关系求得均值,起到趋势约束作用,估值方程如下[7]:

$$Z_{\text{SKlm}}^*(u) - m_{sk}^*(u) = \sum_{a=1}^{n} k_a^{sk}(u) \left[z(u_a) - m_{sk}^*(u_a) \right] \tag{2}$$

式中, $m_{sk}^*(u)$ 为用线性方程组得到的变化平均值。$m_{sk}^*(u)$ 可由主、辅助变量之间的相关关

系得到,即 $m_{sk}^*(u) = f[y(u)]$,所以式(2)又可写成:

$$Z_{SKlm}^*(u) = f[y(u)] + \sum_{a=1}^{n} k_a^{sk}(u)[z(u_a) - m_{sk}^*(u_a)] \tag{3}$$

$$= \sum_{a=1}^{n} k_a^{sk}(u)r(u_a) + m_{sk}^*(u) \tag{4}$$

$$= f[y(u)] + r_{sk}^*(u) \tag{5}$$

式中,残差 $r(u_a) = z(u_a) - f[y(u_a)]$;权重 $k_a^{sk}(u)$ 由式(6)求得。

$$\sum_{b=1}^{n} k_b^{sk}(u)C_R(u_a - u_b) = C_R(u_a - u) \quad a = 1,2,\cdots,n \tag{6}$$

式中,$C_R(h)$ 为残差 $r(u_a)$ 的协方差函数,并不是测量点 $z(u_a)$ 本身的协方差。如果残差不相关,即 $C_R(h) = 0$,则所有的 kriging 权重值均为 0,SKlm 的插值结果就只是主、辅助变量之间相关关系所计算的结果。

(2)具有外部漂移的 kriging 法(kriging with an external drift,KED)。在一个景观中,空间变异可分解为两部分:大尺度变异和小尺度变异。KED 趋势反映了主变量在大尺度上的变异,KED 趋势的残差部分反映了小尺度上的变异,KED 结果可将两者有机结合[8]。

KED 模型假设主变量和辅助变量是线性相关关系且比较平滑。该算法的突出特点是在整个研究区域内是非平稳随机变量方程,而在局部领域内是平稳的,所以更能突出邻域内已知点对估测点的贡献[9]。其公式如下:

$$Z_{KED}^*(u) - m_{KED}^*(u) = \sum_{a=1}^{n} k_a^{sk}(u)[z(u_a) + m_{KED}^*(u_a)] \tag{7}$$

式中,$m_{KED}^*(u) = f[y(u)] = a_0^*(u) + a_1^*(u)y(u)$。

SKlm 法和 KED 法的主要差别在于局部平均值(趋势)的求解。对于 SKlm 法,系数 a_0^* 和 a_1^* 可运用式(1)所有的测量点求解一次,用于整个区域的估值;而 KED 法则在每个搜索邻域内分别估计 a_0^* 和 a_1^*,即 KED 的主、辅助变量之间的关系是局部估计的[10]。

(3)协 kriging 方法(cokriging,COK)。对多个具有空间相关性的空间变量进行估计的 kriging 方法可以归为协 kriging 方法。借助这类方法,可利用几个空间变量之间的相关性,对其中的一个或多个变量进行空间估计,以提高估计的精度和合理性。考虑辅助变量影响的协 kriging 估值方法可表示为:

$$Z_{COK}^*(u) = \sum_{a_1=1}^{n_1} k_{a_1}^{COK}(u)z(u_{a_1}) + \sum_{a=1}^{n_2} k_{a_2}^{COK}(u)[y(u_{a_2}) - m_y + m_z] \tag{8}$$

式中,m_z、m_y 分别为主、辅助变量的均值,本研究采用标准化的普通协 kriging,不仅加强了辅助变量的贡献,也降低了异常值出现的概率[11]。当辅助变量处已知(如海拔)时,与主变量同位置的辅助变量几乎没有损失。由于与主变量同位置的辅助变量可屏蔽较远位置辅助变量的影响,所以协 kriging 方程又可以写为:

$$Z_{\mathrm{COK}}^{*}(u) = \sum_{a_1=1}^{n_1} k_{a_1}^{\mathrm{COK}}(u) z(u_{a_1}) + k^{\mathrm{COK}}(u)[y(u) - m_y + m_z] \tag{9}$$

协 kriging 与前两种方法的主要不同在于如何处理与主变量同位置的辅助变量,同位辅助变量在协 kriging 中直接用于估值,而前两种方法中同位辅助变量只影响同位主变量的趋势。

本研究采用交叉验证(cross - validation)的方法对插值结果进行对比分析。交叉验证法是依次假设每个实测数据点均未被测定,根据 $n-1$ 个其他测定点的数据用克立格法估计这个假设未被测定的值。本研究中,根据选定的变异函数模型,每个验证点的预测数据均由其余的 105 个样本点数据预测得到。

运用绝对平均误差(mean absolute error,MAE)、相对平均误差(mean relative error,MRE)及均方根误(root mean squared error,RMSE)作为评估插值方法效果的标准。MAE 表明估计值可能的误差范围;MRE 表明了插值的相对精确性;RMSE 则反映了数据估值的灵敏度和极值效应[12]:

$$MAE = \frac{\sum\limits_{a=1}^{n} |z(u_a) - z(u)|}{n} \tag{10}$$

$$MRE = \frac{nMAE}{\sum\limits_{a=1}^{n} |z(u_a)|} \tag{11}$$

$$MRSE = \sqrt{\frac{\sum\limits_{i=1}^{n} [z(u_a) - z(u)]^2}{n}} \tag{12}$$

式中,$z(u_a)$ 为第 a 个站点的实际观测值;$z(u)$ 为估计值;n 为用于检测的点的数目。

变异函数模型的参数值见表1。

表 1　变异函数模型的参数值

项目	模型	块金方差	基台值	变程	R^2
半腐层厚度	指数	25	65	40 000	0.450
海拔	高斯	1 293	70 000	90 000	0.878
交叉半方差	高斯	55	800	80 000	0.690

由表2可以看出,在几种方法中,KED 算法的结果最准确,比普通 kriging 方法的插值精度有大幅提高,其 MAE 和 RMSE 分别提高了 36.8% 和 25.8%;相对于距离权重反比法(IDW),KED 算法的插值精度只有小幅提高,而 MAE 和 RMSE 分别提高了 8% 和 25.6%。

118

表2 不同插值方法的交叉验证结果

方法	MAE	MRE	RMSE
COK	4.51	0.35	6.12
OK	4.35	0.34	5.9
KED	3.18	0.25	4.69
SKlm	4.39	0.34	6.01
IDW	3.34	0.26	5.89

MAE:绝对平均误差;MRE:相对平均误差;RMSE:均方根误。COK:协 kriging 法;OK:普通 kriging 法;KED:带有外部漂移的 kriging 法;SKlm:局部平均的简单 kriging 法;IDW:距离权重反比法。

3 意义

基于地统计学方法,利用3种以海拔作为辅助变量的空间插值算法计算了森林半腐层厚度的空间插值精度[4],并进行了交叉验证。通过森林半腐层的厚度空间模型,KED 法既考虑了变量之间的空间变异,又考虑到影响局部空间变化的因素,与其他插值方法相比,其精度有很大提高。对比地统计学方法与距离反比权重法(inverse distance weighting, IDW)在本研究中的插值精度,除了 KED 方法的插值精度较高外,其余方法的插值精度均不及IDW,原因可能是利用辅助变量辅助地统计学插值时,主、辅助变量之间的相关关系在插值中起着重要作用。

参考文献

[1] Harden JW, Trumbore SE, Stocks BJ, et al. The role of fire in the boreal carbon budget. Global Change Biology, 2000,6: 174 – 184.

[2] Shu LF, Wang MY, Tian XR, et al. Fire environment mechanism of ground fire formation in Daxing'an Mountains. Journal of Natural Disasters, 2003,12(4):62 – 67.

[3] Vieira SR, Nielsen DR, Biggar JW. Spatial variability of field – measured infiltration rate. Soil Science Society of America Journal, 1981,45: 23 – 30.

[4] 刘志华,常禹,贺红士,等. 基于辅助变量的森林半腐层厚度空间插值精度. 应用生态学报,2009,20(1):77 – 83.

[5] Lssaks EH, Srivastava RM. An Introduction toApplied Geostatistics. NewYork:OxfordUniversity Press, 1989

[6] Goovaerts P. Geostatistics for Natural Resources Evaluation. New York: Oxford University Press, 1997.

[7] Bourennane H, King DC. Comparison of kriging with external drift and simple linear regression for predicting soil horizon thickness with different sample densities. Geoderma, 2000,97: 255 – 271.

[8] Berterretche M, Hudak AT, Warren BC. Comparison of regression and geostatistical methods for mapping leaf area index (LAI) with Landsat ETM + data over a boreal forest. Remote Sensing of Environment, 2005, 96: 49 – 61.

[9] Deutsch C, Journel A. GSLIB: Geostatistical Software Library andUser'sGuide. 2nd Ed. New York: Oxford University Press, 1998.

[10] Goovaerts P. Using elevation to aid the geostatistical mapping of rainfall erosivity. Catena, 1999,34: 227 – 242.

[11] Goovaerts P. Ordinary cokriging revisited. Mathematical Geology, 1998,30: 21 – 42.

[12] Liu DW, Feng ZM, Yang YZ. Selection of the spatial interpolation methods for precipitation in the Haihe River Basin. Geo – Information Science, 2006,8(4):75 – 83.

鸭品种的遗传多样性模型

1 背景

地方畜禽品种既是珍贵的自然资源也是价值极高的经济资源,其遗传多样性是未来畜禽品种改良和适应生产条件变化的遗传基础,是保护农牧业长期发展和制定合理开发资源产业政策的基本依据[1]。微卫星 DNA 标记具有在基因组中分布广而均匀、多态信息含量高、共显性遗传、检测方法简便、快捷等优点[2]。肖天放等[3]选择 32 个微卫星标记对金定鸭、连城白鸭、莆田黑鸭、山麻鸭、北京鸭、卡基康贝尔鸭和番鸭的遗传多样性进行了检测,旨在从 DNA 水平揭示福建省内鸭品种的遗传多样性,从而系统评估福建省鸭品种内和品种间的遗传特点,取得福建省鸭品种资源遗传多样性及其遗传背景的第一手资料,为福建省鸭品种的合理保护及科学利用提供依据。

2 公式

2.1 基因杂合度(heterozygosity, H)

表示群体在某微卫星座位为杂合子的比例,反映群体遗传变异程度的大小。由等位基因频率计算杂合度,群体内某一位点的杂合度(h)和平均位点杂合度(H)按下式计算:

$$h = 1 - \sum_{i=1}^{n} P_i^2$$

$$H = 1 - \frac{1}{L} \sum_{i=1}^{n} P_i^2$$

式中,P_i 为某一位点上第 i 个等位基因频率;n 为某一位点上等位基因数。

2.2 多态信息含量(polymorphism information content, PIC)

反映微卫星座位多态性的高低。一个标记在群体中的 PIC 值是根据其等位基因频率来计算的。计算公式[4]为:

$$PIC = 1 - \sum_{i=1}^{n} P_i^2 - \sum_{i=1}^{n-1} \sum_{j=i+1}^{n} 2P_i^2 P_j^2$$

式中,i、j 分别为第 i、j 个等位基因;P_i、P_j 分别为第 i、j 个等位基因频率;n 为等位基因个数。

根据公式计算 7 个鸭品种在 32 个微卫星位点上的遗传变异结果见表 1 所示。

表 1　7 个鸭品种在 32 个微卫星位点上的遗传变异结果

品种	多态信息含量	杂合度	有效等位基因数
金定鸭	0.540	0.609	6.663
连城白鸭	0.518	0.670	5.520
莆田黑鸭	0.583	0.700	6.664
山麻鸭	0.555	0.616	6.202
番鸭	0.436	0.512	5.425
北京鸭	0.553	0.586	6.961
卡基康贝尔鸭	0.472	0.561	5.141
平均值	0.522	0.608	6.082

2.3　有效等位基因数(effective allele number，Ne)

反映群体遗传变异大小的一个指标,等位基因在群体中分布越均匀,有效等位基因数就越接近实际观察到的等位基因数,计算公式为:

$$N_e = 1/\sum_{i=1}^{n} P_i^2 = 1/(1 - H_e)$$

2.4　遗传距离

(1) Nei 氏标准遗传距离(D_s)的计算公式[4]为:

$$D_s = -\ln(I) = -\ln(J_{xy}/\sqrt{J_x J_y})$$

其中:

$$J_{xy} = \sum_{j=1}^{r} \sum_{i=1}^{m_j} x_{ij} y_{ij}/r$$

$$J_x = \sum_{j=1}^{r} \sum_{i=1}^{m_j} x_{ij}^2/r$$

$$J_y = \sum_{j=1}^{r} \sum_{i=1}^{m_j} y_{ij}^2/r$$

式中,I 为两个群体间的遗传相似系数;x_{ij}、y_{ij}分别为 x、y 群体中第 j 个位点上第 i 个等位基因的频率;m_j 为第 j 个位点上等位基因的个数;r 为检测的基因位点数。

(2)D_A 遗传距离(D_A)的计算公式为:

$$D_A = 1 - \frac{1}{r} \sum_{j=1}^{r} \sum_{i=1}^{m_j} \sqrt{x_{ij} y_{ij}}$$

式中,x_{ij}为 x 群体中第 j 个座位上第 i 个等位基因的频率;y_{ij}为 y 群体中第 j 个座位上第 i 个等位基因的频率;m_j 为第 j 个座位上的等位基因数;r 为检测的座位数。

采用 UPGMA 法对 7 个鸭品种构建的系统聚类（图 1）表明，两种遗传距离得出的聚类图也基本相同。

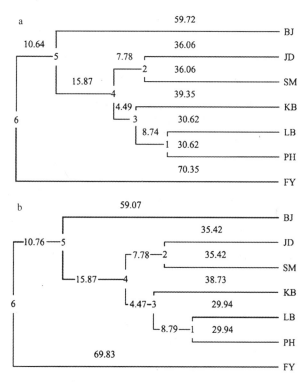

图 1　7 品种间 Nei 氏标准遗传距离（a）和 D_A 遗传距离（b）的 UPGMA 系统聚类图

JD：金定鸭；LB：连城白鸭；PH：莆田黑鸭；SM：山麻鸭；FY：番鸭；BJ：北京鸭；KB：卡基康贝尔鸭

3　意义

利用 32 个微卫星标记研究[3]了 5 个福建省地方鸭品种（金定鸭、连城白鸭、莆田黑鸭、山麻鸭和番鸭）和 2 个对照品种（北京鸭和卡基康贝尔鸭）的遗传多样性和种质特性。鸭品种的遗传多样性模型表明：32 个微卫星标记在 7 个鸭品种中检测到 371 个等位基因，平均每个基因座有 11.719 个等位基因，平均多态信息含量为 0.522，有效等位基因数在 5.141 ~ 6.961，基因杂合度变化范围在 0.512 ~ 0.700，杂合度较高；基于 Nei 氏标准遗传距离（D_S）和 D_A 遗传距离，采用 UPGMA 方法构建了系统发生树，将金定鸭、莆田黑鸭、连城白鸭、山麻鸭和卡基康贝尔鸭聚为一类，而北京鸭和番鸭各自聚为一类。所得聚类图与种群的真实关系较为符合。

参考文献

［1］ West B, Zhou BX. Did chickens go north? New evidence for domestication. World's Poultry Science Journal, 1989,45: 205 –218.

［2］ Ellegren H, Johansson M, Sandberg K, et al. Cloning of highly polymorphic microsatellites in the horse. Animal Genetics, 1992,23: 133 –142.

［3］ 肖天放,柯柳玉,张力,等. 利用微卫星标记研究鸭品种的遗传多样性. 应用生态学报,2009,20(1): 190 –196.

［4］ Nei M, Tajima F, Tateno Y. Accuracy of estimated phylogenetic trees from molecular data. Journal of Molecular Evolution. 1983,19: 153 –170.

整树水分的利用效应模型

1 背景

经由植物气孔蒸腾散失到大气中的水分是森林生态系统水分平衡的重要组分,蒸腾速率的变化直接关系到森林的总生产力。森林的蒸腾效率实际上是一个集合特征,涉及冠层气孔导度、水力导度及其与环境因子的相互作用,而水力导度很大程度上有赖于叶面积、边材面积、树高和水力结构的变化。因此,随着树木年龄的增加,其形态和生理上的分化必将引起整树蒸腾和冠层气孔导度的相应变化。刘晓静等[1]借助树干液流(sap flow)测定技术,分析树高与整树蒸腾、冠层气孔导度和生物量的关系,阐明了马占相思(Acaciamangium)整树水分利用与生长发育的关系,旨在了解马占相思树形态学上的异质性对蒸腾和冠层气孔导度的影响,对提高马占相思林的水分管理水平以及维持区域的水量平衡具有重要的指导意义。

2 公式

2.1 环境因子的监测

环境因子监测传感器包括:ML2x 型土壤湿度(θ)传感器(英国 Delta 公司)、自制电热调节式空气温度(T)传感器、光合有效辐射(PAR)传感器(美国 Li - Cor 公司)。土壤湿度传感器安装在马占相思样地,并与树干液流测定探针连接相同的 Delta - T 数据采集仪(英国 Delta 公司);其他环境因子监测传感器均安装在距样地 200 m 处的气象站空旷地,并与另一台数据采集仪相连,其测读频度与树干液流相同。每 30 s 读取数据 1 次,每 10 min 进行平均并存储数据。

采用水汽压亏缺(VPD,kPa)综合反映温度(T,℃)和空气湿度(RH,%)的协同作用:

$$VPD = a \times \exp\left(\frac{bT}{T + a}\right)(1 - RH) \tag{1}$$

式中,常数 a、b 分别为 0.611 kPa 和 17.502[2]。

2.2 树形特征的测算

样树的叶面积(A_L)和边材面积(A_s)均由基于胸径的异速生长方程求算:

$$A_L = a(DBH)^b \tag{2}$$

$$A_s = m(DBH)^n \tag{3}$$

式中,DBH 为胸径;a、b、m 和 n 是通过非线性回归分析得到的系数,本研究中,a 和 b 分别为 0.2847 和 1.7535,m 和 n 分别为 0.1930 和 1.8439。

2.3 整树蒸腾的计算

马占相思茎干木质部横切面的导管排列为随机型,材质为散孔材[3]。研究发现,散孔材树木的液流密度较均匀,无显著的径向变化[4],成熟马占相思的边材较薄,很少超过 3 cm[5],绝大多数在 2 cm 左右,因此假定马占相思树干液流密度没有径向变化,以最外层 2 cm 探针测定值为平均液流密度。分析树形对蒸腾的影响需要将液流密度测定值扩展到整树蒸腾[6],马占相思整树蒸腾速率 $E_t(gH_2O \cdot s^{-1} \cdot plant^{-1})$ 由下式计算:

$$E_t = J_s \times A_s \tag{4}$$

式中,J_s 为液流密度平均值($gH_2O \cdot m^{-2} \cdot s^{-1}$)。

结合样树的叶面积按下式计算冠层蒸腾速率:

$$E_L = \frac{J_s \times A_s}{A_L} \tag{5}$$

根据公式计算整树蒸腾与树高的关系,如图 1 所示。

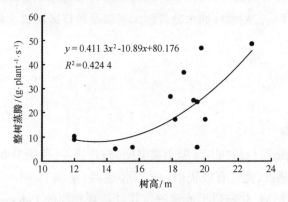

图 1　马占相思树高与整树蒸腾的关系

2.4 冠层气孔导度的计算及敏感性分析

应用简化的 Whitehead & Jarvis 公式求算马占相思冠层气孔导度(G_s,$mmol \cdot m^{-2} \cdot s^{-1}$)[7]:

$$G_s = \frac{G_V \times T \times \rho \times E_L}{VPD \times 18} \tag{6}$$

式中,G_V 为调整后对应于水汽的气体常数($0.462\ kPa \cdot m^{-3} \cdot K^{-1} \cdot kg^{-1}$);$T$ 为空气温度($^\circ C$);ρ 为水密度($998\ kg \cdot m^{-3}$);VPD 为空气水汽压亏缺(kPa)。

利用式(6)计算冠层气孔导度时,PAR 和 VPD 较低会带来较大误差[3],如清晨出现的露水也会影响冠层气孔导度的计算精确度,因此,剔除清晨太阳辐射较低(< 200 μmol·m^{-2}·s^{-1})的数据。

由于土壤水分会影响 G_s,为了单独分析 G_s 对水汽压亏缺的响应,只选取土壤水分充足时的数据[8]。VPD 是驱动植物叶片气孔导度变化的重要环境因子之一,森林 G_s 与 VPD 和树干液流存在紧密的相关关系。

当土壤水分没有限制的情况下,G_s 与 VPD 的关系可用下式描述[7]:

$$G_S = G_{sref} - m\ln(VPD) \tag{7}$$

式中,G_{sref} 为参比气孔导度,即当 VPD 为 1 kPa 时的 G_s 值;m 为 G_s 对 VPD 响应的敏感性,相当于 $\mathrm{d}G_s/\mathrm{dln}(VPD)$,在整个 VPD 变化范围内比较稳定。敏感性与较低 VPD 下的冠层气孔导度呈正比例。当 $G_s = 0$(气孔完全关闭)时,$VPD = e^{G_{sref}/m}$,因此,$VPD = e^{G_{sref}/m}$ 代表气孔完全关闭时的水汽压亏缺(kPa)。

根据以上公式对样树和 VPD 作图(图 2),可见大树具有较高的整树蒸腾。

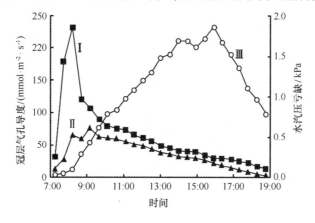

图 2　马占相思冠层气孔导度随 VPD 的日变化

I:样树 3;II:样树 7;III:VPD

3　意义

利用 Granier 热消散探针,于 2004 年观测了华南丘陵坡地常见绿化先锋树种马占相思(22 年生)的树干液流,监测林冠上方的光合有效辐射、气温、相对湿度和 0 ~ 30 cm 的土壤体积含水量。结合树木的形态特征、液流密度和简化的 Whitehead & Jarvis 公式,分别计算了整树蒸腾、冠层气孔导度和叶面积/边材面积比值,分析了树高对整树蒸腾、冠层气孔导度和叶面积/边材面积比值的影响[1]。整树水分的利用效应模型表明:土壤水分充足时,马占相思整树蒸腾随树高呈二次多项式增加($P < 0.01$),冠层气孔导度日变化均呈"单峰";在所有光合有效辐射范围内,高树的参比冠层气孔导度和冠层气孔导度对水汽压亏缺的敏感

性均高于矮树;叶面积/边材面积比值为(1.837 ± 0.048)$m^2 \cdot cm^{-2}$,并与树高呈幂函数关系。随着树木高度的增加,马占相思没有发生明显的水力限制和补偿。

参考文献

[1] 刘晓静,赵平,王权,等. 树高对马占相思整树水分利用的效应. 应用生态学报,2009,20(1):13 - 19.

[2] Campbell GS, Norman JM. An Introduction to Environmental Biophysics. New York: Springer - Verlag, 1998.

[3] Ma L, Rao XQ, Zhao P, et al. Diurnal and seasonal changes in whole - tree transpiration of Acaciamangium. Journal of Beijing Forestry University, 2007,29(1):67 - 73 .

[4] Phillips N, Oren R, Zimmermann R. Radial patterns of xylem sap flow in non - , diffuse - and ring porous tree species. Plant, Cell and Environment, 1996,19: 983 - 990.

[5] Zhao P, Ma L, Rao XQ, et al. The variations of sap flux density and whole - tree transpiration across individuals of Acacia mangium. Acta Ecologica Sinica, 2006,26(12):4050 - 4058 .

[6] Zhao P, Rao XQ, Ma L, et al. Sap flow - scaled stand transpiration and canopy stomatal conductance in an Acacia mangium forest. Journal of Plant Ecology, 2006,30(4): 655 - 665.

[7] Addington RN, Mitchell RJ, Oren R, et al. Stomatal sensitivity to vaporpressure deficit and its relationship to hydraulic conductance in Pinus palustris. Tree Physiology, 2004,24: 561 - 569.

[8] Oren R, Sperry JS, EwersBE, et al. Sensitivity of mean canopy stomatal conductance to vapor pressure deficit in a flooded Taxodium distichumL. forest: Hydraulic and non - hydraulic effects. Oecologia, 2001,126: 21 - 29.

大麦产量的结构模型

1 背景

作物产量模拟是作物模拟模型的重要组成部分。麦类作物在栽培生理上的相似性导致了麦类作物的产量模拟方法也有许多相似之处。邹薇等[1]在现有的麦类作物生长发育研究的基础上,以大麦的生理生态过程为主线,采用产量构成法提出一种新的综合预测大麦理论产量的模拟模型,并采用多年多点的试验资料对模型进行广泛的验证,着重提高模型的实用性,以期为推进大麦产量模拟研究,并为建立基于模型的大麦管理决策系统提供一定的理论依据。

2 公式

2.1 模拟检验方法

采用检验模型时常用的统计方法:根均方差($RMSE$)和相对误差(RE)对模拟值和观测值之间的符合度进行统计分析。$RMSE$ 和 RE 值越小,模拟值与观测值的一致性越好,模拟值和观测值之间的偏差越小,模型的模拟结果越准确可靠。因此,$RMSE$ 和 RE 能够很好地反映模型模拟值的预测性,其计算公式分别为:

$$RMSE = \sqrt{\dfrac{\sum\limits_{i=1}^{n}(O_i - P_i)^2}{n}} \tag{1}$$

$$RE = |\bar{O} - \bar{P}|/\bar{O} \tag{2}$$

式中,O_i 为实际观测值;P_i 为模型模拟值;n 为样本容量;$\bar{O}$ 为某一时期某一处理所有观测值的平均值。

2.2 产量三因素的模拟

本模型采用产量构成因素法。大麦产量结构表现为单位面积穗数、穗粒数和粒重三个方面。因此,本模型大麦理论产量可表示为:

$$Y = N_k \times S_n \times W_g \times 10^{-6} \tag{3}$$

$$S_n = S_0 \times D \tag{4}$$

式中,Y 为大麦理论产量($\mathrm{kg \cdot hm^{-2}}$);$N_k$ 为每穗粒数($\mathrm{grain \cdot s^{-1}}$);$S_n$ 为单位面积穗数

$(ind. \cdot hm^{-2})$；S_0 为单株穗数$(ind. \cdot plant^{-1})$；D 为大麦群体密度$(plants \cdot hm^{-2})$；W_g 为千粒重(g)。

由于不同品种的每株穗数、每穗粒数和千粒重都存在较大差异，因此，将同一品种中出现频率最高的每株穗数、每穗粒数和千粒重作为分母，采用归一化处理求不同品种所观测的每株穗数、每穗粒数和千粒重的相对值（分别为 f_1、f_2 和 f_3，取值范围为 0~1.5），从而使这些代表不同品种的每株穗数、每穗粒数和千粒重实际观测数据能够纳入到同一方程中来进行处理。其回归方程如下。

每株穗数相对值：

$$f_1 = 1.067 \times 10^{-2} + 9.954 \times 10^{-4} \times \sum Q$$
$$(P = 0.005, F = 8.61) \tag{5}$$

每穗粒数相对值：

$$f_2 = 6.846 - 1.353 \times 10^{-2} \times \sum Q + 7.460 \times 10^{-6} \times (\sum Q)^3$$
$$(P < 0.0001, F = 46.38) \tag{6}$$

千粒重相对值：

$$f_3 = -1.193 \times 10^{-2} + 1.020 \times 10^{-3} \times \sum Q$$
$$(P = 0.0014, F = 12.64) \tag{7}$$

潜在每株穗数、潜在每穗粒数和潜在千粒重(g)是指大麦在最适条件下所能达到的最大每株穗数、每穗粒数和千粒重，是模型中引入的品种遗传参数。实际条件下的每株穗数、每穗粒数和千粒重与各相对值$(f_1$、f_2 和 f_3)、潜在值、灌浆期长短以及水肥丰缺因子（主要考虑水分和氮素丰缺的效应）都有关系。

不同地区实际条件下的每株穗数(S_0)是潜在每株穗数(S_0^0)、f_1 和水肥丰缺因子1(WNF_1)的函数。

$$S_0 = S_0^0 \times f_1 \times WNF_1 \tag{8}$$

不同地区实际条件下的每穗粒数(N_k)是潜在每穗粒数(N_k^0)、f_2 和水肥丰缺因子2(WNF_2)的函数。

$$N_k = N_k^0 \times f_2 \times WNF_2 \tag{9}$$

不同地区实际条件下的千粒重(W_g)是潜在千粒重(W_g^0)、f_3、灌浆期因子$(FDF$，品种遗传参数，由用户输入)和水肥丰缺因子3(WNF_3)的函数。

$$W_g = W_g^0 \times f_3 / FDF \times WNF_3 \tag{10}$$

2.3 水肥丰缺因子的计算

水肥丰缺因子1(WNF_1)是指拔节到抽穗期的水肥丰缺因子的平均值，而水肥丰缺因子2(WNF_2)是指孕穗到开花期的水肥丰缺因子的平均值，水肥丰缺因子3(WNF_3)是指籽粒灌浆成熟期的水肥丰缺因子的平均值。水肥丰缺因子取水分和氮肥丰缺因子的最小值。

$$WNF = \min(WDF, NDF) \tag{11}$$

$$WDF = AEVC/PEVC \tag{12}$$

$$NDF = (ANCL - LNCL)/(MNCL - LNCL) \tag{13}$$

式中,NDF 是氮素丰缺因子,WDF 为水分丰缺因子,二者取值范围均为 $0 \sim 1$;$AEVC$ 和 $PEVC$ 分别为作物冠层实际蒸腾和潜在蒸腾,可由土壤水分平衡模型计算得出;$ANCL$、$LNCL$ 和 $MNCL$ 分别为进入叶组织中的实际含氮量、不可逆氮浓度和叶片自由生长氮浓度,由土壤氮平衡模型计算得出。

利用试验 II 昆明地区 2004—2005 年播期为 10 月 20 日和 11 月 9 日的实验资料以及试验 IV 武汉地区 2005—2006 年试验资料和相应年份的气象数据,对单位面积穗数、每穗粒数、千粒重和理论产量进行模拟验证。

2.4 单位面积穗数模型的检验

两地不同播期、不同品种的平均单位面积穗数观测值与模拟值的统计分析结果见表 1。模型对单位面积穗数的模拟效果很好,模拟值均很好地接近观测值。两地不同品种、不同播期单位面积穗数观测值与模拟值的 $RMSE$ 为 $148.5 \sim 443.3$,RE 为 $0.15\% \sim 4.19\%$,RE 平均为 1.96%。对模拟值与观测值进行的线性回归分析,相关系数 r 达 0.9632,呈极显著正相关。

表 1 武汉和昆明两地不同品种、不同播期单位面积穗数(A)和
每穗粒数(B)观测值与模拟值的统计分析结果

地点	品种	播期	样本数/个		平均观测值		平均预测值		RMSE		RE/%	
			A	B	A	B	A	B	A	B	A	B
武汉	HD 6	2005 年 11 月 7 日	10	205	981.1	24.06	968.1	24.91	148.5	2.74	0.78	0.76
	S500	2005 年 11 月 7 日	10	200	1507.2	19.03	1507.8	18.52	184.5	3.18	0.15	2.78
昆明	Dan2	2004 年 10 月 20 日	30	142	1247.7	18.82	1269.0	19.54	321.8	3.62	0.71	3.84
		2004 年 11 月 9 日	30	170	1585.3	25.00	1640.2	25.20	346.5	4.11	0.49	0.14
	RuD7	2004 年 10 月 20 日	29	170	1554.2	20.52	1568.2	20.90	353.3	5.01	2.72	5.34
		2004 年 11 月 9 日	30	156	1502.4	22.61	1478.3	23.11	324.0	6.60	4.19	0.53
	S500	2004 年 10 月 20 日	28	169	1654.2	19.20	1656.0	20.16	292.5	4.10	1.86	2.93
		2004 年 11 月 9 日	30	169	1343.8	21。42	1392.8	19。59	281.3	4.51	3.60	0.01
	Su 3	2004 年 10 月 20 日	30	171	1394.3	21.88	1374.8	21.74	276.8	4.45	1.21	0.68
		2004 年 11 月 9 日	30	152	1380.8	24.70	1399.5	24.72	443.3	5.14	3.85	1.74

2.5 每穗粒数模型的检验

由两地不同播期、不同品种的平均每穗粒数观测值与模拟值的统计分析结果(表 1)可知,模型对每穗粒数的模拟效果较好。两地不同品种、不同播期每穗粒数观测值与模拟值

的 $RMSE$ 在2.74 ~ 6.60 之间,RE 在 0.01% ~ 5.34%,RE 平均值为 1.88% 。对模拟值与观测值进行 $y = x$ 的线性回归分析,相关系数 r 达 0.946 4,呈极显著正相关。

2.6 千粒重模型的检验

两地区不同播期、不同品种的平均千粒重观测值与模拟值统计分析结果见表2。模型对千粒重的模拟效果较好,两地不同品种、不同播期千粒重观测值与模拟值 $RMSE$ 在0.41 ~ 3.96 g,RE 在 0 ~ 4.08%,RE 平均值为 1.67% 。对模拟值与观测值进行的线性回归分析,相关系数达 0.978 7,呈极显著正相关。

表2　武汉和昆明两地不同品种、不同播期千粒重观测值与模拟值的统计分析结果

地点	品种	播期	样本数/个	平均观测值/g	平均预测值/g	RMSE/g	ER/%
武汉	HD6	2005 年 11 月 7 日	10	43.58	42.82	3.96	1.80
	S500	2005 年 11 月 7 日	7	28.37	29.72	2.85	2.29
昆明	Dan2	2004 年 10 月 20 日	3	24.00	24.34	1.12	1.47
		2004 年 11 月 9 日	3	25.05	26.10	1.78	4.18
	RuD7	2004 年 10 月 20 日	3	21.13	21.63	0.65	2.35
		2004 年 11 月 9 日	3	28.89	28.97	0.66	0.28
	S500	2004 年 10 月 20 日	3	19.19	19.17	0.77	0.08
		2004 年 11 月 9 日	3	25.34	25.85	1.97	4.08
	Su3	2004 年 10 月 20 日	3	31.09	31.55	0.41	0
		2004 年 11 月 9 日	3	32.86	33.11	0.68	0.16

2.7 产量模型的检验

武汉和昆明两地区产量模拟值与理论值间的比较见图1。产量子模型对理论产量的模拟效果很好,模拟值均很好地接近1:1直线,模拟产量与理论产量吻合程度很高。对两地不同品种、不同播期模拟产量和理论产量进行线性回归分析,相关系数达 0.823 7,呈显著正相关。

3 意义

通过产量构成法构建了适用于不同地区、不同品种的大麦产量模拟模型[1],以昆明、武汉地区各试验处理中不同大麦品种最适条件下的产量因素为基础,建立了最适条件下每株穗数相对值、每穗粒数相对值、千粒重相对值与累积光合有效辐射的回归方程,构建了实际条件下的不同大麦品种每株穗数、每穗粒数和千粒重与这三者在最适条件下的潜在值和实际条件下的水肥丰缺因子等变量的函数关系。模型较为全面地考虑了大麦品种生长发育

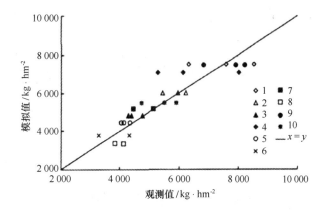

图 1　武汉和昆明两地不同品种、不同播期理论产量与模拟产量比较

1:武汉 HD6；2:武汉 S500；3:昆明 Dan2,播期为 10 月 20 日；4:昆明 RuD7,播期为 10 月 20 日；5:昆明 RuD7,播期为 10 月 20 日；6:昆明 RuD7,播期为 11 月 9 日；7:昆明 S500,播期为 10 月 20 日；8:昆明 S500,播期为 11 月 9 日；9:昆明 Su3,播期为 10 月 20 日；10:昆明 Su3,播期为 11 月 9 日.

的内外因素。运用武汉、昆明地区不同品种、不同播期的田间试验资料对模型进行了测试和检验,结果表明,模型对大麦产量构成因子及理论产量的模拟效果较好,模拟值与观测值吻合度高,具有较高的预测性和适用性。

参考文献

[1]　邹薇,刘铁梅,孔德艳,等. 大麦产量构成模型. 应用生态学报,2009,20(2):396-402.

小叶章湿地的氮循环模型

1 背景

氮(N)是湿地生态系统中非常重要的营养元素,对其进行累积与分配特征研究是循环研究的重要基础,对深入了解湿地生态系统的生态过程和生态功能极为重要[1]。三江平原是我国湿地面积较大、类型较齐全的地区之一。沼泽化草甸和沼泽是该区主要植被类型,而沼泽化草甸又以小叶章(*Calamagrostis angutifolia*)群系最为普遍。孙志高等[2]以典型小叶章草甸和小叶章–苔草沼泽化草甸群落优势植物小叶章为对象,探讨 N 累积与分配、吸收与利用状况及其对水分指示敏感程度的差异,旨在为两种小叶章湿地营养物质循环和能量流动等研究提供基础数据。

2 公式

2.1 计算公式

(1)植物 N 累积速率(V_N, mg·m^{-2}·d^{-1})[3]:

$$V_N = \frac{\mathrm{d}V}{\mathrm{d}t}$$

$$V_N = \frac{N_{i+1} - N_i}{t_{i+1} - t_i}$$

式中,N_i、N_{i+1}分别为t_i、t_{i+1}时刻的 N 累积量(mg·m^{-2})。

(2)植物 N 现存量(N_i, g·m^{-2})及年吸收量(F_r,g·m^{-2}·a^{-1})[4]:

$$N_i = C_i B_i$$

$$F_r = F_a - F_{rt} + \Delta N_u$$

$$F_{rt} = F_a - F_{da}$$

$$F_a = C_a B_a$$

$$F_{da} = C_d B_a$$

式中,C_i 为第 i 时刻植物的 N 含量(g·kg^{-1});B_i 为第 i 时刻植物的 N 现存量(kg·m^{-2});F_a 为植物地上部分最大吸收 N 量(g·m^{-2}·a^{-1});F_{rt} 为植物地上向地下转移的 N 量(g·m^{-2}·a^{-1});ΔN_u 为地下根系在生长季的 N 净增量(g·m^{-2}·a^{-1});C_a 为地上生物量

取得最大值时 N 含量$(g \cdot kg^{-1})$; B_a 为地上最大生物量$(kg \cdot m^{-2} \cdot a^{-1})$; F_{da} 为枯落物 N 储量$(g \cdot m^{-2} \cdot a^{-1})$; C_d 为地上枯死植物 N 含量$(g \cdot kg^{-1})$; B_a 为地上枯死植物量$(kg \cdot m^{-2} \cdot a^{-1})$。

（3）植物 N 吸收系数和利用系数[5]：

吸收系数 = 单位时间、单位面积植物吸收 N 量/土壤 N 总量；

利用系数 = 单位时间、单位面积植物吸收 N 量/植物现存 N 量。

（4）土壤 N 密度及储量。

土壤剖面第 i 层土壤的 N 平均密度$(\rho_{ni}, kg \cdot m^{-3})$为相应层次土壤容重$(dv_i, g \cdot cm^{-3})$与 N 含量$(N_i, \%)$的乘积，即

$$\rho_{ni} = dv_i \times N_i \times 10$$

土壤剖面第 i 层土壤的 N 储量$(T_{ni}, kg \cdot m^{-2})$为相应层次 N 密度与土壤厚度$(h_i, cm)$的乘积，即

$$T_{ni} = \rho_{ni} \times h_i \times 100$$

单位面积一定深度范围内$(j$ 到 n 层)土壤 N 总储量$(T_n, kg \cdot m^{-2})$为 j 到 n 层 N 储量之和，即

$$T_n = \sum_{i=j}^{n} T_{st} = \sum_{i=j}^{n} dv_i \times N_i \times h_i / 10$$

2.2 同群落小叶章各器官 N 含量

典型草甸小叶章和沼泽化草甸小叶章各器官因生长阶段和自身组织结构的不同，其 TN 含量均具有明显的季节变化（图 1）。

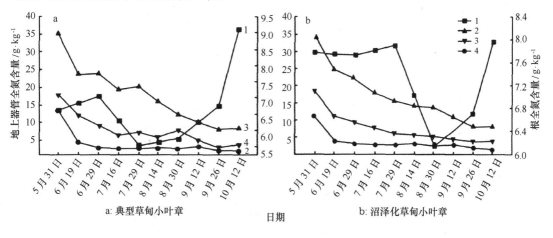

a: 典型草甸小叶章　　日期　　b: 沼泽化草甸小叶章

图 1　不同群落小叶章各器官全氮含量

1:根；2:茎；3:叶；4:叶鞘

2.3 不同群落小叶章枯落物 N 含量

典型草甸小叶章和沼泽化草甸小叶章枯落物的 TN 含量均在生长初期最高,而到生长季末,其变化虽有波动,但整体均逐渐降低(图 2)。

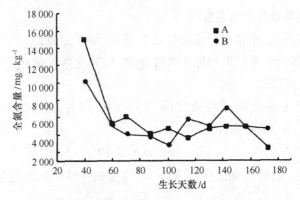

图 2　生长季枯落物全氮含量的动态变化

2.4 不同群落小叶章 N 累积量及累积速率

两种小叶章枯落物 N 累积量和植物 N 累积总量的变化趋势均在生长初期最低,之后整体逐渐增加,并于生长末期取得最大值(表 1)。

从表 1 可知,典型草甸小叶章地上器官的 V_N 以叶的波动变化最为明显,7 月末前均为正值,并呈"M"型变化。8 月之后,叶的 V_N 变化呈"V"型,并于生长末期略有降低。主要是植物进入成熟期,并随秋季来临和温度降低而不断枯萎,植物地上部分的 N 开始向地下转移,导致 V_N 为负值。

表 1　小叶章不同部分 N 累积量(Ⅰ)和累积速率(Ⅱ)变化

类型	日期	根		茎		叶		叶鞘		枯落物		总目	
		Ⅰ	Ⅱ	Ⅰ	Ⅱ	Ⅰ	Ⅱ	Ⅰ	Ⅱ	Ⅰ	Ⅱ	Ⅰ	Ⅱ
A	5 月 31 日	7.34	183.40	0.59	14.76	2.48	61.89	1.20	29.93	0.13	3.24	11.74	106.58
	6 月 19 日	8.01	33.61	0.97	18.88	4.64	108.00	1.58	19.17	0.07	-3.01	15.27	146.05
	6 月 29 日	8.71	69.98	0.81	-16.20	5.24	60.88	1.26	-32.37	0.38	30.87	16.40	12.31
	7 月 16 日	8.70	-0.23	1.23	25.05	7.29	120.35	1.42	9.70	0.25	-7.66	18.89	155.10
	7 月 29 日	8.48	-17.49	1.17	-4.47	8.40	85.72	1.68	19.49	0.74	37.76	20.47	100.74
	8 月 14 日	11.07	185.07	1.19	1.00	6.25	-153.81	1.29	-27.38	0.80	4.14	20.60	-180.19
	8 月 30 日	13.74	167.30	1.08	-6.67	4.36	-117.99	1.67	23.59	2.24	90.32	23.09	-101.07
	9 月 12 日	15.40	137.94	1.22	11.44	3.40	-80.15	0.96	-58.98	1.82	-35.45	22.80	-127.69
	9 月 26 日	17.13	123.48	0.77	-32.18	2.64	-54.65	0.57	-28.03	2.12	21.76	23.23	-114.86
	10 月 12 日	25.01	492.53	0.59	-11.36	1.26	-86.21	0.49	-4.73	2.57	28.08	29.92	-102.30

续表

类型	日期	根		茎		叶		叶鞘		枯落物		总目	
		I	II	I	II	I	II	I	II	I	II	I	II
B	5月31日	20.21	505.26	0.35	8.64	1.40	35.02	0.67	16.71	0.11	2.74	22.74	60.37
	6月19日	23.42	160.61	0.72	18.50	3.13	86.41	1.20	26.50	0.13	0.97	28.60	131.41
	6月29日	26.62	319.65	0.62	−9.34	3.09	−3.51	0.99	−20.43	0.16	3.04	31.48	−33.28
	7月16日	27.05	25.38	0.68	3.32	2.72	−22.22	0.90	−5.47	0.20	2.29	31.55	−24.37
	7月29日	27.49	33.43	0.86	13.90	4.13	109.05	0.85	−4.24	0.24	3.39	33.57	118.71
	8月14日	25.61	−134.27	1.09	16.79	3.27	−61.70	0.85	0.13	0.83	42.17	31.65	−44.78
	8月30日	23.43	−135.79	0.96	−8.69	3.09	−11.19	0.66	−12.01	0.70	−8.33	28.84	−31.89
	9月12日	27.92	373.51	0.87	−7.42	2.29	−67.12	0.51	−11.85	2.22	126.68	33.81	−86.39
	9月26日	32.69	341.01	0.62	−17.29	1.49	−56.84	0.38	−9.73	1.64	−41.67	36.82	−83.86
	10月12日	45.01	770.29	0.47	−9.48	1.06	−27.15	0.33	−3.27	3.54	118.69	50.41	−39.90

3　意义

孙志高等[2]于2004年5—10月,对三江平原典型小叶章草甸和小叶章－苔草沼泽化草甸群落优势植物小叶章的氮素累积与分配特征进行了研究。结果表明,典型草甸和沼泽化草甸小叶章地上器官及枯落物的全氮含量在生长季均呈递减变化,符合指数衰减模型,二者根的全氮含量波动较大,且在生长高峰期前的15～30 d存在一个明显的养分蓄积时期。不同器官和枯落物的 N 累积量和累积速率(V_N)季节变化明显,且典型草甸小叶章地上部分的 N 累积量和V_N明显高于沼泽化草甸,而地下部分则相反。两个群落小叶章不同部位的 N 分配比差异明显,典型草甸在 N 的吸收与利用方面强于沼泽化草甸。

参考文献

[1] Woodmansee RG, Duncan DA. Nitrogen and phosphorus dynamics and budgets in annual grasslands. Ecology. 1980,6(4): 893 – 904.

[2] 孙志高,刘景双,于君宝. 三江平原不同群落小叶章氮素的累积与分配. 应用生态学,2009,20(2): 277 – 284.

[3] Qin SJ, Liu JS, Sun ZG. Dynamics of phosphorus and biomass accumulation of Calamagrostis angustifoliain Sanjiang Plain wet – land. Chinese Journal of Ecology,2006,25(6): 646 – 651.

[4] Li YS, Redmann RE. Nitrogen budget of Agropyron dasystachyumin Canadian mixed prairie. The American Midland Naturalist, 1992,128: 61 – 71.

[5]　Chen LZ, Lindley DK. Nutrient elements cycling of bracken grassland ecosystem on Hampsfe in England. Acta Botanica Sinica, 1983,25(1): 67 – 74.

岩溶区树木的蒸腾模型

1 背景

植物蒸腾是土壤－植物－大气连续体水热传输过程中一个极为重要的环节,在陆地生态系统水分循环和水文过程方面具有重要作用[1]。树干液流热消散(thermal dissipation probe,TDP)技术能在树木自然生活状态基本不变的情况下,测量树干木质部位上升液流流动速度及流量,可以简捷、准确地计算树冠蒸腾耗水量[2]。青冈栎常绿阔叶林是中亚热带常绿阔叶林的代表性群落类型之一,也是岩溶区重要的群落类型。黄玉清等[3]利用 Granier 热消散探针对青冈栎的树干液流进行常年不间断的监测,分析青冈栎树干液流日变化和整树蒸腾的年变化,及其对周围微气象因子的响应规律,旨在揭示岩溶环境下其水分利用动态过程及其影响因子,并为岩溶生态系统蒸腾作用和水分循环的深入研究提供基础资料。

2 公式

2.1 样树的胸径与边材面积估算

用直径 5 mm 的生长锥采 19 株不同径级青冈栎的树芯,带回实验室。用水浸湿树芯,分别测量边材和心材的厚度,采用下式计算边材面积(A_s):

$$A_s = \pi \left[(D/2 - T_e)^2 - (D_h/2)^2 \right] \tag{1}$$

式中,D 为胸径;T_e 为树表皮厚度;D_h 为心材厚度。

测量 6 株样树的胸径,并测量其表皮厚度(测 3 个点),用 Sigma Plot 指数回归法,建立胸径－边材面积相关关系回归方程,计算其表边材面积(表 1)。

表 1 样树的胸径和边材面积

样树号	胸径/cm	表皮厚度/cm	边材厚度/cm	边面积/m²
1	25.5	0.54 ± 0.28	7.65	0.05
2	29.6	8.45 ± 0.80	9.91	0.07
3	19.1	0.75 ± 0.24	4.68	0.02

138

样树号	胸径/cm	表皮厚度/cm	边材厚度/cm	边面积/m²
4	26.7	0.41 ± 0.19	8.43	0.06
5	26.4	0.75 ± 0.25	8.06	0.05
6	31.8	1.00 ± 0.30	11.29	0.09

2.2 液流密度测定和整树蒸腾推导

液流密度的径向变化格型在环孔材中变异较大,而在散孔材中则无显著变化[4]。青冈栎是散孔材,其边材内液流密度的径向变化比较小,因此用探针测定得到的液流密度可以代表整个边材厚度上的液流密度平均值。

2006 年 8 月,依次对 5 株基本样树(胸径大于 20 cm)树干的东、南、西、北 4 个方位安装 4 组探针,每株监测时间 2 ~ 5 d(根据天气情况),这 4 个方位基本代表了植物生长对光照响应的特征,获得基本数据。2006 年 9 月至 2007 年 9 月对 6 株长期监测样树(样树特征见表 1)分别安装一组探针,获得样树一年四季的连续液流数据。数据采集器设为对电信号(两个探针的温度差)的记录,10 s 读 1 次,每 30 min 计算平均值记录 1 次。根据 Granier 经验公式[5]将探针读取的温差毫伏数据换算成液流密度(J_s):

$$J_s = 119 \times \left[(\Delta T_{max} - \Delta T)/\Delta T \right]^{1.231} \tag{2}$$

式中,J_s 为瞬时液流密度(g H$_2$O · m^{-2} · s^{-1});ΔT_{max} 为昼夜最大温差;ΔT 是瞬时温差。

利用 5 株树的基本数据求得:

$$J_s = (J_e + J_{so} + J_w + J_n)/4 \tag{3}$$

式中,J_s 为边材横截面上的液流密度平均值;J_e、J_{so}、J_w、J_n 分别为树干东、南、西、北方位的液流密度值。然后用 Excel 对树干平均液流密度与单方向液流密度进行回归分析,建立回归方程,样树的树干平均液流密度用单一探针获得的数值回归得到。

采用以上公式分别对春、夏、秋、冬连续的两晴天青冈栎的树干液流密度及其太阳有效辐射日变化进行分析,结果表明,树干液流密度日变化呈典型的单峰曲线(图 1),而 PAR 和 VPD 日变化曲线(图 2)与液流同。

3 意义

应用 Granier 热消散树干液流技术,在裸露岩溶区坡地上对青冈栎样树的树干液流和整树蒸腾过程变化及其驱动因子进行了研究,岩溶区树木的蒸腾模型表明[1],青冈栎树干液流密度与树木胸径大小的关系是随机的,日间液流密度峰值出现在 13:30—14:30;日液流密度峰值夏季最大,春季最小。岩溶区单树日蒸腾量随着天气变化起伏较大,单树日蒸腾

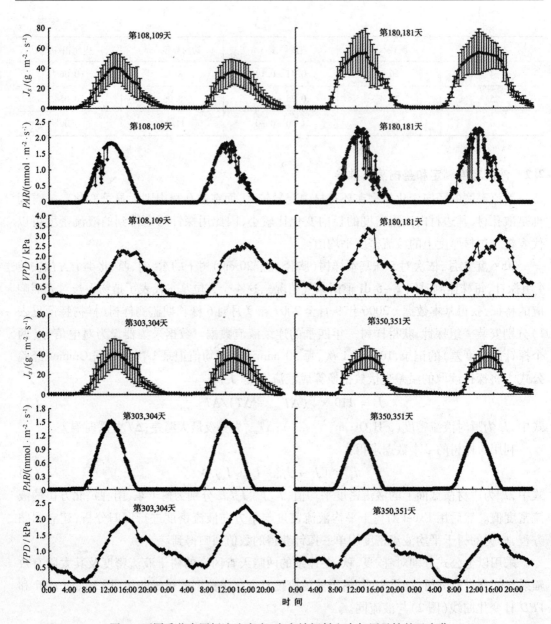

图1　不同季节青冈栎液流密度、光有效辐射和水气压亏缺的日变化

量与水汽压亏缺和太阳辐射呈显著的幂函数相关关系。平均整树日蒸腾量变化格型为夏季高冬春低,秋季(旱季)随土壤水分的减少由高到低变化。与其他地区的树种相比,即使受旱季的干燥少土双重胁迫,裸露岩溶区坡地上的青冈栎整树日蒸腾量仍然较高,推断在岩溶区旱季青冈栎的水分来源可能很大程度上依赖于富水的表层岩溶带。

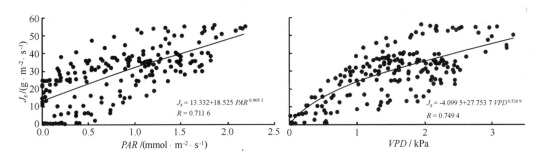

图 2 青冈栎树干液流密度与 *PAR* 和 *VPD* 的相关关系

参考文献

[1] K stner B，Granier A，ermák J. Sap flow measurements in forest stands：Methods and uncertainties. Anals of Forest Science，1998，55：13 – 27.

[2] Granier A，Loustau D. Measuring and modeling the transpiration of a maritime pine canopy from sap – flow data. Agricultural and Forest Meteorology，1994，71：61 – 81.

[3] 黄玉清，张中峰，何成新，等．岩溶区青冈栎整树蒸腾的季节变化．应用生态学报，2009，20(2)：256 – 264.

[4] Phillips N，Oren R，Zimmermann R. Radial patterns ofxylem sap flow in non – ，diffuse – and ring – porous trees species. Plant，Cell and Environment，1996，19(8)：983 – 990.

[5] Granier A. Evaluation of transpiration in a Douglas – fir stand by means of sap flow measurements. Tree Physiology，1987，3：309 – 320.

经济林的价值评估模型

1 背景

经济林是以生产干鲜果品、食用油料、饮料、调香料、工业原料和药材等为主要目的的林木,是森林资源的重要组成部分。经济林集生态效益、经济效益和社会效益于一体,具有投产早、见效快、效益高、收益长等特点,是工业、农业、医药、国防等诸多领域所需原材料的重要来源。王兵和鲁绍伟[1]基于我国第 6 次森林资源清查数据及中国森林生态系统定位研究网络(CFERN)长期定位观测研究数据,对我国经济林生态系统服务价值进行了计量,旨在有效地改善经济林的经营措施与生产布局,尽快将自然资源和环境因素纳入国民经济核算体系,最终为实现绿色 GDP 提供基础数据支撑。

2 公式

2.1 涵养水源

水源涵养功能主要指森林生态系统对大气降水的调节作用,根据其监测和评估的特点,可划分为两个指标(调节水量指标和净化水质指标)。

(1)调节水量价值:森林生态系统调节水量价值根据水库工程的蓄水成本(影子工程法)来确定,其公式如下:

$$U_{调} = 10C_库 A(P - E - C) \tag{1}$$

式中,$U_{调}$ 为森林调节水量价值(元);$C_库$ 为水库库容造价(元·m^{-3});P 为林外年降水量(mm);E 为林分年蒸散量(mm);A 为林分面积(hm^2);C 为地表径流量(mm)。

根据 1993—1999 年《中国水利年鉴》数据利用公式计算中国经济林涵养水源功能(表1)可见,湖南、广西两地的经济林涵养水源价值最大。

表 1 中国经济林涵养水源功能

地区	涵养水源 /(10^8 m^3·a^{-1})	调节水量价值 /(10^8 元·a^{-1})	净化水质价值 /(10^8 元·a^{-1})	涵养水源价值 /(10^8 元·a^{-1})
甘肃	7.69	46.97	16.06	63.03
福建	65.64	401.11	137.19	538.30

地区	涵养水源 /(10^8 m³·a⁻¹)	调节水量价值 /(10^8 元·a⁻¹)	净化水质价值 /(10^8 元·a⁻¹)	涵养水源价值 /(10^8 元·a⁻¹)
北京	3.67	22.41	7.66	30.07
安徽	19.90	121.60	41.59	163.19
贵州	17.87	109.17	37.34	146.51
广东	65.53	400.46	136.97	537.43
广西	94.05	574.73	196.57	771.30
黑龙江	1.21	7.40	2.53	9.93
海南	35.02	214.01	73.19	287.20
河北	23.10	141.15	48.28	189.43
河南	17.38	106.21	36.33	142.53
湖南	108.55	663.34	226.88	890.22
湖北	27.42	167.56	57.31	224.87
吉林	0.87	5.32	1.82	7.14
江西	68.39	417.93	142.94	560.87
江苏	11.87	72.55	24.81	97.37
内蒙古	0.78	1.62	4.74	6.36
辽宁	43.17	90.22	263.78	354.00
山东	34.55	72.21	211.13	283.34
青海	0.06	0.12	0.36	0.48
宁夏	0.03	0.05	0.16	0.21
陕西	20.44	42.71	124.88	167.59
山西	4.16	8.70	25.44	34.14
上海	0.45	0.93	2.72	3.65
西藏	0.18	0.38	1.13	1.51
天津	1.16	2.42	7.08	9.50
四川	28.16	58.84	172.05	230.89
浙江	62.11	129.82	379.56	509.38
云南	41.16	86.02	251.50	337.51
新疆	0.37	0.77	2.25	3.02
重庆	6.86	14.33	41.89	56.22
合计	811.79	1696.63	4960.57	6657.21

(2)净化水质价值:森林生态系统年净化水质价值采用网格法得出的全国城市居民用水平均价格计算,公式如下:

$$U_{水质} = 10K_水 A(P - E - C) \tag{2}$$

式中,$U_{水质}$为森林年净化水质价值(元);$K_水$为居民用水平均价格(元·t^{-1})。

2.2 保育土壤

森林的存在,特别是森林中活地被层和凋落物层的存在,使降水被层层截留并基本消除了水滴对表土的冲击和侵蚀。森林保育土壤的功能包括森林固土和森林保肥两方面。

(1)森林固土价值:森林固土作用可根据蓄水成本,采用减少淤积泥沙的方法进行计算,公式如下:

$$U_{固土} = AC_库(X_2 - X_1)/\rho \tag{3}$$

式中,$U_{固土}$为森林年固土价值(元);X_1为林地土壤年侵蚀模数(t·km^{-2});X_2为无林地土壤年侵蚀模数(t·km^{-2});A为林分面积(hm^2);ρ为泥沙的平均容重(t·m^{-3});$C_库$为水库工程费用(元)。

(2)森林保肥价值:

$$U_{肥} = A(X_2 - X_1)(NC_1/R_1 + R_1 + PC_1/R_2 + KC_2/R_3 + MC_3)/100 \tag{4}$$

式中,$U_{肥}$为森林年保肥价值(元);N、P、K分别为土壤氮(N)、磷(P)、钾(K)的平均含量(%);M为土壤有机质平均含量(%);R_1为磷酸二铵含氮量(%);R_2为磷酸二铵含磷量(%);R_3为氯化钾含钾量(%);C_1、C_2、C_3分别为磷酸二铵、氯化钾和有机质的平均价格(元·t^{-1})。

根据《中国农业信息网》数据,利用公式计算中国经济林保育土壤功能(表2),可见,浙江、辽宁两地的经济林保育土壤价值最大。

表2 中国经济林的保育土壤功能

地区	固土 /(10^4 t·a^{-1})	固土价值 /(10^4 元·a^{-1})	保肥/(10^4 t·a^{-1})				保肥价值 /(10^4 元·a^{-1})	保有土壤价值 /(10^4 元·a^{-1})
			N	P	K	有机质		
甘肃	842.32	4 515.07	1.42	0.93	8.88	25.27	8.62	9.07
福建	1 319.32	6 449.58	8.44	3.83	21.37	34.16	31.09	31.73
北京	245.32	1 315.00	0.10	0.09	0.91	8.71	1.00	1.13
安徽	1 465.75	7 165.38	2.14	1.71	23.16	41.48	17.93	18.64
贵州	1 515.39	8 903.93	2.55	1.67	15.97	55.64	15.84	16.73
广东	3 884.78	18 990.99	10.25	2.38	64.51	60.14	51.68	53.58
广西	4 155.28	20 313.32	10.93	2.55	69.00	184.54	59.13	61.16
黑龙江	195.94	1 496.63	0.37	0.20	2.66	6.78	2.34	2.49
海南	2 407.89	12 469.41	2.95	3.08	2.97	53.59	13.00	14.25

地区	固土 /(10⁴ t·a⁻¹)	固土价值 /(10⁴元·a⁻¹)	保肥/(10⁴ t·a⁻¹)				保肥价值 /(10⁴元·a⁻¹)	保有土壤价值 /(10⁴元·a⁻¹)
			N	P	K	有机质		
河北	1 798.24	9 639.04	0.76	0.63	6.69	63.82	7.30	8.27
河南	2 508.44	15 027.79	5.19	1.33	5.19	83.03	15.96	17.46
湖南	3 068.41	18 028.97	5.15	3.38	32.34	112.65	32.07	33.87
湖北	1 051.13	6 236.06	0.86	1.16	11.08	21.02	8.88	9.50
吉林	241.56	1 757.26	0.46	0.24	3.29	8.36	2.89	3.06
江西	1 792.33	8 761.92	3.01	1.97	18.89	65.80	18.73	19.61
江苏	645.26	3 838.15	1.07	0.69	6.61	22.17	6.56	6.94
内蒙古	264.11	1 921.34	0.18	0.16	5.55	3.44	3.12	3.31
辽宁	5 094.24	37 058.81	9.68	5.09	69.28	176.26	60.86	64.57
山东	1 555.26	9 317.40	0.72	0.54	5.79	55.20	6.41	7.34
青海	9.87	52.91	0.01	0.02	0.14	0.17	0.12	0.13
宁夏	158.30	848.55	0.11	0.24	2.37	2.06	1.68	1.77
陕西	2 816.84	21 516.10	4.73	3.10	29.69	84.51	28.83	30.99
山西	1 671.16	10 011.70	4.99	0.65	25.07	162.97	25.83	26.83
上海	17.85	105.90	0.03	0.02	0.19	0.66	0.19	0.20
西藏	31.04	158.06	0.03	0.03	0.44	0.52	0.31	0.32
天津	81.66	437.72	0.03	0.03	0.30	2.90	0.33	0.38
四川	3 466.38	20 766.70	4.16	2.36	58.93	111.62	40.40	42.48
浙江	3 288.04	16 073.77	11.97	3.06	139.97	136.78	91.37	92.98
云南	5 101.10	26 416.33	6.12	3.47	86.72	164.26	59.45	62.09
新疆	196.56	1 053.61	0.11	0.17	1.95	0.29	1.34	1.44
重庆	693.91	3 050.55	0.76	0.97	10.41	54.12	9.17	9.48
合计	51 583.70	293 687.97	99.33	45.73	730.32	1 802.90	622.43	651.80

2.3 固碳制氧

森林生态系统是地球陆地生态系统的主体,是陆地碳的主要储存库。森林对现在及未来的气候变化和碳平衡都具有重要影响。

(1)固碳:根据光合作用化学方程式,森林植被每积累 1 g 干物质可以固定 1.63 g 二氧

化碳、释放 1. 19 g 氧,而二氧化碳中碳的比例为 27. 27%。森林植被和土壤固碳价值的计算公式为:

$$U_碳 = AC_碳(0.4445B_年 + F_{土壤碳}) \tag{5}$$

式中,$U_碳$ 为林分的年固碳价值(元);$B_年$ 为林分的年净生产力(t·hm^{-2});C 为固碳价格(元·t^{-1});系数 0. 444 5 为 1. 63 与 27. 27% 的乘积;$F_{土壤碳}$ 为单位面积森林土壤的年固碳量(t·hm^{-2});A 为林分面积(hm^2)。

(2)释放氧气价值:

$$U_氧 = 1.19C_氧 \times A \times B_年 \tag{6}$$

式中,$U_氧$ 为林分的年制氧价值(元);$B_年$ 为林分的年净生产力(t·hm^{-2});$C_氧$ 为氧气价格(元·t^{-1});A 为林分面积(hm^2)。

本研究中固碳价格采用瑞典的碳税率,制造氧气价格采用中华人民共和国卫生部网站中氧气平均价格,根据公式计算中国经济林的固碳制氧功能(表3)。

表3 中国经济林的固碳制氧功能

地区	固碳量/(10^4 t·a^{-1})	固碳价值/(10^8 元·a^{-1})	制氧量/(10^4 t·a^{-1})	制氧价值/(10^8 元·a^{-1})	地区	固碳量/(10^4 t·a^{-1})	固碳价值/(10^8 元·a^{-1})	制氧量/(10^4 t·a^{-1})	制氧价值/(10^8 元·a^{-1})
甘肃	59. 47	7. 14	106. 78	10. 68	内蒙古	17. 56	2. 11	34. 83	3. 48
福建	298. 28	35. 79	598. 79	59. 88	辽宁	335. 80	40. 30	623. 16	62. 32
北京	50. 32	6. 04	109. 37	10. 94	山东	405. 60	48. 67	1 012. 93	101. 29
安徽	151. 52	18. 18	311. 67	31. 17	青海	1. 39	0. 17	2. 91	0. 29
贵州	147. 17	17. 66	252. 43	25. 24	宁夏	7. 61	0. 91	17. 35	1. 73
广东	476. 70	57. 20	948. 44	94. 84	陕西	377. 83	45. 34	897. 96	89. 80
广西	755. 34	90. 64	1 502. 82	150. 28	山西	104. 89	12. 59	201. 04	20. 10
黑龙江	32. 21	3. 87	76. 22	7. 62	上海	3. 30	0. 40	7. 23	0. 72
海南	291. 64	35. 00	630. 25	63. 02	西藏	1. 71	0. 21	2. 82	0. 28
河北	368. 82	44. 26	801. 66	80. 17	天津	16. 75	2. 01	36. 40	3. 64
河南	142. 51	17. 10	269. 61	26. 96	四川	174. 03	20. 88	355. 02	35. 50
湖南	340. 97	40. 92	756. 08	75. 61	浙江	280. 23	33. 63	608. 96	60. 90
湖北	129. 38	15. 53	256. 68	25. 67	云南	256. 95	30. 83	518. 90	51. 90
吉林	17. 35	2. 08	35. 81	3. 58	新疆	55. 91	6. 71	108. 18	10. 82
江西	326. 03	39. 12	741. 41	74. 14	重庆	35. 56	4. 27	69. 50	6. 95
江苏	133. 70	16. 04	311. 44	31. 14	合计	5 796. 53	695. 58	12 206. 70	1 220. 67

2.4 营养积累

森林植被在其生长过程中不断地从周围环境中吸收氮、磷、钾等营养物质,并贮存在各器官中,本研究仅选取林木营养物质(氮、磷、钾)积累指标来反映此项功能。其算式如下:

$$U_{营养} = AB_年(N_{营养}C_1/R_1 + P_{营养}C_1/R_2 + K_{营养}C_2/R_3) \tag{7}$$

式中,$U_{营养}$为林分年营养物质积累价值(元);$N_{营养}$、$P_{营养}$、$K_{营养}$分别为林木的氮、磷、钾含量(%);R_1为磷酸二铵含氮量(%);R_2为磷酸二铵含磷量(%);R_3为氯化钾含钾量(%);C_1、C_2分别为磷酸二铵和氯化钾的价格(元·t^{-1});$B_年$为林分的年净生产力(t·hm^{-2});A为林分面积(hm^2)。

根据公式计算得出,2003年中国经济林营养积累的年价值(表4),可见,浙江、江西两地的经济林营养物质积累价值最大。

表4 中国经济林的营养物质积累功能

地区	营养积累/(10^4 t·a^{-1})			营养积累价值/(10^8 元·a^{-1})	地区	营养积累/(10^4 t·a^{-1})			营养积累价值/(10^8 元·a^{-1})
	N	P	K			N	P	K	
甘肃	0.14	0.04	0.09	0.35	内蒙古	0.45	0.05	0.34	1.00
福建	4.66	0.36	1.66	9.29	辽宁	6.44	0.15	0.47	11.48
北京	1.47	0.04	1.00	3.03	山东	7.87	0.57	2.70	15.59
安徽	8.67	0.67	6.34	18.73	青海	0.02	0.00	0.01	0.04
贵州	1.08	0.30	0.59	2.59	宁夏	0.02	0.01	0.01	0.06
广东	2.21	0.43	1.67	5.21	陕西	1.21	0.32	0.75	2.92
广西	3.50	0.68	2.64	8.25	山西	0.80	0.58	1.72	3.07
黑龙江	0.79	0.07	0.31	1.59	上海	0.20	0.05	0.17	0.50
海南	5.96	0.78	3.96	13.21	西藏	0.02	0.00	0.01	0.04
河北	10.78	0.31	7.36	22.21	天津	0.49	0.01	0.33	1.01
河南	0.57	0.06	0.59	1.34	四川	1.52	0.42	0.84	3.64
湖南	5.89	0.45	2.09	11.73	浙江	15.30	1.19	11.82	33.34
湖北	2.00	0.15	0.71	3.98	云南	2.22	0.61	1.22	5.33
吉林	0.37	0.01	0.03	0.66	新疆	2.59	0.16	2.00	5.58
江西	7.48	5.92	5.55	24.72	重庆	0.30	0.08	0.16	0.71
江苏	8.61	1.83	8.22	21.31	合计	103.63	16.33	65.36	232.51

2.5 净化环境

(1)吸收二氧化硫价值:森林的二氧化硫年吸收量由森林生态站直接测定获得,森林年

吸收二氧化硫的总价值($U_{二氧化硫}$,元)公式如下:

$$U_{二氧化硫} = K_{二氧化硫} \times Q_{二氧化硫} \times A \tag{8}$$

式中,$K_{二氧化硫}$为二氧化硫的治理费用(元·kg^{-1});$Q_{二氧化硫}$为单位面积森林的二氧化硫年吸收量(kg·hm^{-2});A为林分面积(hm^2)。

(2)吸收氟化物价值:森林氟化物吸收量由森林生态站直接测定获得,森林年吸收氟化物总价值($U_氟$,元)公式如下:

$$U_氟 = K_{氟化物} \times Q_{氟化物} \times A \tag{9}$$

式中,$Q_{氟化物}$为单位面积森林对氟化物的年吸收量(kg·hm^{-2});$K_{氟化物}$为氟化物治理费用(元·kg^{-1});A为林分面积(hm^2)。

(3)吸收氮氧化物价值:森林对氮氧化物的年吸收量由森林生态站直接测定获得,森林年吸收氮氧化物的总价值($U_{氮氧化物}$,元)公式如下:

$$U_{氮氧化物} = K_{氮氧化物} \times Q_{氮氧化物} \times A \tag{10}$$

式中,$K_{氮氧化物}$为氮氧化物治理费用(元·kg^{-1});$Q_{氮氧化物}$为单位面积森林对氮氧化物的年吸收量(kg·hm^{-2});A为林分面积(hm^2)。

(4)阻滞降尘价值:森林年阻滞降尘量由森林生态站直接测定获得,森林植被年阻滞降尘价值($U_{滞尘}$,元)的公式如下:

$$U_{滞尘} = K_{滞尘} \times Q_{滞尘} \times A \tag{11}$$

式中,$K_{滞尘}$为降尘清理费用(元·kg^{-1});$Q_{滞尘}$为单位面积森林的年滞尘量(kg·hm^{-2});A为林分面积(hm^2)。

(5)提供负离子价值:有研究证明,当空气中负离子达到 600 个·cm^{-3} 以上时,才能有益人体健康[2]。本研究中林分年提供负离子价值($U_{负离子}$,元)的公式如下:

$$U_{负离子} = 52.56 \times 10^{14} \times AHK_{负离子}(Q_{负离子} - 600)/L \tag{12}$$

式中,$K_{负离子}$为负离子生产费用(元·hm^{-2});$Q_{负离子}$为林分负离子浓度(个·cm^{-3});A为林分面积(hm^2);L为负离子存留时间(min)。

根据国家发展与改革委员会等四部委 2003 年关于《排污费征收标准及计算方法》中数据,利用公式计算中国经济林的净化环境功能(表5),可见,广东、广西两地的经济林净化环境价值最大。

表5 中国经济林的净化环境功能

地区	负离子量 /(10^{16}· a^{-1})	负离子价值 /(10^{4}元· a^{-1})	吸收二氧化硫量 /(10^4 kg· a^{-1})	吸收二氧化硫价值 /(10^{4}元· a^{-1})	吸收氟化物量 /(10^4 kg· a^{-1})	吸收氟化物价值 /(10^{4}元· a^{-1})	吸收氮氧化物量 /(10^4 kg· a^{-1})	吸收氮氧化物价值 /(10^{4}元· a^{-1})	滞尘量 /(10^8 kg· a^{-1})	滞尘价值 /(10^{4}元· a^{-1})	净化环境价值 /(10^{8}元· a^{-1})
甘肃	786.60	144.06	2 132.72	2 559.27	36.17	24.96	84.12	53.00	30.36	4.55	4.83

地区	负离子量/(10^16·a^-1)	负离子价值/(10^4元·a^-1)	吸收二氧化硫量/(10^4 kg·a^-1)	吸收二氧化硫价值/(10^4元·a^-1)	吸收氟化物量/(10^4 kg·a^-1)	吸收氟化物价值/(10^4元·a^-1)	吸收氮氧化物量/(10^4 kg·a^-1)	吸收氮氧化物价值/(10^4元·a^-1)	滞尘量/(10^8 kg·a^-1)	滞尘价值/(10^4元·a^-1)	净化环境价值/(10^8元·a^-1)
福建	3 157.89	578.34	8 562.07	10 274.49	145.22	100.20	337.71	212.76	121.89	18.28	19.40
北京	402.84	73.78	1 273.01	1 537.62	24.12	16.65	86.16	54.28	14.52	2.18	2.34
安徽	1 66.05	305.12	4 517.20	5 420.64	76.61	52.86	178.17	112.25	64.30	9.65	10.23
贵州	1 859.61	340.57	5 042.02	6 050.42	85.51	59.00	198.87	125.29	71.78	10.77	11.42
广东	3 606.17	660.44	11 395.96	13 675.15	1 594.02	1 099.87	3 918.62	2 468.73	581.43	87.21	89.01
广西	5 714.05	1 046.47	18 057.12	21 668.54	855.50	590.29	6 209.29	3 911.85	492.93	73.94	76.66
黑龙江	149.24	27.33	471.62	545.94	33.52	23.13	167.58	105.58	8.46	1.27	1.34
海南	2 122.47	388.71	6 707.26	8 048.71	745.25	514.22	453.96	285.90	76.49	11.47	12.40
河北	2 952.83	540.78	9 331.30	11 197.56	176.84	122.02	631.56	397.88	106.42	15.96	17.19
河南	1 986.13	363.74	5 385.05	6 462.06	91.33	63.02	212.40	133.81	76.66	11.50	12.20
湖南	5 578.56	1 021.66	15 125.29	18 150.35	256.53	177.01	596.58	375.85	215.32	32.30	34.27
湖北	1 893.84	346.84	5 134.81	6 161.77	87.09	60.09	202.53	127.59	73.10	10.96	11.63
吉林	222.18	40.69	247.10	296.52	23.76	16.39	332.64	209.56	12.59	1.89	1.95
江西	3 429.72	628.12	9 299.40	11 159.28	157.41	108.61	366.78	231.07	132.38	19.86	21.07
江苏	822.79	150.69	2 213.83	2 656.59	37.84	26.11	94.74	59.68	29.62	4.44	4.73
内蒙古	221.90	10.64	395.50	474.60	10.20	7.04	23.73	14.95	24.13	3.62	3.67
辽宁	3 970.30	727.12	12 546.63	15 055.96	182.47	125.73	474.59	267.49	143.09	21.46	23.08
山东	3 411.21	624.73	7 989.12	9 586.94	156.86	108.24	364.80	229.82	128.41	19.26	20.32
青海	14.59	2.67	46.10	55.32	0.87	0.60	3.12	1.97	0.53	0.08	0.08
宁夏	152.61	27.95	489.60	587.52	4.35	3.00	16.32	10.28	4.90	0.73	0.80
陕西	3 481.06	637.52	9 438.29	11 325.94	208.47	143.85	372.27	234.53	125.45	18.82	20.05
山西	1 280.89	234.58	4 047.76	4 857.31	210.04	144.92	273.96	172.59	46.16	6.92	7.47
上海	28.61	5.24	77.58	93.10	1.32	0.91	3.06	1.93	1.10	0.17	0.18
西藏	17.95	3.29	48.68	58.41	1.08	0.74	1.92	1.21	0.69	0.10	0.11
天津	134.09	24.56	423.75	508.50	8.03	5.54	28.68	18.07	4.83	0.72	0.80
四川	2 615.35	478.98	7 091.07	8 509.29	120.27	82.98	279.69	176.20	95.09	14.26	15.19
浙江	3 300.12	604.39	17 896.57	21 475.89	58.82	40.59	705.84	444.68	118.93	17.84	20.10
云南	3 823.02	700.15	10 365.46	12 438.55	175.80	121.30	408.84	257.57	139.01	20.85	22.20
新疆	689.25	126.23	2 178.13	2 613.76	12.29	8.48	147.42	92.87	24.84	3.73	4.01
重庆	512.80	93.92	1 400.25	1 680.30	45.70	31.53	73.12	46.07	18.48	2.77	2.96
合计	60 004.69	10 989.29	179 330.25	215 196.30	5 623.03	3 879.89	17 199.06	10 835.41	2 983.88	447.58	471.67

2.6 生物多样性保护

生物多样性指生物及其环境所形成的生态复合体及与此相关的各种生态过程的总和,它是人类社会生存和可持续发展的基础。森林生态系统的年生物物种资源保护价值($U_{生物}$,元)的公式如下:

$$U_{生物} = S_生 \times A \tag{13}$$

式中,$S_生$为单位面积森林年生物物种资源保护价值(元·hm^{-2});A为林分面积(hm^2)。

本研究根据 Shannon – Wiener 指数计算生物物种资源保护价值,采用公式(13)计算,中国经济林生物多样性保护价值(表6),可见,福建、广西两地的经济林生物多样性保护价值最大。

表6 中国经济林生物多样性保护功能

地区	生物多样性保护价值 /(10^8 元 · a^{-1})	地区	生物多样性保护价值 /(10^8 元 · a^{-1})	地区	生物多样性保护价值 /(10^8 元 · a^{-1})
甘肃	14.02	湖南	99.43	山西	22.83
福建	337.71	湖北	33.76	上海	2.04
北京	7.18	吉林	7.92	西藏	0.32
安徽	59.39	江西	122.26	天津	2.39
贵州	33.15	江苏	58.66	四川	46.62
广东	128.55	内蒙古	3.96	浙江	117.64
广西	203.69	辽宁	70.77	云南	136.28
黑龙江	5.32	山东	60.80	新疆	12.29
海南	75.66	青海	0.26	重庆	18.28
河北	52.63	宁夏	2.72	合计	1 833.95
河南	35.40	陕西	62.05		

3 意义

基于中国经济林生态系统的长期、连续定位观测,采用第6次全国森林资源清查数据和国内外权威部门公布的价格参数数据,利用市场价值法、费用代替法、替代工程法等方法定量评价了 2003 年我国不同省(区)经济林生态系统的服务价值[1]。经济林的价值评估模型表明:2003 年,我国经济林生态系统服务总价值为 11 763.39 × 10^8 元,经济林产品总价值占总生态价值的 19.93%,经济林除为社会提供直接产品外,还具有巨大的生态经济价值;

150

各项功能的价值量由大到小依次为涵养水源、固碳制氧、生物多样性保护、保育土壤、净化环境、营养积累;我国各省(区)经济林生态系统服务价值的空间格局与水热条件和生物多样性的分布具有趋同性。对改变目前我国经济林生产布局的不合理与经营上的弊端以及引导经济林向优质、高效、现代化方向健康发展具有重要意义。

参考文献

[1]　王兵,鲁绍伟. 中国经济林生态系统服务价值评估. 应用生态学报,2009,20(2):417－425.

[2]　Shi Q, Zhong LS, Wu CC. Grades standard of aeroanion concentration in forest surroundings. China Environmental Science. 2002,22(4):320－323.

滑坡和泥石流的环境预测模型

1　背景

滑坡和泥石流是山区特有的突发性自然灾害现象。泥石流常发生在山区小流域,是一种饱含大量泥沙石块和巨砾的固液两相流体,呈黏性层流或稀性紊流等运动状态;滑坡则是一种固体物质沿滑坡面迅速发生位移的过程[1]。降水是滑坡和泥石流灾害最重要的触发因子。张国平等[2]基于 GIS 技术,对滑坡和泥石流灾害与若干环境因子的关系进行了分析,旨在揭示环境因子分级与滑坡和泥石流发生频率之间的统计规律,为滑坡、泥石流相关预报和危险度评价提供理论依据。

2　公式

2.1　计算模型

对连续变量(高程、高差、坡度、坡向、植被覆盖度)需进行分级;对离散的变量(如植被类型)采用 2 级分类。计算每个变量的不同等级在全国的分布频率:

$$D_i = 100 \times d_i / A \tag{1}$$

式中,D_i 为环境因子的第 i 个分级(或类型)在全国总土地面积中的分布频率(%);d_i 为第 i 个分级(或类型)的土地面积(km^2);A 为国土面积(km^2)。

对于 18 431 个滑坡和泥石流灾害点所在栅格内的某个环境因子而言,每个因子共有 18 431 个样本点。将每个因子每个分级(或类型)的滑坡和泥石流灾害发生次数占灾害点总数的百分比作为该分级(或类型)上滑坡和泥石流灾害的发生频率。其公式如下:

$$H_i = 100 \times \frac{h_i}{S} \tag{2}$$

式中,H_i 为某环境因子第 i 个分级(或类型)上滑坡和泥石流灾害的发生频率(%);h_i 为某环境因子第 i 个分级(或类型)上灾害发生的次数;S 为滑坡和泥石流灾害总次数。

运用滑坡和泥石流灾害在某个环境因子不同分级(或类型)上的频率比数(E_i,取值范围为 0 ~ 100),可以较好地分析不同级别(或类型)的环境因子与滑坡和泥石流灾害发生频率的关系。其公式如下:

$$E_i = 100 \times (1 - e^{-(H_i/D_i)}) \tag{3}$$

当 H_i 越大、D_i 越小时，E_i 越大，说明滑坡和泥石流灾害在第 i 个分级（或类型）上发生的可能性就越大；当 $H_i \gg D_i$ 时，$E_i \approx 100$。当 H_i 越小、D_i 越大时，E_i 越小，说明滑坡和泥石流灾害在第 i 个分级（或类型）上发生的可能性就越小；当 $H_i \ll D_i$ 时，$E_i \approx 0$。当 H_i 与 D_i 相等时，$E_i = 63.21$。即当 $E_i < 63.21$ 时，第 i 个分级（或类型）不易发生滑坡和泥石流；当 $E_i > 63.21$ 时，则容易发生滑坡和泥石流；当 $E_i = 63.21$ 时，可认为该环境因子在第 i 个分级情况下与滑坡和泥石流的统计关系不显著。

对于连续分布的环境因子，令其为 x，值域为 $[a, b]$，且 $b \geq a$，则 $H(x)$、$D(x)$ 和 $E(x)$ 分别代表该环境因子的分布百分率函数、滑坡和泥石流灾害的发生百分率函数、频率比数函数。令 $R(x) = H(x)/D(x)$。当 $R(x)$ 为连续函数时，$E(x)$ 也必为连续函数，此时，$E(x)$ 的导数也存在。令 $F(x) = \mathrm{d}E(x)/\mathrm{d}x$，则当 $F(x) = 0$ 时，表明 $E(x)$ 有极值存在。

通过分析 $F(x) = 0$ 时的 x 值，可以分析环境因子取值与滑坡和泥石流发生百分率的关系，并通过分析 $E(x)$ 的单调性，在 $[a, b]$ 范围内，可将 x 分为若干个区间。

当 $E(x)$ 存在二阶导数时，令其二阶导数为 $g(x)$，当 $g(x) = 0$ 时，此时的 x 可定义为 x'，x' 的值域空间为 $[a, b]$，x' 即为该环境因子与滑坡和泥石流灾害的临界点。如果当 $x < x'$ 时，不易发生滑坡、泥石流；则当 $x > x'$ 时，将非常容易发生滑坡、泥石流。反之，如果当 $x < x'$ 时，非常容易发生滑坡、泥石流；则当 $x > x'$ 时，就不易发生滑坡、泥石流。

由于 $H(x)$、$D(x)$ 和 $E(x)$ 具有相同的自变量和值域，可通过绘制曲线图直观地判断 3 个函数的极值和单调性。首先，利用 ArcGIS 软件生成覆盖全国的 1 km × 1 km 环境因子（高程、高差、坡度、坡向、植被覆盖度和植被类型）栅格数据，计算每个因子不同分级的栅格单元数目 d_i，按照式（1）计算分布频率 D_i；然后按照灾害点坐标信息，提取每个灾害点上 6 个因子的值，统计每个因子第 i 个分级上对应的灾害点数目 h_i，根据式（2）计算分布频率 H_i；再利用式（3）计算频率比数 E_i；最后采用 Excel 软件对每个环境因子与滑坡和泥石流灾害的关系进行分析。

2.2 滑坡和泥石流灾害与高程和高程差的关系

由图 1 可以看出，滑坡和泥石流灾害的频率比数存在两个极大值，分别位于 2 000 ~ 3 000 m 和 400 ~ 800 m，说明我国滑坡和泥石流多集中分布于三大自然阶梯的第 1 过渡带和第 2 过渡带上，且均分布于这两个过渡带中海拔较低的位置。

第 1 过渡带包括昆仑山、祁连山、横断山。这一带山势陡峻，河谷深切，海拔 2 000 ~ 5 000 m，滑坡和泥石流灾害主要发生在这一过渡带的较低位置，即位于深切河谷的下游位置（海拔 2 000 ~ 3 000 m）。第 2 过渡带包括大兴安岭、太行山、大巴山、巫山、雪峰山，海拔 500 ~ 2 000 m。滑坡和泥石流灾害主要发生于这一过渡带海拔 500 ~ 800 m 范围内。此外，南方丘陵地区也是滑坡和泥石流灾害较易发生的地区。

2.3 滑坡和泥石流灾害与坡度和坡向的关系

滑坡和泥石流灾害容易发生在大于 15° 的坡地；在 15° ~ 30°，坡度越大，滑坡和泥石流

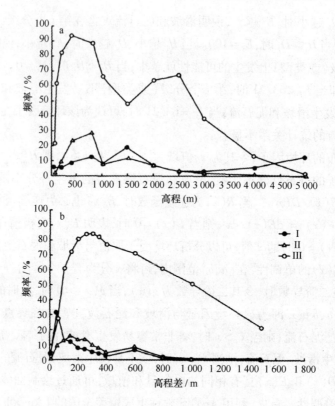

图 1 不同高程(a)、高程差(b)下滑坡和泥石流灾害的频率分布
Ⅰ:分布频率;Ⅱ:发生频率;Ⅲ:频率比数

灾害发生的可能性越大,当坡度达 30°时,发生滑坡和泥石流的可能性最大;当坡度大于 30°时,滑坡和泥石流灾害的发生频率下降,但仍高于 15°坡度时的频率比数(图 2)。

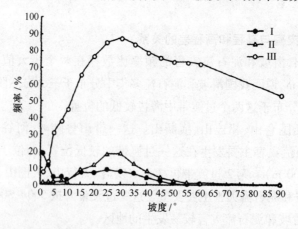

图 2 坡度与滑坡和泥石流灾害频率分布的关系

我国山系呈东西向、北西向、南北向和北东向展布。坡向对降水强度有显著影响,山体对南来暖湿气流的拦截作用,使得南坡的降水量增大,易形成局地暴雨而引发泥石流,导致东向和东南向坡地上最易发生滑坡和泥石流(图3)。

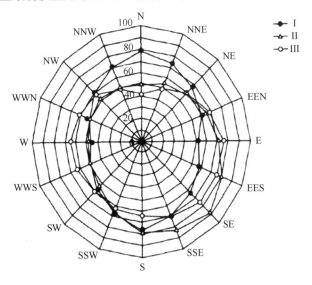

图3　坡向与滑坡泥石流频率分布的关系

2.4　滑坡和泥石流灾害与植被类型的关系

将1:10万土地利用数据和1:400万植被类型数据进行整编,重新分为20个植被类型。其中,5个植被类型[亚热带常绿针叶林、温带常绿针叶林、一年水旱耕地、湖泊(包括乡村居民点)、城镇(包括乡村居民点)]易发生滑坡和泥石流灾害;其余的植被类型则不易发生滑坡和泥石流灾害(表1)。

表1　不同植被类型下滑坡和泥石流灾害的频率分布

植被类型	分布频率/%	发生频率/%	频率比数	植被类型	分布频率/%	发生频率/%	频率比数
亚热带常绿针叶林	5.10	37.05	99.93	高覆盖草地	3.31	0.01	0.39
温带常绿针叶林	1.06	3.92	97.56	低覆盖草地	17.95	11.14	46.23
常绿阔叶林	2.05	2.00	62.24	一年一熟	4.68	0.05	0.96
落叶针叶林	2.88	0	0	一年两熟	4.28	0.84	17.76
落叶阔叶林	2.04	0.01	0.63	一年水旱耕地	1.36	3.18	90.35
温带混交林	1.67	0	0	双季稻	3.69	4.10	67.08
热带亚热带混交林	1.52	0.41	23.76	湖泊	3.97	25.63	99.84

植被类型	分布频率/%	发生频率/%	频率比数	植被类型	分布频率/%	发生频率/%	频率比数
郁闭灌丛	11.79	0	0	半荒漠	5.70	5.51	61.95
稀疏灌丛	7.29	0	0	荒漠	14.12	0.24	1.69
草甸、草本、沼泽	5.18	0	0	城镇用地和其他	0.36	5.92	100.00

2.5 滑坡和泥石流灾害与植被覆盖度的关系

将植被覆盖度数据取整,分为 10 级:< 10%、10% ~ 20%、20% ~ 30%、30% ~ 40%、40% ~ 50%、50% ~ 60%、60% ~ 70%、70% ~ 80%、80% ~ 90%、90% ~ 100%。由图 4 可以看出,滑坡和泥石流主要发生在高植被覆盖度区域,在低植被覆盖度地区则较少发生。植被覆盖度在 80% ~ 90% 时,发生滑坡和泥石流的频率比数最大,之后呈下降趋势。

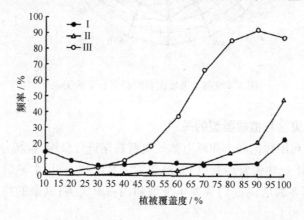

图 4 植被覆盖度与滑坡和泥石流灾害频率分布的关系

3 意义

基于全国 18 431 个滑坡和泥石流灾害点的定位信息,结合 1 km × 1 km 栅格内 6 个环境因子(高程、高差、坡度、坡向、植被类型、植被覆盖度)的空间分布数据,利用频率比数分析方法分析了这些环境因子与滑坡和泥石流灾害的关系[2]。滑坡和泥石流的环境预测模型表明,滑坡和泥石流更多地分布于我国三大自然阶梯的第 1 和第 2 过渡带中海拔较低的地区;1 km × 1 km 栅格内高程差为 300 m 时,滑坡和泥石流灾害发生的可能性最大;当坡度为 30°时,滑坡和泥石流灾害爆发的可能性最大;山区林地和坡耕地是最易发生滑坡和泥石流的两个地类;植被覆盖度在 80% ~90% 时,滑坡和泥石流灾害的发生频率最高。

参考文献

［1］ Cui P, Liu SJ, Tan WP. Progress of debris flow forecast in China. Journal of Natural Disasters, 2000, 9
(2):10 – 15.

［2］ 张国平,徐晶,毕宝贵. 滑坡和泥石流灾害与环境因子的关系. 应用生态学报,2009,20(3):653 –
658.

土地利用的地形分布模型

1 背景

地形因子是山区土地利用结构的基本骨架,也是影响山区生态安全的重要环境因子。土地利用程度的定量表达有助于揭示区域土地利用的功能特征。栖霞市属山地丘陵地形,资源分布差异显著,研究地形梯度上的土地利用分布特征,对生态安全建设和农业结构调整尤为重要[1]。斯钧浪等[2]基于 RS 和 GIS 技术构建了栖霞市精确的数字高程模型(DEM),结合高程和坡度组合而成的地形位指数,对该区土地利用地形梯度上的分布特征进行了研究,旨在为山区农业结构调整和生态建设提供科学依据。

2 公式

2.1 地形位指数

地形位指数可综合描述高程和坡度属性[3],其计算公式如下:

$$T = \log\left[\,(E/\bar{E} + 1) \times (S/\bar{S} + 1)\,\right]$$

式中,T 为地形位指数;E 及 $\bar{E}$ 分别为空间任一栅格的高程值和平均高程值;S 及 $\bar{S}$ 分别为空间任一栅格的坡度值和平均坡度值。利用上式转换后,高程低、坡度小处的地形位小,而高程高、坡度大处的地形位大。

2.2 分布指数

利用地形位指数对地形差异进行重新描述后,地形条件对各地类组分空间分布的影响被简化为对地形位梯度上各地类组分出现频率问题的探讨。为了消除不同地形位区段的面积差异和不同地类组分的面积比重差异,本研究引入分布指数[1]来描述各地类组分在地形位梯度上的分布情况。其计算公式如下:

$$P = (S_{ie}/S_i)/(S_e/S)$$

式中,P 为分布指数;S_{ie} 为第 e 种地形位下第 i 种土地利用类型的面积(hm^2);S_i 为整个研究区第 i 种土地利用类型的总面积(hm^2);S_e 为整个研究区第 e 种地形位的总面积(hm^2);S 为研究区总面积(hm^2)。

分布指数曲线越平缓,表明某种土地利用类型分布与标准分布的偏离越小,其对地形差异的适宜性越大;反之,表明某种土地利用类型对地形具有较强的选择性,在其优势地形

158

位上该组分发育较多[4]。当分布指数 $P = 1$ 时,表示某地类在某地形位上的比重与研究区内该地类的比重相等;当 $P > 1$ 时,表明某地类在该地形位上的比重大于该地类总面积在研究区的比重,所以将 $P > 1$ 的区间设定为优势地形位区间。在强烈的人为干扰作用下,不同时期的 P 值变化体现了土地利用结构在相应地形位上发生的调整。

2.3 土地利用程度综合指数

采用土地利用程度综合指数,可定量研究土地利用程度的地形分异规律[5]。按土地自然综合体在社会因素影响下的自然平衡状态,可将土地利用程度分为 4 级,并分级赋予指数,结合研究区实际情况,设该区未利用地、林地、草地、水域、耕地、园地和建设用地的分级指数分别为 1、2、2、2、3、3、4。土地利用程度综合指数(La)的计算公式如下:

$$La = 100 \times \sum_{i=1}^{n} A_i \times C_i$$

式中,A_i 为第 i 级土地利用程度的分级指数;C_i 为第 i 级土地利用程度的面积百分比。La 取值区间在 $100 \sim 400$。

2.4 栖霞市不同高程带上土地利用结构的变化特征

1987—2003 年间,研究区建设用地和园地面积的变化趋势大致相同,在每个高程带上均大幅增加,耕地和未利用地面积的变化趋势刚好相反,在每个高程带上均呈减少趋势,原因是当地以苹果为支柱产业,农业结构发生了调整,导致果园得到大力发展;200 m 高程以下区域的林地面积呈减少趋势,200 m 以上区域呈增加趋势;草地面积除了在 30 ~ 80 m 高程区域内有所增加外,其他高度带均呈减小趋势(表1)。

表1 研究区不同高程带上各土地利用类型的面积 单位:hm²

土地利用类型	高程											
	[30 80]m		(80 120]m		(120 200]m		(200 300]m		(300 500]m		(500 815]m	
	1987 年	2003 年	1987 年	2003 年	1987 年	2003 年	1987 年	2003 年	1987 年	2003 年	1987 年	2003 年
耕地	5 454.08	4 444.39	13 979.1	8 238.17	51 451.3	35 709.80	27 364.9	14 269.70	2 379.53	1 045.66	110.34	59.87
林地	4 125.16	1 882.62	9 828.23	4 674.06	15 919.1	15 027.80	4 467.89	10 326.80	652.58	3 229.74	0.57	125.18
园地	3 596.91	4 328.88	5 887.51	13 525.90	1 355.27	16 343.10	116.61	5 984.60	4.62	2 220.38	0	39.59
草地	697.30	929.95	1 403.60	719.52	7 526.92	6 997.60	12 008.6	14 348.20	9 613.51	7 542.11	521.60	466.25
建设用地	2 721.88	5 442.68	3 553.21	6 417.75	4 130.04	7 094.92	1 086.08	1 997.15	79.17	270.79	0.13	41.68
未利用地	103.24	31.03	433.37	154.94	2 212.63	857.60	3 794.97	1 762.63	4 672.41	3 064.40	541.17	441.05

2.5 栖霞市不同坡度带上土地利用结构的变化特征

由表 2 可以看出,1987—2003 年间,研究区建设用地和园地面积在每个坡度带上均大幅增加,耕地与未利用地面积的变化趋势则刚好相反,与不同高度带上的变化趋势基本相同;林地面积在坡度 0°~8°区域内呈减少趋势,在坡度大于 8°的区域则呈增加趋势;草地面积在坡度 8°~15°和 25°~90°区域内有所减少,在其他坡度带均呈增加趋势。

表 2　研究区不同坡度带上各土地利用类型的面积　　　　　　单位:hm²

土地利用类型	坡度									
	[0,2](°)		(2,8](°)		(8,15](°)		(15,25](°)		(25,90](°)	
	1987 年	2003 年	1987 年	2003 年	1987 年	2003 年	1987 年	2003 年	1987 年	2003 年
耕地	16 121.32	11 432.42	43 852.49	23 249.92	27 984.66	24 075.87	10 033.86	4 250.97	1 751.56	777.29
林地	12 429.75	5 578.10	13 775.41	11 031.16	5 854.49	9 637.23	2 537.97	6 781.71	397.29	2 198.29
园地	8 743.32	12 351.27	1 694.62	19 507.43	341.67	6 202.58	149.93	3 188.80	31.86	1 220.44
草地	1 498.82	3 328.20	3 687.27	6 260.95	8 039.32	3 003.77	12 311.05	13 078.28	6 233.40	5 334.97
建设用地	4 684.29	10 358.93	4 026.85	7 225.66	1 874.13	2 328.27	837.84	1 020.87	147.53	322.14
未利用地	156.39	80.33	693.48	328.08	2 024.70	833.90	4 894.14	2 393.48	3 983.96	2 677.22

2.6　栖霞市不同地形梯度上土地利用结构的分布特征

将研究区县域内的地形位指数(0.15~3.85)等分为 50 个级别,分别计算 1987 年和 2003 年耕地、林地、园地、草地、建设用地和水域在这 50 个级别上的分布指数(图 1)。其中,将 $P>1$(即 $y>1$)的地形位区间设定为优势地形位区间。

由图 1 可以看出,研究区耕地分布指数在地形位指数上表现为先升后降,除了在 1~5 地形位区间上 2003 年比 1987 年占优势外,两个时期的曲线形态基本相似,呈现明显的整体移动,其分布指数基本保持稳定,耕地面积在各坡度带和高程带上的降幅明显(表 1、表 2)。分布指数消除了县域耕地面积减少带来的差异,说明在各地形位上耕地的减幅基本一致。

3　意义

基于 RS 和 GIS 技术,结合地形位指数和土地利用程度综合指数,探讨了 1987—2003 年间山东省栖霞市土地利用结构的变化,并定量分析了该区地形梯度上的土地利用程度[2]。土地利用的地形分布模型表明,栖霞市建设用地在低地形位上的优势明显;园地优势地形位区间的下限增加了 6 个地形位,由聚集分布转变成均匀分布;耕地、林地、草地、水域和未利用地优势地形位基本保持稳定。根据地形梯度上土地利用程度的定量表达,将研究区地形位划分为 3 个区段:1~15、16~30 和 31~50,其面积分别占研究区面积的 49.48%、43.58%和 6.94%。

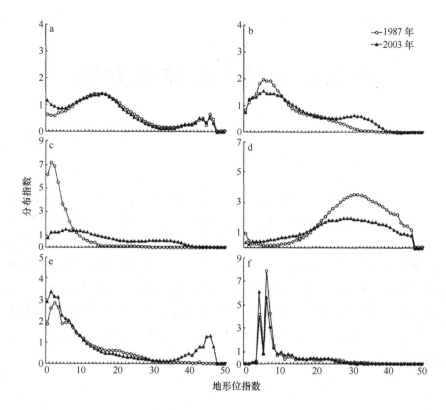

图1　研究区各土地利用类型在地形位指数梯度上的分布
a:耕地；b:林地；c:园地；d:草地；e:建设用地；f:未利用地

参考文献

［1］ Lapena DR, Martz LW. An investigation of the spatial association between snow depth and topography in a prairie agricultural landscape using digital terrain analysis. Journal of Hydrology, 1996,184: 277 – 298.

［2］ 斯钧浪,齐伟,曲衍波,等. 胶东山区县域土地利用在地形梯度上的分布特征. 应用生态学报,2009, 20(3):679 – 685.

［3］ Yu H, Zeng H, Jiang ZY. Study on distribution characteristics of landscape elements along the terrain gradient. Acta Geographica Sinica, 2001,21(1): 64 – 69).

［4］ Chen WB, Cui LJ, Zhao XF. Temporal – spatial characteristics of land use in Xinjian County, Jiangxi Province. Chinese Journal of Applied Ecology, 2006,17(5): 873 – 877.

［5］ Liu JY. Land Use of Tibetan Autonmous Region. Beijing: Science Press, 1992.

芦苇湿地的生态需水方程

1 背景

芦苇(*Phragmites australis*)作为黄河三角洲河口湿地重要的植被类型,是许多珍稀鸟类的栖息地,在维持区域水平衡、调节气候、净化环境和保护生物多样性等方面均具有重要意义[1]。确立芦苇湿地的生态需水标准对于芦苇湿地的保护和恢复具有重大的现实意义。阈值性是生态需水的重要基本特征之一[2],揭示芦苇对土壤水分条件的生理响应规律和临界响应阈值成为确立河口芦苇湿地生态需水标准的重要依据。谢涛和杨志峰[3]以黄河三角洲淡水沼泽芦苇为研究对象,通过盆栽试验,研究不同土壤水分条件下其生理参数的光响应特性,以确定维持其正常生长的适宜土壤水分范围,为确立河口芦苇湿地生态需水标准提供理论依据。

2 公式

描述光合 - 光响应曲线的经验公式包括非直角双曲线模型[4]、直角双曲线模型[5]和二次模型[6],本研究采用直角双曲线模型进行光合 - 光响应曲线的拟合。方程式为:

$$P_n = \frac{\alpha \times PAR \times P_{n\max}}{\alpha \times PAR + P_{n\max}} - R_d \tag{1}$$

式中,$P_{n\max}$ 为一定 CO_2 浓度下的最大净光合速率($\mu mol \cdot m^{-2} \cdot s^{-1}$);$\alpha$ 为光响应曲线的初始斜率,即表观光合量子效率 AQY($\mu mol \cdot \mu mol^{-1}$);$PAR$ 为光合有效辐射($\mu mol \cdot m^{-2} \cdot s^{-1}$);$R_d$ 为暗呼吸速率($\mu mol \cdot m^{-2} \cdot s^{-1}$),用 SPSS 13.0 软件进行非线性回归分析获取模型参数。在式(1)中,令 $P_n = 0$,可求得光补偿点(LCP,$\mu mol \cdot m^{-2} \cdot s^{-1}$),即:

$$LCP = \frac{R_d \times R_{n\max}}{\alpha(P_{n\max} - R_c)} \tag{2}$$

参考 Zou 等[7]计算光饱和点的方法,根据淡水沼泽芦苇的特点,用 P_n 达到 $P_{n\max}$70% 时的 PAR 来估计光饱和点(LSP,$\mu mol \cdot m^{-2} \cdot s^{-1}$):

$$LSP = \frac{P_{n\max}(0.70P_{n\max} + R_d)}{\alpha(0.30P_{n\max} - R_d)} \tag{3}$$

同时计算叶片水分利用效率 WUE($\mu mol \cdot mmol^{-1}$)和叶片瞬时光能利用效率 LUE

（μmol · μmol⁻¹）：

$$WUE = P_n/T_r \tag{4}$$

$$LUE = P_n/PAR \tag{5}$$

不同土壤水分条件下淡水沼泽芦苇叶片的光响应过程基本相似，即随光合有效辐射（PAR）升高，初始阶段叶片净光合速率（P_n）上升较快；当 PAR 高于 $300\mu mol · m^{-2} · s^{-1}$ 后，P_n 上升变缓、幅度较小；当 PAR 达到一定数值时（即光饱和点），$P_n - PAR$ 曲线渐趋平缓，出现光饱和现象（图1）。

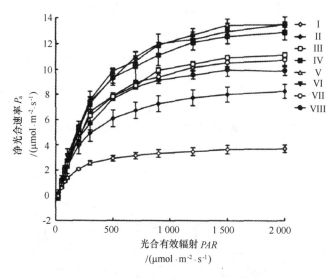

图1　不同土壤体积含水率下芦苇叶片净光合速率变化

Ⅰ：17.3%；Ⅱ：21.5%；Ⅲ：23.5%；Ⅳ:25.7%；Ⅴ：32.9%；

Ⅵ:36.9%；Ⅶ：40.3%；Ⅷ：46.0%

随着土壤水分的下降，T_r 呈先增加后下降的趋势（图2）。

各土壤水分条件下 G_s 均随 PAR 的增强而增加（图3）。

植物叶片 WUE 越高，表明固定单位质量的 CO_2 所需要的水量越少，植物耐旱生产力越高。由图4可以看出，在 $PAR < 400\ \mu mol · m^{-2} · s^{-1}$ 的低光强下，随着 PAR 增强，WUE 快速上升；当 $PAR > 400\ \mu mol · m^{-2} · s^{-1}$ 后，WUE 随光强增加的变化较小，表明 WUE 对光照强度的适应范围较广（PAR 在 $400 \sim 2\ 000\ \mu mol · m^{-2} · s^{-1}$ 之间基本相同）。

3　意义

通过盆栽试验，分析了多梯度土壤水分条件对黄河三角洲河口湿地淡水沼泽芦苇快速生长期叶片净光合速率（P_n）、蒸腾速率（T_r）、气孔导度（G_s）、胞间 CO_2 浓度（C_i）、水分利用

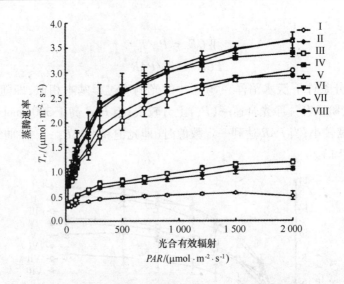

图2　不同土壤体积含水率下芦苇叶片蒸腾速率变化

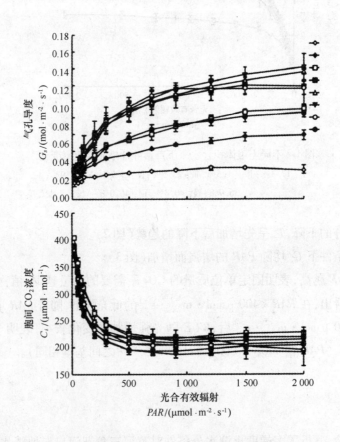

图3　不同土壤体积含水率下芦苇叶片气孔导度和胞间 CO_2 浓度的变化

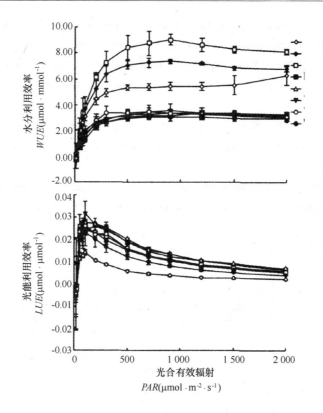

图4 不同土壤体积含水率下芦苇叶片水分利用效率和光能利用效率的变化

效率(WUE)和光能利用效率(LUE)等光合参数的影响,探讨淡水沼泽芦苇正常生长发育适宜的土壤水分条件[3]。芦苇湿地的生态需水方程表明:淡水沼泽芦苇的P_n、T_r、WUE及LUE对土壤水分的变化有明显的响应阈值。渍水状态不是淡水沼泽芦苇生理状态最好的水分条件。气孔限制是淡水沼泽芦苇对水分胁迫的主要响应机制。干旱胁迫下,淡水沼泽芦苇的最大净光合速率(P_{nmax})和表观量子效率(AQY)均显著下降,其暗呼吸速率(R_d)降低,减少呼吸作用对光合产物的消耗,提高WUE,以维持较高的光合速率。

参考文献

[1] Tang N, Cui BS, Zhao XS. The restoration of reed (Phragmites australis) wetland in the Yellow River Delta. Acta Ecologica Sinica, 2006,26(8): 2616－2624.

[2] Zhang Y. Research on the Ecological and Environmental Water Requirements of the Highland and River Channel in the Yellow River Basin. PhD Thesis. Beijing: Beijing Normal University, 2003: 34－35.

[3] 谢涛,杨志峰. 水分胁迫对黄河三角洲河口湿地芦苇光合参数的影响. 应用生态学报,2009,20(3): 562－568.

[4] Lessmann JM, Brix H, Bauer V, et al. Effect of climatic gradients on the photosynthetic responses of four Phragmites australispopulations. Aquatic Botany,2001,69: 109 – 126.

[5] Zhao GQ, Zhang LQ, Liang X. A comparison of photosynthetic characteristics between an invasive plant Spartina alterniflora and an indigenous plant Phragmites australis. Acta Ecologica Sinica, 2005,25(7): 1604 – 1611.

[6] Fu WG, Li PP, Bian XM, et al. Diurnal photosynthetic changes of Phragmites communisin thewetland lying in Beigushan Mountain of Zhengjian Prefecture. Acta Botanica Boreal – Occi – dentalia Sinica, 2006,26 (3): 496 – 501.

[7] Zou ZN, Qi H, Meng XH, et al. Study on light – response curve of photo – synthesis of different Oat varieties at early grain filling stage. Journal of Triticeae Crops,2008,28(2): 287 – 290.

冬小麦单产的预测模型

1 背景

及时、准确地获取国家粮食作物产量信息对于国家管理部门具有重要意义。冬小麦是中国北方的重要粮食作物之一,其产量数据在农业管理部门决策中占有重要地位。任建强等[1]以中国冬小麦主产区黄淮地区冬小麦为研究对象,采用 TOMS 传感器紫外反射率计算光合有效辐射,利用 MODIS 数据计算光合有效辐射分量,利用以遥感信息为主的空间信息估计作物生长关键期累积的干物质生物量,再通过实际收获指数修正,对研究区冬小麦单产进行了预测,旨在进一步探索适合我国大范围农作物估产的业务化运行方法,以增强我国粮食作物单产的预报能力。

2 公式

2.1 冬小麦产量估计方法

本研究采用植物净初级生产力(NPP,g·m^{-2})模型计算冬小麦生物量,然后通过地面实测的冬小麦收获指数(harvest index, HI)校正干物质的量,便可得到冬小麦的预测单产数据。其计算公式如下:

$$NPP = \varepsilon \times f_{PAR} \times PAR \tag{1}$$

$$B_t = NPP \times \alpha \tag{2}$$

$$Y_i = HI \times B_a \tag{3}$$

式中,PAR 为光合有效辐射(MJ·m^{-2});f_{PAR} 为光合有效辐射分量;α 为植物碳素含量与植物干物质量间的转化系数,对于一种作物而言,α 为常数,冬小麦生物体碳素含量约为 45%,其 α 值约为 2.22[2];B_t 为作物整株生物量(包括地上和地下部分,g·m^{-2});B_a 为作物地上部分生物量(g·m^{-2});在作物成熟期将作物地上部分进行实割实测,并进行脱粒、晾晒和称量,将单位面积冬小麦籽粒质量与地上生物量之比确定为样点的收获指数(HI);Y_i 为作物单产(kg·hm^{-2});ε 为作物光能转化为干物质的效率,是与众多因素(如温度、降水、土壤湿度等)有关的一个变量,尽管小范围区域内同种作物的 ε 值趋于恒定,可视为常数[3],但在大范围作物估产研究中,需将该系数视为变量[4]。由于 ε 值与作物所处的温度、降水和土壤湿度有关,可通过统计软件拟合该系数与温度、降水和土壤相对湿度的关系,然后利用相应的气象和土壤数据得到冬小麦 ε 值的空间分布信息。

2.2　干物质转化效率系数(ε)的计算

由式(1)可知,通过 NPP、f_{PAR} 和 PAR 即可计算 83 个实测点的冬小麦干物质转化效率系数(ε)。其中,地面实测点的 PAR 和 f_{PAR} 可通过遥感数据计算,NPP 可通过生物量收获法获得[5]。

2.2.1　植物净初级生产力(NPP)

$$NPP(\mathrm{g \cdot m^{-2}}) = \frac{Y_i \times 1000(1 - Mc) \times 0.45}{HI \times 0.9 \times 10\,000} \tag{4}$$

式中,Y_i 为单位面积作物的实际产量($\mathrm{kg \cdot hm^{-2}}$);$HI$ 为冬小麦收获指数;Mc 为作物籽粒收获后储藏期的含水量(%),对于冬小麦而言,其值为常数 12.5%[6];0.45 为作物生物量碳素含量比例;0.9 为作物地上部分生物量占整株作物生物量(地上和地下部分)的比例;1 000 为千克与克的转化系数;10 000 为公顷与平方米的转化系数。

2.2.2　光合有效辐射(PAR)

本研究利用 TOMS 的紫外反射波段计算光合有效辐射,即运用照射到地表的潜在光合有效辐射和云的反射率来计算。其计算公式如下[7]:

$$PAR = I_{ap} = \begin{cases} I_{PP}[1 - (R^* - 0.05)/0.9] & R^* < 0.5 \\ I_{PP}(1 - R^*) & R^* \geqslant 0.5 \end{cases} \tag{5}$$

式中,R^* 为 TOMS 传感器在 370 nm 波段处的紫外反射率,范围在 0 ~ 1,可通过 Ozone Processing Team of NASA/Goddard Space Flight Center 获取[8];I_{ap} 为实际地表光合有效辐射($\mathrm{MJ \cdot m^{-2}}$);I_{pp} 为潜在光合有效辐射($\mathrm{MJ \cdot m^{-2}}$),指晴朗天气条件下到达地表的光合有效辐射。I_{ap} 和 I_{pp} 采用 McCullough[9] 以及 Goldberg 和 Klein[10] 提供的方法进行计算。

2.2.3　光合有效辐射分量(f_{PAR})

f_{PAR} 与归一化植被指数($NDVI$)间有较好的线性关系[11]。因此,可利用两者间的线性关系求取 f_{PAR}。其中,$NDVI$ 数据由 EOS/MODIS 遥感数据(分辨率 250 m)生成。f_{PAR} 与 $NDVI$ 的计算公式[12]如下:

$$f_{PAR} = \begin{cases} 0 & NDVI \leqslant 0.075 \\ \min\{1.1613NDVI - 0.0493, 0.9\} & NDVI > 0.075 \end{cases} \tag{6}$$

$$NDVI = \frac{R_n - R_r}{R_n + R_r} \tag{7}$$

式中,R_n 为近红外波段的反射率;R_r 为红光波段的反射率。为减少云的干扰,采用最大值合成法(MVC)将日 $NDVI$ 数据合成旬或月 $NDVI$ 数据。本研究中 2004 年 3—5 月的 MODIS 原始日数据源于中国农业科学院农业资源与农业区划研究所卫星接收系统存档数据,数据预处理包括 1B 数据的生成、定标定位、投影转换、几何采样和重采样等。

综合以上算法,分析研究区冬小麦预测单产与统计单产的关系(图1),误差达到了大范围估产精度的要求。可见,通过以遥感信息为主的多源空间信息数据估算作物生物量进而预测区域冬小麦单产的方法是可行的。

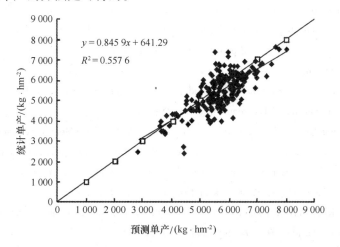

图1 研究区冬小麦预测单产与统计单产的关系

3 意义

任建强等[1]建立了简化的冬小麦光能转化有机物效率系数模型,基于冬小麦关键生育期(3—5月)累积作物生物量并采用地面实测的冬小麦收获指数加以校正,建立了作物生物量与作物经济产量间的定量关系,预测了2004年河北和山东平原区235个县(市)的冬小麦单产,并依据国家公布的2004年各县冬小麦统计单产验证了估产的精度。结果表明:该模型预测的2004年研究区冬小麦单产的均方根误差($RMSE$)为238.5 kg·hm^{-2},平均相对误差为4.28%,达到了大范围估产的精度要求,证明利用以遥感数据估算作物生物量进而预测冬小麦单产的方法是可行的。

参考文献

[1] 任建强,刘杏认,陈仲新,等. 基于作物生物量估计的区域冬小麦单产预测. 应用生态学报,2009,20(4):872-878.

[2] Lobell DB, Asner GP, Oritiz-Monasterio JI, et al. Remote sensing of regional crop production in the Yaqui Valley, Mexico: Estimates and uncertainties. Agriculture, Ecosystems and Environment, 2003, 94: 205-220.

[3] Potter CS, Randerson JT, Field CB, et al. Terestrial ecosystem production: A process model based on global

satellite and surface data. GlobalBiogeochemicalCycles,1993,7: 811 – 841.

[4] BastiaanssenWGM, AliS. A new crop yield forecasting model based on satellite measurements applied across the Indus Basin, Pakistan. Agriculture, Ecosystems and Environment, 2003,94: 321 – 340.

[5] Goetz SJ, Prince SD, Goward SN, et al. Satellite remote sensing of primary production: An improved production efficiency modeling approach. Ecological Modelling, 1999,122: 239 – 255.

[6] Yan HM, Liu JY, Cao MK. Spatial pattern and topographic control of China's agricultural productivity variability. Acta Geographica Sinica, 2007,62(2): 171 – 180.

[7] Eck TF, Dye DG. Satellite estimation of incident photo – synthetically active radiation using ultraviolet reflectance. Remote Sensing of Environment, 1991,38: 135 – 146.

[8] Ozone Processing Team of NASA/Goddard Space Flight Center. OzoneMonitoring Instrument (OMI) Maps and Data[EB/OL]. (2008 – 07 – 08) [2008 – 08 – 08]. http://toms. gsfc. nasa. Gov.

[9] McCullough EC. Totaldaily radiant energy available extraterrestrially as a harmonic series in the day of the year. Archiv fur Meteorologie, Geophysik und Bioklimatologie SerB, 1968,16: 129 – 143.

[10] Goldberg B, Klein WH. A model for determination the spectral quality of daylight on a horizontal surface at any geographical location. Solar Energy, 1980,24:351 – 357.

[11] FensholtR, Sandholt I, Rasmussen MS. Evaluation of MODIS LAI,fPARand the relation between f_{PAR} and NDVI in a semi – arid environment usingin situ measurements. Remote Sensing of Environment, 2004,91: 490 – 507.

[12] Myneni RB, Privette JL, Running SW,et al. MODIS LeafArea Index (LAI) and Fraction of Photosynthetically Active Radiation Absorbed by Vegetation (FPAR) Product (MOD15) Algorithm Theoretical Basis Document [EB/OL]. (1999 – 04 – 30) [2008 – 05 – 01]. http://modis. gsfc. nasa. gov/data/atbd/atbd_mod15. pdf.

棉铃和棉籽的发育模型

1 背景

棉籽作为棉花生产的主要副产品,既是棉花生产的基础,也是世界第二大蛋白质和第五大植物油来源[1],因此对棉籽生长发育过程的模拟具有重要意义。棉铃发育进程的准确预测是模拟棉籽生长发育的基础。李文峰等[2]基于不同熟性棉花品种的异地分期播种和施氮试验,首先建立一个综合量化品种遗传特性、环境因素和主要栽培措施(施氮量)的棉花铃期模拟模型,进而建立棉籽干物质积累模拟模型,实现对不同生态条件下棉籽生长发育的动态预测,为棉花生产辅助调控提供技术支撑。

2 公式

2.1 棉花铃期模拟模型

棉花铃期是指从开花至吐絮所持续的天数,棉铃与棉籽的发育具有同步性。采用生理发育时间(PDT,d)作为定量棉铃和棉籽发育进程的时间尺度,将棉铃在最适宜生长条件下的一天定义为一个生理发育日[3]。棉铃生理发育时间由每日生理效应(PE)的积分得到,每日生理效应通过定量品种遗传效应、气象因素效应(温度、太阳辐射)和栽培措施(施氮量)效应获得:

$$PE_i = VE \cdot TSE_i \cdot FNdv_i \tag{1}$$

$$PDT = \sum_{i=1}^{n} PE_i \tag{2}$$

式中,VE 为品种早熟性参数;TSE 为温光效应因子;$FNdv$ 为氮素效应因子;i 表示铃龄(d)。

早熟棉花品种棉铃发育速率快,铃期短。公式(3)定义了早熟性参数 VE 的意义及估算方法:

$$VE_k = DR_k/DR_e = BMP_e/BMP_k \tag{3}$$

式中,DR 为棉铃发育速率;k 表示参试品种;e 表示本研究假设的早熟性标准品种;BMP_k 和 BMP_e 分别为最适宜生长条件下参试品种与标准品种棉花的铃期长度。

温光效应因子(TSE)综合了每日的相对热效应(RTE)和太阳辐射效应(SRR):

$$TSE_i = RTE_i + SSR_i - RTE_i \cdot SRR_i \tag{4}$$

相对热效应(RTE)由作物在生育过程中对温度的非线性反应决定,是相对最适温度条件的相对效应因子[4]。本研究结合 beta 函数和分段函数方法,并根据本试验棉花铃期与温度的关系,精简方程参数,建立棉铃发育对瞬时温度的相对热效应 $RTE(T)$ 方程:

$$RTE(T) = \begin{cases} 0 & T > Tc \text{ 或 } T < Tb \\ \left(\dfrac{T-Tb}{To-Tb}\right)^{1+\frac{To-T}{To-Tb}} \left(\dfrac{Tc-T}{Tc-To}\right)^{\frac{Tc-To}{To-Tb}} & Tb \leqslant T \leqslant To \\ \left(\dfrac{T-Tb}{To-Tb}\right)\left(\dfrac{Tc-T}{To-Tc}\right)^{\frac{Tc-To}{To-Tb}} & T0 < T \leqslant Tc \end{cases} \tag{5}$$

式中,Tb 为棉铃发育的下限温度(℃);Tc 为上限温度(℃);To 为最适温度(℃)。根据 Chen 等[5]的研究,Tb、Tc 和 To 分别取值15℃、35℃和30℃。考虑到昼夜温差对棉铃发育的影响,为简化模型算法,本研究采用积分步长为1 d,并假设1 d 中的相对热效应是由50%的平均温度(T_{avg},℃)、25%的最高温度(T_{max},℃)和25%的最低温度(T_{min},℃)的热效应组成的综合效应[5]。则每日相对热效应(RTE)可以表示为:

$$RTE_i = 0.5\,RTE(T_{avg}) + 0.25\,RTE(T_{max}) + 0.25\,RTE(T_{min}) \tag{6}$$

太阳辐射效应(SRR)取决于日太阳总辐射量(SR,MJ·m^{-2}·d^{-1}),氮素效应由棉铃对位叶实际氮浓度 LNC(%)与临界氮浓度 $LNCC$(%)的关系计算。通过分析棉铃发育速率对 SR 和 LNC 的响应,分别构建其效应函数:

$$SRR_i = a\,\frac{SR_i}{30\text{MJ} \cdot \text{m}^{-2}} \tag{7}$$

$$FNdv_i = 1 - b\,\frac{LNC_i - LNCC_i}{LNCC_i} \tag{8}$$

式中,a 和 b 为模型参数,分别代表棉铃发育的光补偿效应系数和氮素效应系数,参数 a、b 分别取值0.4、0.3。LNC 和 $LNCC$ 随棉铃发育的变化通过本研究建立的半经验模型进行模拟(见2.2节)。综合式(1)~式(8)式实现对棉铃和棉籽发育进程的逐日模拟,生理发育时间达到35 d 时,棉铃和棉籽发育成熟。

2.2 棉铃对位叶氮浓度(LNC)和临界氮浓度($LNCC$)的模拟模型

氮素是影响作物生长发育最重要的营养元素,本研究依据棉铃对位叶氮浓度计算棉籽生长发育的氮素效应。图1描述了棉铃对位叶氮浓度(LNC)随棉铃发育进程的变化,棉铃发育初期 LNC 较高,随棉铃发育持续下降。LNC 的变化动态可用负指数函数模拟:

$$LNC = F(BP)F(SN)(N_{max} - N_{min})\exp(-0.015PDT) + N_{min} \tag{9}$$

式中,$F(BP)$ 和 $F(SN)$ 分别表示果枝部位和土壤供氮量对棉铃对位叶氮浓度的影响;模型系数 -0.015 通过指数方程曲线拟合获得;N_{max}、N_{min} 分别为叶片最高、最低氮浓度,分别取值4.85%、2.10%[6]。

由图1可知,在棉铃发育初期,不同开花期 LNC 的差异较小,随棉铃发育进程的推进,

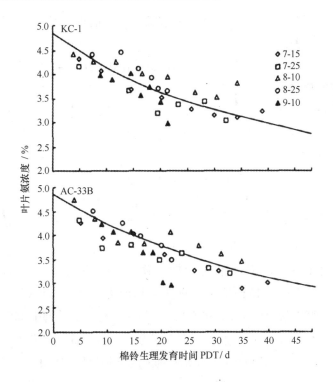

图 1 不同开花期棉铃对位叶 N 浓度(LNC)与棉铃生理
发育时间(PDT)的关系

其差异逐渐增大。8 月 15 日开花结铃的 LNC 明显高于其他开花期,该时期开花棉铃主要集中在中部果枝,说明不同果枝部位棉铃的 LNC 存在差异,在棉铃 PDT 为 20～25 d 时差异达到最大。通过棉铃生长过程中叶片氮浓度变化动态的分析及不同果枝部位的比较,其果枝部位效应 $F(BP)$ 可以用积温(GDD)和棉铃发育进程(PDT)的统计模型表示:

$$F(BP) = \begin{cases} 1 - 0.3\left[1 - \left(\dfrac{24 - PDT}{24}\right)^2\right] & GDD < 380 \\[2mm] 1 - 0.3\left(1 - \dfrac{GDD - 380}{220}\right)\left[1 - \left(\dfrac{24 - PDT}{24}\right)^2\right] & 380 \leqslant GDD < 600 \\[2mm] 1 - 0.5\dfrac{GDD - 600}{600}\left[1 - \left(\dfrac{24 - PDT}{24}\right)^2\right] & GDD > 1200 \end{cases} \quad (10)$$

式中,GDD 为初花期至棉铃开花时的 12℃ 有效积温。棉铃对位叶氮浓度受土壤供氮量的影响,根据 2005 年南京和徐州试验点的试验数据,土壤供氮效应由下式计算:

$$F(SN) = 1 - \exp\left[-0.015(N_{soil} + NAP \times NR)\right] \quad (11)$$

式中,N_{soil} 为未施肥土壤供氮量(kg·hm^{-2});NAP 为施氮量(kg·hm^{-2});NR 为施氮利用率。本研究中棉籽生长和发育的氮素效应根据棉铃对位叶实际氮浓度与临界氮浓度的关系分

别计算,其中临界氮浓度($LNCC$)定义为最适宜棉籽生长的棉铃对位叶氮浓度,根据田间试验资料确定其模拟方程如下:

$$LNCC = (N_{max} - N_{min})\exp(-0.02PDT) + N_{min} \tag{12}$$

2.3 棉籽干物质积累模型

本研究假设棉籽干物质积累主要受库限制,依据品种特性和棉籽的 Logistic 生长规律建立潜在的干物质积累模型[式(13)~式(14)],进而结合棉籽生长的主要效应因子模拟实际干物质积累[式(15)]。

$$GRP_i = RGR_i \cdot DW_{i-1} \tag{13}$$

$$RGR_i = r\left(1 - \frac{DW_i}{DW_{max}}\right) \tag{14}$$

$$GR_i = GRP_i \cdot TSE \cdot FNgr_i \tag{15}$$

式中,RGR 为相对生长速率;GRP 为棉籽干物质潜在积累速率($g \cdot d^{-1}$);GR 为棉籽干物质实际积累速率($g \cdot d^{-1}$);r 为品种棉籽干物质累积能力;DW_{max} 为棉籽最大干物质量(g);$FNgr$ 为棉籽生长的氮素效应因子。r 和 DW_{max} 为品种遗传参数,应用 2005 年南京点试验数据进行模型调试,参数 r 对科棉 1 号、美棉 33B 分别取值 0.155、0.170,参数 DW_{max} 分别取值 0.12 g、0.13 g。$FNgr$ 根据棉铃对位叶的实际氮浓度与临界氮浓度的关系计算:

$$FNgr_i = \begin{cases} \left(\dfrac{LNC_i}{LNCC_i}\right)^{0.5} & LNC_i \geqslant CLNC_i \\ 1 & LNC_i > CLNC_i \end{cases} \tag{16}$$

棉籽干物质的逐日累积得到棉籽干物质量(DW),进而得到棉籽的籽指(CSI),CSI 是衡量棉籽品质的重要指标。DW 和 CSI 的计算公式如下:

$$DW_i = DW_0 + \sum_{i=1}^{n} GR_i \tag{17}$$

$$CSI_i = 100 \times DW_i \tag{18}$$

式中,DW_0 为棉籽初始干物质量(g),是品种遗传参数。利用本试验数据进行模型调试,显示两供试品种的 DW_0 差异较小,选择 $RMSE$ 最小时的 DW_0 参数值(0.005 g)。当棉铃生理发育时间达到 35 d 时棉籽成熟,干物质停止积累。

根据模型模拟与实测对比(图2)可见,不同开花期的棉铃铃期实测值与模拟值差异较大。模型的预测结果较为准确,灵敏度高,具有较好的预测性。

3 意义

基于不同熟性棉花品种的异地分期播种试验,综合量化品种特性、主要气象条件(温度、太阳辐射)和栽培措施(施氮量)对棉花铃期与棉籽干物质积累的影响,基于生理发育时

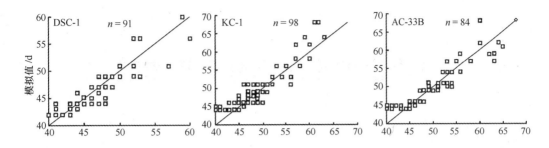

图2 棉花铃期模拟值与实测值的比较

间,建立棉花铃期模拟模型,并基于棉籽生长的库限制假设,建立棉籽干物质积累模拟模型[1]。通过量化棉铃对位叶氮浓度的变化,为模型构建氮素效应函数。利用不同生态点的品种、播期和施氮量田间试验资料对模型进行检验,该模型预测精度较高,可以为棉花生产辅助调控提供技术支撑。

参考文献

[1] Ahmad S, AnwarF, HussainAI, et al. Dose soil salinity affect yield and composition of cottonseed oi? lJournal of the American Oil Chemists Society, 2007,84:845 – 851.

[2] 李文峰,孟亚利,赵新华,等. 棉花铃期与棉籽干物质积累模拟模型. 应用生态学报,2009,20(4): 879 – 886.

[3] Zhang LZ, Cao WX, Zhang SP,et al. Simulation model for cotton development stage based on physiological development time. Cotton Science, 2003,15(2): 97 – 103.

[4] Wang JC, Ma FY, Feng SL,et al. Simulation model for the development stages of processing tomato based on physiological development time. Chinese Journal of Applied Ecology, 2008,19(7): 1544 – 1550.

[5] Chen BL, Cao WX, Zhou ZG. Simulation and validation of drymatter accumulation and distribution of cotton boll at different flowering stages. Scientia Agricultura Sinica, 2006,39(3): 487 – 493.

[6] Pan XB, Han XL, Shi YC. A cotton growth and development simulation model for culture management— COTGROW. Scientia Agricultura Sinica, 1996,29(1): 94 – 96.

冬小麦的土壤水分利用模型

1 背景

黄土高原旱作塬区土地总面积约 5.3×10^4 km^2，农耕地面积约 1.68×10^6 hm^2，是黄土高原重要的产粮区之一，也是我国以生产小麦为主的古老旱作农区[1]。该区地下水位深度大于 10 m，不能补给土壤水分。该区在干旱季节降雨量少，土壤水分缺乏，水分是限制作物生长发育的最主要因素，若不能解决水分胁迫问题，则养分不能发挥其应有的作用[2]。王晓峰等[3]以陕西长武县王东沟试验区冬小麦为例，研究了 7 种覆盖栽培措施对黄土高原旱作塬区冬小麦农田土壤水分变化特征的影响，同时分析了不同措施下冬小麦的水分利用效率，旨在为黄土高原地区农业增产提供科学依据。

2 公式

水分利用效率及降雨利用效率的计算采用农田水分平衡方程：

$$\Delta W = P - R - F - ET + I \tag{1}$$

式中，ΔW 为作物生育期内土壤贮水量变化量，即土壤贮水消耗量；P 为该时段降水量（mm）；R 为地表径流量（mm）；F 为补给地下水量（mm）；ET 为作物生育期耗水量（mm），包括植株蒸腾量和植株间地表蒸发量；I 为灌溉用水量（mm）。

由于试验地地势平坦，可视地表径流为零；地下水埋深 60 m，可视地下水补给量为零；降水入渗深度不超过 4 m，可视深层渗漏为零；试验地为天然降水雨养农业区，不具备灌溉条件，灌溉用水量为零，R、F、I 均可忽略不计。则公式可改写为：

$$ET = P - \Delta W \tag{2}$$

水分利用效率的计算公式为：

$$WUE_Y = Y/ET \tag{3}$$

式中，WUE_Y 为产量水平的水分利用效率（WUE）；Y 为经济产量；ET 为小麦生育期内农田耗水量。

降雨利用效率的计算公式为：

$$WUE_P = Y/P \tag{4}$$

式中，WUE_P 为降雨水平的水分利用效率（WUE）；Y 为经济产量；P 为小麦生育期内农田的

176

降雨量。

根据以上公式计算冬小麦生长期内不同处理的籽粒产量及降雨水分利用效率(表1)。可见,无论是水分利用效率还是降雨利用效率,与其他处理(不覆膜条件下)相比,覆草措施都无明显提高,相反还有所下降。

表1 冬小麦生长期内不同处理的籽粒产量及降雨水分利用效率

处理	产量(kg·hm^{-2})	0~1 m 土层贮水量				0~2 m 土层贮水量				
		播前	收获后	耗水量	WUE_y	播前	收获后	耗水量	WUE_y	WUE_p
CK	2 275b	151.4	145.1	242.5	9.4	244.4	279.2	201.4	11.3	9.6
N_1P_1	3 294ab	141.5	125.2	252.5	13	229	228.7	236.5	13.9	13.9
NP	3 280ab	140.9	125.8	251.3	13.1	228.1	224.1	225.5	14.5	13.9
NPM	2 797ab	136.5	119.2	253.5	11	135.8	238.6	240.2	11.6	11.8
NP + PF	3 888ab	162.5	133.1	265.6	14.6	258	241.4	252.9	15.4	16.5
NP + PF + S	4 480a	140.8	134.2	242.8	18.5	232.8	257.7	211.3	21.2	19
NP + S	3 138ab	142.2	127.4	251.2	12.5	230.6	241.3	233.4	13.4	13.3

3 意义

于 2007 年 9 月至 2008 年 7 月在位于黄土高原渭北旱塬的王东沟试验区进行冬小麦不同覆盖施肥措施田间试验,并采用水分中子仪定期观测土壤含水量,研究黄土高原旱塬区不同栽培措施下土壤水分的变化特征[3]。冬小麦的土壤水分利用模型表明:在干旱季节(春季),推荐施肥 + 垄上覆膜 + 沟内覆草措施有利于贮存更多的土壤水分,其土壤储水量约比最低值(推荐施肥 + 有机肥)高 48.2 mm,并可将土壤水分保持到冬小麦需水的关键期,而且推荐施肥 + 垄上覆膜措施仅次于推荐施肥 + 垄上覆膜 + 沟内覆草,表明这两种措施能够在田间蓄积较多天然降水,有利于黄土高原旱区雨养农业的发展。

参考文献

[1] Huang MB, Li YS. On potential yield increase of dryland winter wheat on the loess tableland. Journal of Natural Resources, 2000,15(2): 143 - 148.

[2] Ju XT, Zhang FS. Thinking about nitrogen recovery rate. Ecology and Environment Sciences, 2003,12(2): 192 - 197.

[3] 王晓峰,田霄鸿,陈自惠,等. 不同覆盖施肥措施对黄土旱塬冬小麦土壤水分的影响. 应用生态学报,2009,20(5):1105 - 1111.

土地利用的时空变化模型

1 背景

土地利用/覆盖变化(LUCC)研究是当前全球环境变化研究领域的核心内容之一[1]。土地利用的时空变化分析是 LUCC 研究的基础,只有充分了解土地利用的动态特征,才能进一步开展驱动力与机制研究,并对土地利用变化所引起的生态环境效应进行正确评价以及预测土地利用变化的发展趋势[2]。闫淑君和洪伟[3]在 RS 与 GIS 的支持下,选用能充分描述土地利用动态特征的指数分析了琅岐岛土地利用动态特征,旨在为该区土地利用动态预测系统的建立奠定基础,并为优化区域土地利用结构、改善生态环境和土地资源的永续利用提供依据。

2 公式

2.1 单一土地利用动态度

单一土地利用动态度(K)指研究时段内某种土地利用类型的变化情况[4],其计算公式如下:

$$K = \frac{U_b - U_a}{U_a} \times \frac{1}{T} \times 100\% \tag{1}$$

式中,U_a、U_b 分别为研究初期和末期某一土地类型的面积(hm^2);T 为研究时段的长度(a)。根据公式计算闽江口琅岐岛各土地利用类型的单一土地利用动态度(表1)。

表1 闽江口琅岐岛各土地利用类型的单一土地利用动态度

研究时段	耕地	林地	园地	水域	建设用地	未利用土地
1989—1997 年	−1.00	9.07	−7.57	3.58	1.43	3.31
1997—2005 年	−2.39	1.71	−12.50	9.42	2.75	−9.23

2.2 综合土地利用动态度

综合土地利用动态度(R^2)可描述区域土地利用变化速度[5],其公式如下:

$$R_i = \frac{\sum\limits_{i=1}^{n} |U_{bi} - U_{ai}|}{2\sum\limits_{i=1}^{n} U_{ai}} \times \frac{1}{T} \times 100\% \qquad (2)$$

式中,U_{ai}、U_{bi}分别为研究期初和期末第i类土地利用类型的面积(hm^2)。

2.3 土地利用变化的空间趋向性

土地利用变化类型的丰富度指某种土地利用类型在区域内的斑块数,可定量表示土地利用类型在区域内的分布状况[6]。其计算公式为:

$$D = N_i/N \times 100\% \qquad (3)$$

式中,D为某种土地利用类型的丰富度;N_i为第i种土地利用类型的斑块数;N为该区全部土地利用类型的斑块数。

重要值可定量表示土地利用类型对区域的重要程度,是确定土地利用变化方向的重要依据[6]。其计算公式为:

$$IV = B + D \qquad (4)$$

根据公式计算闽江口琅岐岛各土地利用类型的重要值(表2),表明研究区土地利用类型趋于多样化。

表2　闽江口琅岐岛各土地利用类型的重要值

土地利用类型	1989 年		1997 年		2005 年	
	重要值	排序	重要值	排序	重要值	排序
耕地	9.595 3	1	0.566 6	2	0.532 5	2
林地	0.216 4	5	0.292 4	3	0.329 4	3
园地	0.302 3	3	0.142 9	5	0.000 0	6
水域	0.442 1	2	0.587 3	1	0.744 4	1
建设用地	0.274 1	4	0.268 1	4	0.326 0	4
未利用土地	0.169 9	6	0.142 7	6	0.067 7	5

2.4 土地利用程度综合指数

根据土地利用程度的综合分析方法,将土地利用自然综合体在社会因素影响下的自然平衡状态分为若干等级,并赋予分级指数,未利用土地、林地、耕地(园地)和建设用地的分级指数分别为1、2、3、4[7]。土地利用程度综合指数(L_a)的计算公式为:

$$L_a = 100\sum_{i=1}^{n} (A_i \times C_i) \qquad (5)$$

式中,A_i为第i级土地利用类型的分级指数;C_i为第i级土地利用类型的面积百分比。

土地利用程度变化模型为:

$$\Delta L = L_b - L_a \tag{6}$$

式中,ΔL 为土地利用变化程度;L_b 和 L_a 分别为 b 时间和 a 时间区域土地利用程度综合指数。如果 $\Delta L > 0$,说明研究区土地利用处于发展时期,否则处于调整期或衰退期[7]。

3 意义

闫淑君和洪伟[3]基于 RS 和 GIS 技术,采用与土地利用动态度相关的一系列时空特征指数,研究了 1989 年、1996 年和 2005 年闽江口琅岐岛土地利用的时空动态特征。结果表明:1989—2005 年间,闽江口琅岐岛各土地利用类型均有所变化,但始终以农业景观为主;期间,该区域的单一土地利用动态度最大(7.85%);琅岐岛综合土地利用年变率为 1.90%,土地垦殖率呈快速下降趋势,林地覆盖率和建设用地利用率呈增加趋势;研究区土地利用程度综合指数呈下降趋势,表明该区土地利用类型趋于多样化。

参考文献

[1] Turner BL Ⅱ, Skole D, Sanderson S. Land use and land cover change: Science/research planning. IGBP Report No. 35, Stockholm, 1995: 30 – 56.

[2] Chen GS, Tian HQ. Land use/cover change effects on carbon cycling in terrestrial ecosystems. Chinese Journal of Plant Ecology, 2007,31(2): 189 – 204.

[3] 闫淑君,洪伟. 闽江口琅岐岛土地利用的时空动态. 应用生态学报,2009,20(5):1243 – 1247.

[4] Chen WB, Cui LJ, Zhao XF. Temporal – spatial characteristics of land use in Xinjian County, Jiangxi Province. Chinese Journal of Applied Ecology, 2006,17(5): 873 – 877.

[5] Meng JJ, Li ZG, Wu XQ. Land use changes of Hexi Corridor between 1995 and 2000. Journal of Natural Resources, 2003,18(6): 645 – 651.

[6] Zhu HY, Li XB, He SJ, et al. Spatio – temporal change of land use in Bohai Rim. Acta Geographica Sinica, 2001,56(3): 253 – 260.

[7] Liu JY, Buheaosier. Study on spatial – temporal feature of modern land – use change in China: Using remote sensing techniques. Quaternary Sciences, 2000,20(3): 229 – 239.

森林火灾的碳释放量公式

1 背景

森林生态系统是陆地生态系统的主要组成部分,也是全球碳平衡中最重要的组成部分,扮演着汇、库和源的角色[1]。森林火灾不仅改变着森林生态系统的格局与过程,影响森林生态系统的碳循环,其释放的温室气体对全球气候变化同样具有深远的影响。杨国福等[2]以浙江省1991—2006年森林火灾数据为基础,应用排放因子法和排放比法估算浙江省不同林型森林火灾释放的碳总量及含碳温室气体量,进一步量化分析森林火灾对温室气体排放的贡献,为正确评价我国亚热带地区森林生态系统的重要作用,减少全球气候变化研究中温室气体排放测算的不确定性提供科学依据。

2 公式

首先由火灾面积估算出生态系统燃烧损失的生物量,然后计算出碳的损失量,再由不同含碳气体的排放因子来估测森林火灾所排放的气体量。参照 Seiler 和 Crutzen[3] 提出的森林火灾消耗生物量(M,t)公式来估算:

$$M = A \times B \times a \times b \tag{1}$$

式中,A 为燃烧的森林面积(hm^2);B 为平均生物量($t \cdot hm^{-2}$);a 为地上部分生物量占总生物量的比例;b 为生物量的燃烧效率。

森林燃烧效率是在火灾中燃烧的生物量占总的地表生物量的比重[4],是估计碳释放量的关键参数。由于不同的森林类型、群落结构以及发生火灾时不同的气象条件和季节都会造成森林燃烧效率的差异,因而不同的研究者对该参数的确定也有较大的争议。Kasischke[5]研究认为,热带森林的燃烧效率在 0.2 ~ 0.25;Hao 和 Liu[6] 研究认为,次生林的燃烧效率为 0.4 ~ 0.5。浙江省属于典型的亚热带气候,森林类型多为次生林,因此本研究采用的燃烧效率为 0.35。

根据普遍采用的树木组织含碳量数值(C_C)45%[7],假设所有被烧掉的生物物质中的碳都变成了气体,所以碳的总损失量(M_C, t)为:

$$M_C = C_C \times M \tag{2}$$

为了计算不同含碳气体在森林火灾中的排放量,引入排放因子(EF)概念。排放因子是森林火灾中释放的某种含碳气体量(m_C)和森林火灾中损失的总碳量的比值[8]。

$$EF = m_C \times M_C \tag{3}$$

因此,得出森林火灾中某种含碳气体排放量(如 CO_2)的计算公式为:

$$M_{CO_2} = EF \times M_C \tag{4}$$

根据以往学者的研究,森林火灾中 CO_2 的排放因子约为 90%[9]。因此,森林火灾直接释放的 CO_2 量为:

$$M_{CO_2} = 0.9 M_C \times (44/12) \tag{5}$$

森林火灾中主要排放的含碳温室气体除 CO_2 外,还有 CO、CH_4 和非甲烷烃(non - methane hydro - carbon, NMHC)等,利用排放比法,由森林火灾释放的 CO_2 与含碳温室气体的释放量比值,计算出其他气体的排放量。CO_2 和 CO 的排放比值为 86.7/5.2、CO_2 和 CH_4 的排放比值为 86.7/2.1、CO_2 和 CMHC 的排放比值为 86.7/1.0[10]。

根据公式(5)计算浙江省森林火灾直接释放含碳温室气体量(表1)。可见,CO、CH_4 和 NMHC 所占的比例较小,但其对环境的影响也不能忽视。

表1 1991—2006 年浙江省森林火灾直接释放含碳温室气体量

年份	二氧化碳/t	一氧化碳/t	甲烷/t	非甲烷烃/t
1991	18 564.3	1 113.4	449.7	214.1
1992	84 081.9	5 043.0	2 036.6	969.8
1993	88 617.6	5 315.0	2 146.4	1 022.1
1994	45 796.1	2 746.7	1 109.2	528.2
1995	95 808.0	5 746.3	2 320.6	1 105.1
1996	124 860.0	7 488.7	3 024.3	1 440.1
1997	35 245.3	2 113.9	853.7	406.5
1998	48 804.7	2 927.2	1 182.1	562.9
1999	87 705.7	5 260.3	2 124.4	1 011.6
2000	238 039.1	14 276.9	5 765.7	2 745.5
2001	51 330.0	3 078.6	1 243.3	592.0
2002	100 583.5	6 032.7	2 436.3	1 160.1
2003	256 282.3	15 371.0	6 207.5	2 956.0
2004	425 959.5	25 547.7	10 317.4	4 913.0
2005	267 494.4	16 043.5	6 479.1	3 085.3
2006	77 707.4	4 660.7	1 882.2	896.3
平均	127 930.0	7 672.8	3 098.7	1 475.5

3 意义

根据 1991—2006 年浙江省森林火灾统计资料和浙江省各种森林类型地上生物量数据，采用排放因子法和排放比法，分析浙江省年均森林火灾温室气体排放量[2]。森林火灾的碳释放量公式表明：浙江省森林火灾平均每年释放二氧化碳（CO_2）、一氧化碳（CO）、甲烷（CH_4）和非甲烷烃（NMHC）分别为 127 930 t、7 672.8 t、3 098.7 t 和 1 475.5 t；年均消耗生物量和碳损失量分别为 86 148.1 和 38 766.7 t，对区域碳平衡有一定影响。为正确评价我国亚热带地区森林生态系统的重要作用，减少全球气候变化研究中温室气体排放测算的不确定性提供科学依据。

参考文献

[1] Dixon RK, Solomon AM, Brown S, et al. Carbon pools and flux of global forest ecosystems. Science, 1994, 263：185 – 190.

[2] 杨国福,江洪,余树全,等. 浙江省 1991—2006 森林火灾直接碳释放量的估算. 应用生态学报, 2009,20(5):1038 – 1043.

[3] Seiler W, Crutzen PJ. Estimates of gross and net fluxes of carbon between the biosphere and the atmosphere from biomass burning. Climatic Change, 1980,2: 207 – 247.

[4] Wong CS. Carbon input to the atmosphere from forest fires. Science, 1979,204: 210 – 210.

[5] Kasischke ES. Processes influencing carbon cycling in the North American boreal forest// Kasischke ES, Stocks BJ, eds. Fire, Climate Change and Carbon Cycling in North American Boreal Forests, Ecological Studies Series. New York: Springer, 2000: 103 – 481.

[6] Hao WM, Liu MH. Spatial and temporal distribution of tropical biomass burning. Global Biogeo chemical Cycles,1994,8: 496 – 503.

[7] Levine JS, Cofer WR, Cahoon DR, et al. Biomass burning: A driver for global change. Environmental Science and Technology, 1995,29: 120 – 125.

[8] Wang XK, Zhuang YH, Feng ZW. Estimation of carbon – containing gases released from forest fire. Advances in Environmental Science, 1998,6(4): 1 – 15

[9] Crutzen PJ, Andreae MO. Biomass burning in the tropics: Impact on atmospheric chemistry and biogeochemical cycles. Science, 1990,250: 1669 – 1678.

[10] Laursen KK, Hobbs PV, Radke LF, et al. Some trace gas emissions from North American biomass fires with an assessment of regional and global fluxes from biomass burning. Journal of Geophysical Research, 1992,97:20687 – 20701.

稻田施氮的迁移模型

1 背景

由于氮肥施用量的不断增加和施用方式的不合理,已造成浙江省某些地区地表水的富营养化及地下水中硝酸盐含量超过饮用水标准[1],直接威胁着人们的健康。因此,对稻田渗漏淋失到地下水中的氮素进行量化研究和模拟分析,对于制订合理的水肥管理方法和环境保护措施具有重要的现实意义。李金文等[2]通过不同施氮水平在分次施肥情况下的田间试验,建立了氮素在土壤-水分-作物之间的吸收、迁移、转化、渗漏的一级反应模型,并利用模型进行氮肥施用后田间渗漏水氮素的模拟,得出不同施氮水平、分次施用情况下渗漏水的氮素动态,并用另一处大田试验数据验证了模型的有效性,从而通过建立可以广泛应用的氮素在土壤-水分-作物之间迁移转化的系统动力学模型,为水稻氮肥的施用管理提供技术依据。

2 公式

根据氮素吸收、转化、流失途径构建模型结构[3],氮素迁移转化主要发生在土壤表层和土壤根际的还原层。在土壤表层,尿素水解,模型分两个阶段,第一步先转化成铵态氮,再由铵态氮转化成硝态氮。铵态氮在转化成硝态氮的同时,还发生两步转化,即转化成氨氮进入大气中以及随田面水渗漏进入根际。因试验小区的田埂较高,田面水不会产生径流,所以田面水中的氮素不会通过径流产生损失。

根际发生的转化主要有:土壤中有机氮矿化成铵态氮以及铵态氮又被固定成有机氮。铵态氮发生的转化还包括随深层渗漏水进入地下水以及被植物吸收。硝态氮在根际发生的转化有:发生反硝化转化成氮气等气体,被植物吸收以及随深层渗漏水进入地下水层。

模型的输入为尿素及土壤中的有机氮。输出为氨氮、N_2 及 N_2O、植物吸收、固定氮、进入地下水层的氨氮和进入地下水层的 NO_3。

2.1 氮素转化过程及流失模型模块间的关系

由于是淹水稻田,所以假设所有的反应都发生在水媒介中,这样就可以假设它们都是一级反应[4]。值得注意的是,这些反应大部分可能同时发生,反应系数由氧水平、土壤含水量、温度和其他变量决定。因此,反应系数不可能是常数,而是由上述变量所控制的。各变量之间的公式描述如下。

(1)尿素水解。当尿素施入淹水稻田中时,水解成 NH_4^+ 及 HCO_3^-。这个过程可描述成一级反应方程[4]:

$$NH_4^+ - N = urea[1 - \exp(-K_h t)] \tag{1}$$

式中,$urea$ 是施肥量($kg \cdot hm^{-2}$);$NH_4^+ - N$ 是由尿素水解产生的铵态氮量;K_h 是尿素水解的系数,是一个常数(d^{-1});t 是尿素施用后的时间(d)。

(2)氨挥发。在铵态氮转化成氨气的过程中,部分铵态氮转化成气态的氨气,部分氨气又溶解于水与铵根离子形成平衡。这个从水体转化成为气体的过程也可被假设为一级反应[4]:

$$NH_3 = NH_4^+ - N[1 - \exp(-K_v t)] \tag{2}$$

式中,NH_3 是由铵态氮转化而来的氨($kg \cdot hm^{-2}$);K_v 是挥发系数(d^{-1})。

(3)硝化。硝化是一个需氧过程,假设硝化发生在田面水层,硝酸根离子是由铵根离子氧化而来。田面水层的硝化过程也可被假设为一级反应[4]:

$$NO_3^- - N = NH_4^+ - N[1 - \exp(-K_n t)] \tag{3}$$

式中,$NO_3^- - N$ 是由铵态氮转化而来的硝态氮($kg \cdot hm^{-2}$);K_n 是硝化系数(d^{-1})。

(4)矿化与固定。矿化及固定是两个氮迁移转化过程,通常在根际层发生。矿化指土壤中可以转化的有机氮转化成铵根离子,固定指铵根离子被土壤吸附,从而被细菌等微生物吸收转化成为有机氮的过程。两个过程均可用一级反应表示[5]:

$$MNH_4^+ - N = organic\ N[1 - \exp(-K_m \times t)] \tag{4}$$

$$Organic\ N_{soil} = NH_4^+ - N[1 - \exp(K_i \times t)] \tag{5}$$

式中,$MNH_4^+ - N$ 是由有机物转化而来的铵态氮($kg \cdot hm^{-2}$);$organic\ N$ 是土壤中可利用的有机氮;K_m 是矿化系数,是一个常数(d^{-1});$Organic\ N_{soil}$ 是由铵态氮固定产生的有机氮($kg \cdot hm^{-2}$);$NH_4^+ - N$ 是由有机质矿化及田面铵态氮随渗漏水进入根际的铵态氮之和($kg \cdot hm^{-2}$);K_i 是固定系数(d^{-1})。

(5)反硝化。在根际还原层中,硝态氮可能被还原成 NO、N_2O 等。该还原过程可被描述成一级反应[6]:

$$N_2O + N_2 = NO_3^- - N[1 - \exp(-K_d \times t)] \tag{6}$$

式中,$N_2O + N_2$ 是由硝态氮转化而来的还原态氮($kg \cdot hm^{-2}$);$NO_3^- - N$ 是由田面硝态氮随着土壤水进入根际的硝态氮($kg \cdot hm^{-2}$);K_d 是反硝化系数(d^{-1})。

(6)植株吸收。在这个模型中,铵态氮及硝态氮假设是由植株吸收水分而伴随水分进入植株体内的。所以植株氮吸收可按以下方程计算[4]:

$$uptake = ET \times NH_4^+ - N$$

$$uptake2 = ET2 \times NO_3^- - N \tag{7}$$

式中,*uptake* 是被植株吸收的铵态氮量(kg·hm^{-2});*uptake*2 是被植株吸收的硝态氮量(kg·hm^{-2});$NO_3^- - N$ 是根际植物可吸收利用的硝态氮(kg·hm^{-2});ET 和 $ET2$ 是蒸发系数(mm)。

(7)渗漏。控制渗漏的氮素由土壤中铵态氮及硝态氮的含量和从根际层渗漏进入地下水中的水体积两个因素决定。所以,氮素渗漏量可用下列公式计算[4]:

$$NH_4^+ - N_水 = DP \times NH_4^+ - N$$
$$NO_3^- - N_水 = DP \times NO_3^- - N \tag{8}$$

式中,$NH_4^+ - N_水$、$NO_3^- - N_水$ 分别是深层渗漏水中的铵态氮量和硝态氮量;DP 是渗漏系数(mm)。

2.2 模型的校准与验证

(1)模型校准。模型校准指调整模型参数使模型预测值与测定值间的差值最小。表1是总结以往研究结论给出的模型中各参数的范围。

表1 稻田氮循环模块参数选择范围

过程	公式	氮循环各模块参数范围/(d^{-1})	影响因素
尿素水解	$NH_4^+ - N = urea[1 - \exp(-K_h t)]$	0.4 ~ 0.8	尿素浓度,土壤pH值,土壤温度,土壤质地
挥发	$NH_3 = NH_4^+ - N[1 - \exp(-K_v t)]$	0.02 ~ 0.07	土壤pH值,土壤田面水状况,NH_4^+浓度
硝化	$NO_3^- - N = NH_4^+ - N[1 - \exp(-K_n t)]$	0.02 ~ 0.08	土壤pH值,NH_4^+浓度
矿化	$MNH_4^+ - N = organic\ N[1 - \exp(-K_m t)]$	0.001 ~ 0.04	温度,土壤温度,C/N,土壤pH值
固定	$Organic\ N_{soil} = NH_4^+ - N[1 - \exp(-K_i t)]$	0.08 ~ 0.15	温度,土壤氧含量,C/N
反硝化	$N_2O + N_2 = NO_3^- - N[1 - \exp(-K_d \times t)]$	0.1 ~ 0.18	土壤pH值,温度,硝化速度

2003年大田试验不同施氮水平下渗漏水中铵态氮和硝态氮模型校准结果如表2所示,模型校准后的参数见表3。从模型校准后模拟值与实测值的比较可以看出,模型数据与实测数据拟合较好,可以利用校准后的参数进行数据验证。

表2 2003年大田试验第1次施肥后渗漏水中的铵态氮和硝态氮浓度　　单位:kg·hm^{-2}

氮素形态	项目	N$_1$	N$_2$	N$_3$	N$_4$	N$_5$
$NH_4^+ - N$	实测值	0.045	0.093	0.132	0.234	0.251
	模拟值	0.047	0.092	0.138	0.183	0.246
$NO_3^- - N$	实测值	0.125	0.261	0.355	0.479	0.695
	模拟值	0.127	0.255	0.383	0.493	0.659

表3　氮循环模型校准参数

	尿素水解	挥发	硝化	矿化	固定	反硝化
氮循环各模块参数范围	0.030	0.500	0.025	0.010	0.050	0.250

（2）模型验证。从图1的模拟结果可以看出,施用不同水平的氮肥后,直管和弯管渗漏计中渗漏水的铵态氮和硝态氮模拟值与实测值的符合程度较好,无论是铵态氮还是硝态氮,其在直管渗漏计中的模拟值与实测值的差值较小。第1次施氮后的模拟值和实测值的独立样本 t 检验结果见表4。

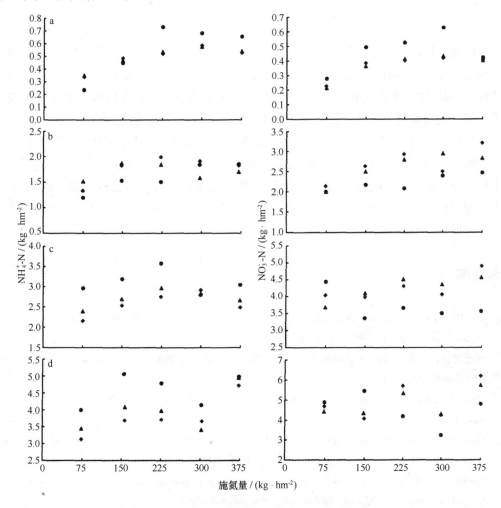

图1　稻田水中铵态氮和硝态氮的模拟值和实测值

a:第1次施肥；b:第2次施肥；c:第3次施肥；d:第4次施肥

◆直管渗漏计中渗漏水的铵态氮或硝态氮浓度；●弯管渗漏计中渗漏水的铵态氮或硝态氮浓度；▲模型模拟的铵态氮或硝态氮浓度

表4 模拟值与实测值的独立样本 t 检验结果

	渗漏计类型	df	t	P
第一次施氮后	直管渗漏计	18	-0.10	0.992
	变管渗漏计	18	1.425	0.171
施氮完成后	直管渗漏计	78	-0.32	0.975
	变管渗漏计	78	-0.33	0.974

3 意义

借助自行设计的直管型和弯管型渗漏计,研究水稻生长期间不同施氮水平下稻田犁底层渗漏水中铵态氮和硝态氮的动态变化,以探寻氮素的渗漏损失规律;利用系统动力学模拟软件 Vensim 构建氮素转化、循环模型,模拟了氮素在水稻、土壤和水中的迁移转化过程[2]。建立的氮素模型虽然只是一个简单的稻田氮素循环模型,但它包含了几乎所有的氮素迁移转化过程(尿素水解、氨挥发、硝化、反硝化、有机氮矿化、铵态氮固定、反硝化、植株吸收及渗漏)。从模型校准及拟合来看,模型模拟数据与试验数据拟合较好,可通过调整参数来模拟分析氮素在不同施氮水平下、分次使用过程中的转化流失迁移数量。因此,该模型可作为探讨稻田氮素流失的工具及评价稻田系统对环境污染状况的手段,可为提高稻田氮素管理提供可靠的参考。

参考文献

[1] Cao RL, Jia XK. The problems and control countermeasures of nitrogen pollution in agriculture in China. Soils and Fertilizers,2001,21(3): 3 - 6.

[2] 李金文,钟声,王米,等. 不同施氮水平下稻田铵态氮和硝态氮淋溶量的动态模拟. 应用生态学报, 2009,20(6):1369 - 1374.

[3] Ghosh BC, Bhat R. Environmental hazards of nitrogen loading in wetland rice fields. Environmental Pollution, 1998,102: 123 - 126.

[4] Chowdary VM, Rao NH, Sarma PBS. A coupled soil water and nitrogen balance model for flooded rice fields in India. Agriculture, Ecosystems& Environment, 2004,103: 425 - 441.

[5] Stockle CO, Martin SA, Campbell GS. Crop Syst, a cropping systems simulation mode:1 Water/nitrogen budgets and crop yield. Agricultural Systems, 1994,46:335 - 359.

[6] Hseu ZY, Huang CC. Nitrogen mineralization potentialsin three tropical soils treated with biosolids. Chemo - sphere, 2005,59: 447 - 454.

土壤有机质的空间变化模型

1 背景

土壤有机质是表征土壤肥力和土壤质量的一个重要指标,也是陆地生态系统中碳循环的重要源与汇[1]。欧阳资文等[2]以人为干扰为主,结合植被特征、土地利用方式和社会经济等指标,将喀斯特峰丛洼地划分为农业耕作强度干扰区、综合治理人工林较强干扰区、自然恢复次生林较弱干扰区和自然保护原生林弱度干扰区4类典型干扰类型,并选择相应的研究区域,用地统计学的空间特征和空间比较定量化方法,分析了喀斯特峰丛洼地区域土壤有机质的空间异质性和分布格局及其对干扰的响应,初步探讨了其生态学过程和机制,旨在为提高喀斯特峰丛洼地脆弱生态系统土壤肥力、促进该区域植被迅速恢复与生态重建提供理论依据。

2 公式

2.1 空间自相关分析

空间自相关分析是生态学上常用的空间分析方法,主要用于检验某一空间变量是否存在空间依赖关系[3]。常用的空间自相关系数有 Moran's I 系数和 Geary's C 系数,本文用 Moran's I 系数进行空间自相关分析,计算公式为:

$$I = \frac{n \sum\limits_{i=1}^{n} \sum\limits_{j=1}^{n} w_{ij}(x_i - \bar{x})(s_j - \bar{x})}{(\sum\limits_{i=1}^{n} \sum\limits_{j=1}^{n} w_{ij}) \sum\limits_{i=1}^{n} (x_i - \bar{x})^2} \tag{1}$$

式中,x_i 和 x_j 分别为变量 x 在相邻配对空间点 i 和 j 上的取值;w_{ij} 为相邻权重;n 为空间单元总数。I 取值在 $-1 \sim 1$,当 $I = 0$ 时代表空间不相关,取正值为正相关,取负值为负相关。

以喀斯特峰丛洼地土壤有机质为例计算空间自相关,结果如图1,可见该土壤有机质呈现一定的结构性,不同干扰区的空间结构差别较大,自相关函数随着滞后距离的增大,由正相关方向逐渐向负方向发展,正、负空间自相关的距离大致反映了两大斑块的平均半径。

2.2 半方差函数分析

半方差函数是应用最广泛的空间格局描述工具[4],其公式如下:

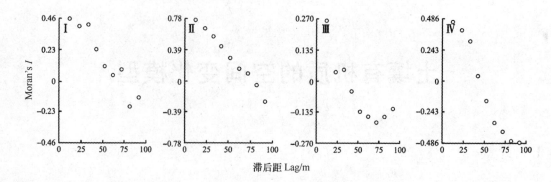

图1 不同干扰区土壤有机质的空间自相关

$$\gamma(h) = \frac{1}{2N(h)} \sum_{i=1}^{N(h)} \left[Z(x_i) - Z(x_i + h) \right]^2 \qquad (2)$$

式中，$\gamma(h)$ 为半方差函数值；$N(h)$ 是间距为向量 h 的点对总数；$Z(x_i)$ 为区域化变量 Z 在 x_i 处的实测值；$Z(x_i + h)$ 是与 x_i 距离为向量 h 处样点的值。一般认为半方差函数只在最大间隔的 1/2 之内才有意义，因此，本研究没有特殊说明半方差函数的有效滞后距都设为其最大采样间隔的 1/2。本研究对半方差函数的拟合采用指数模型(Exponential) 和高斯模型(Guassian) ，其公式如下。

$$指数模型：\gamma(h) = C_0 + C(1 - e^{-\frac{h}{a}}) \qquad (3)$$

$$高斯模型：\gamma(h) = C_0 + C(1 - e^{-\frac{h_2}{a_2}}) \qquad (4)$$

式中，C_0 为块金值(Nugget) ；$C_0 + C$ 为基台值(Sill) ；h 为滞后距离；a 为变程(Range) 。块金值表示随机变异的大小，主要源于最小取样间隔内自然过程造成的变异和实验误差；基台值通常表示系统内的总变异(包括结构性变异和随机性变异) 。块金值和基台值受自身因素和测量单位的影响较大，不能用于比较不同变量间的随机变异，但块金值与基台值之比则反映了块金方差占总空间异质性变异的大小，它反映了土壤属性的空间依赖性，一般认为小于 25% 时，空间变量为强烈的空间自相关，在 25% ~ 75% 时，为中等空间自相关，大于 75% 为弱空间自相关，变程表明属性因子空间自相关范围的大小，它与观测尺度以及在取样尺度上影响土壤有机质的各种生态过程及其相互作用有关[5]，在变程之内，变量具有空间自相关性，反之则不存在。分维数 D 用于表示变异函数的特性，由变异函数 $\gamma(h)$ 和间隔距 h 之间的关系确定，公式如下：

$$2\gamma(h) = h^{(4-2D)} \qquad (5)$$

分维数 D 为双对数直线回归方差中的斜率，是一个无量纲数值。D 值的大小表示变异函数曲线的曲率，可作为随机变异的量度[6]，D 值越小，格局变异的空间依赖性越强；反之，由随机因素引起的异质性占较大比例。

以喀斯特峰丛洼地土壤有机质为例计算半变异函数，结果如图2，可见 I 类和 II 类区土壤有机质的空间结构主要受人为干扰的影响,土壤侵蚀强烈,有机质流失严重,含量较低,但由于人类影响的均衡性,其空间连续性范围较大。

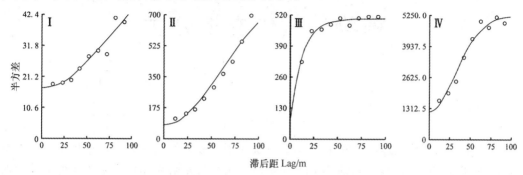

图2　不同干扰区土壤有机质的半变异函数图

3　意义

通过网格(10 m × 10 m)取样,运用地统计学方法研究了喀斯特峰丛洼地4类典型干扰区表层土壤(0~20 cm)有机质的空间变异、分布及其生态学过程和机制[2]。喀斯特峰丛洼地土壤有机质的空间变化及其对干扰的响应模型表明:随着干扰强度降低,植被由农作物(Ⅰ)—人工林(Ⅱ)—次生林(Ⅲ)—原生林(Ⅳ)顺向演替,土壤有机质逐步提高,且达到了显著水平($P < 0.05$)。4类干扰区均具有良好的空间自相关性,不同干扰区空间变异特征不同,除Ⅲ类干扰区土壤有机质半变异函数优化符合指数模型外,其他3类干扰区均符合高斯模型。其为提高喀斯特峰丛洼地脆弱生态系统土壤肥力、促进该区域植被迅速恢复与生态重建提供了理论依据。

参考文献

[1] Li KR. Responses of Carbon Cycle in Terrestrial Ecosystem to Land Use Change and Net Emission of Greenhouse Gas. Beijing: Meteorological Press, 2002.

[2] 欧阳资文,彭晚霞,宋同清,等. 喀斯特峰丛洼地土壤有机质的空间变化及其对干扰的响应. 应用生态学报,2009,20(6):1329 - 1336.

[3] Goovaerts P. Geostatistical tools for characterizing the spatial variability ofmicrobiological and physico - chemical soil properties. Biology and Fertility of Soils, 1998,27: 315 - 324.

[4] Li HB, Wang ZQ, Wang QC. Theory and methodology of spatial heterogeneity quantification. Chinese Journal of Applied Ecology, 1998,9(6): 651 - 657.

[5] Trangmar BB, Yost RS, Uehara G. Application of geostatistics to spatial studies of soil properties. Advances in Agronomy, 1985,38: 45 - 94.

[6] Wang ZQ. Geostatistics and Its Application in Ecology. Beijing: Science Press, 1999.

植物的气体交换公式

1 背景

　　植物生态系统可通过植物的光合作用、呼吸作用和残体的凋落分解等过程主导生态系统的碳循环,还可以由植物的蒸腾作用和冠层截流等过程影响水循环。箱式法采用不同类型的箱体将土壤、植被或植被的一部分密封,通过测定单位时间箱体内气体浓度的变化来计算研究对象的气体交换量。应用该方法建立的观测系统称为箱式气体交换观测系统(简称箱式系统)。由于箱式系统成本低廉、构建简单、技术难度不大,故便于操作实施。袁凤辉等[1]对箱式气体交换观测系统的分类和原理进行了详细综述,并回顾了其在植物生态系统气体交换中的应用,以期为植物生态系统气体交换的系统研究提供参考。

2 公式

2.1 闭路箱式气体交换测定系统

　　闭路箱式气体交换测定系统中,由气体交换箱和气体分析仪组成一个密闭整体(图1),气体浓度在一定时段内被连续测定,并随着测定对象气体交换(如蒸腾、光合或呼吸)的进程而变化。气体交换速率的计算公式如下:

$$F = \rho \times \frac{\Delta G}{\Delta t} \times \frac{V_{gas}}{A} \tag{1}$$

$$\rho = \frac{P}{R \times T_{chamber}} \tag{2}$$

$$V_{gas} = V_{chamber} - V \tag{3}$$

式中,F 为单位时间单位面积的气体交换速率($\mu mol \cdot m^{-2} \cdot s^{-1}$);$\rho$ 为箱内温度下的空气密度($mol \cdot m^{-3}$);$\Delta G / \Delta t$ 为观测时间(Δt,s)内箱内某气体(CO_2 或 H_2O)浓度(ΔG,$\mu mol \cdot mol^{-1}$)的变化速率($\mu mol \cdot mol^{-1} \cdot s^{-1}$);$V_{gas}$ 为气体有效交换体积(m^3);A 为测定对象的气体交换表面积(m^2);P 为箱内大气压(kPa);R 为理想气体常数,其值为 $8.314 \times 10^{-3} m^3 \cdot kPa \cdot mol^{-1} \cdot K^{-1}$;$T_{chamber}$ 为箱内气体温度(K);$V_{chamber}$ 为气体交换箱的体积(m^3);V 为测定对象在气体交换箱中所占体积(m^3),如果测定对象所占体积远小于气体交换箱体积,则 V 可忽略。

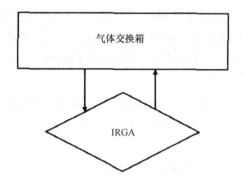

图1 闭路箱式气体交换测定系统原理图

闭路箱式系统主要用于快速测定研究对象的气体交换。土壤呼吸或植物叶片光合和蒸腾的持续进行会引起密闭箱体内 CO_2 和 H_2O 浓度的持续变化,所以该系统并不能提供真正稳定状态的测定结果。气孔对周围气体浓度的变化做出完全响应可能需要花费 1 h[2],因此,闭路箱式系统一般不适于测定对象对环境条件变化的响应试验。由于该系统假定植物是在一定的空气体积条件下进行气体交换,任何漏气情况都将削弱这种假设的成立,因此需对该系统进行严格密封。闭路箱式系统的最大优点是操作简单、花费较低,适于短期、瞬时的测定。

2.2 半闭路箱式气体交换测定系统

半闭路箱式气体交换测定系统能使气体交换箱内维持稳定的气体浓度,可对土壤或植物的气体交换进行观测。该系统添加了空气调节系统,主要包括 CO_2、H_2O 和温度的调节装置。通常情况下,空气调节系统通过气体分析仪和环境因子探头测定的各指标值进行控制,如土壤气体交换测定时主要阻止箱内 CO_2 浓度的持续升高,植物光合、蒸腾测定时主要进行箱体 CO_2 的少量补充、H_2O 的吸收和气温的降低,最终使气体交换箱内外的自然环境接近,并近似达到稳定。

CO_2 交换速率(F_{CO_2},$\mu mol \cdot m^{-2} \cdot s^{-1}$)和 H_2O 交换速率(F_{H_2O},$\mu mol \cdot m^{-2} \cdot s^{-1}$)计算公式如下:

$$F_{CO_2} = \rho \times \frac{V_{control}(C_{contral} - C_{chamber})}{\Delta t} \times \frac{1}{A} \tag{4}$$

$$F_{H_2O} = \rho \times \frac{V_{desiceant}(H_{chamber} - H_{desiceant})}{\Delta t} \times \frac{1}{A} \tag{5}$$

式中,$V_{control}$ 为时间 $\Delta t(s)$ 内空气调节系统处理 CO_2 的体积(m^3);$C_{control}$ 为空气调节系统供给 CO_2 的气体浓度($\mu mol \cdot mol^{-1}$);$C_{chamber}$ 为进入空气调节系统前气体交换箱内 CO_2 的气体浓度($\mu mol \cdot mol^{-1}$);$V_{desiceant}$ 为时间 $\Delta t(s)$ 内干燥吸收 H_2O 的体积(m^3);$H_{desiceant}$ 为干燥后 H_2O 的气体浓度($\mu mol \cdot mol^{-1}$);$H_{chamber}$ 为箱体内 H_2O 的气体浓度($\mu mol \cdot mol^{-1}$)。

半闭路箱式气体交换系统不会对瞬时、短期的气体交换波动产生敏感反应,但其对箱体密闭性的要求也很严格,任何漏气都会对气体交换测定的精确性带来很大影响。因此,漏气率必须被准确测定并验证,以确保气体交换量的精确测定。

2.3 开路箱式气体交换测定系统

开路箱式气体交换测定系统是通过测定进出气体交换箱的气体浓度差来计算气体交换速率。在该系统中,有一个恒定流速的气流经过气体交换箱,需对进出气体交换箱的气体浓度同时进行测定。

CO_2 交换速率和 H_2O 交换速率的计算公式如下:

$$F_{CO_2} = \rho \times \frac{U_{inlet} \times C_{inlet} - U_{outlet} \times C_{outlet}}{A} \tag{6}$$

$$F_{H_2O} = \rho \times \frac{U_{outlet} \times H_{outlet} - U_{inlet} \times H_{inlet}}{A} \tag{7}$$

式中,U_{inlet}、U_{outlet} 分别为进气口和出气口的气流速率($m \cdot s^{-1}$);C_{inlet}、C_{outlet} 分别为进气口和出气口的 CO_2 气体浓度($\mu mol \cdot mol^{-1}$);H_{inlet}、H_{outlet} 分别为进气口和出气口的 H_2O 气体浓度($\mu mol \cdot mol^{-1}$)。

开路箱式气体交换测定系统可精确快速地对气体交换的瞬时变化进行响应,且可进行连续测定。由于该系统是利用空气流持续经过气体交换箱进行运转,因此在测定过程中,气体交换箱内会保持轻微加压状态。这种正压力会导致箱内气体外漏,但是如果进出气体交换箱的气流量被准确测定,则轻微漏气对于气体交换速率的观测影响很小,而少许观测误差在气体交换速率的计算中会被放大[2]。该系统的缺点是造价较高,需要较多气泵和流量观测设备。

2.4 半开路箱式气体交换测定系统

半开路箱式气体交换测定系统是在开路系统的基础上开发的(图2)。开路系统中气体经过气体交换箱后直接排出,而半开路系统可将排出的气体进行循环利用,其是箱式气体交换测定系统中最复杂的。若需要对气体交换箱内的植物进行 500 $\mu mol \cdot mol^{-1}$ (CO_2)的气体富集,可先在供气系统中配制好 CO_2 浓度 500 $\mu mol \cdot mol^{-1}$ 的气体进行供气,经过气体交换箱后并不直接排出,而是经过一些特定的气体处理装置[包括气体浓度调节装置(可以处理 CO_2、CH_4、O_3 等)和温度调节装置等]再重新进入供气系统进行循环。由于该系统中大部分气体经过处理可循环利用,节省了供气成本,因此,该系统主要用于植物气体交换对环境条件变化的响应试验(如温室气体富集试验等)。

该系统气体交换速率的计算公式与开路箱式系统相同。

3 意义

基于箱式法构建的箱式气体交换观测系统是植物生态系统碳水循环研究的常用方法,

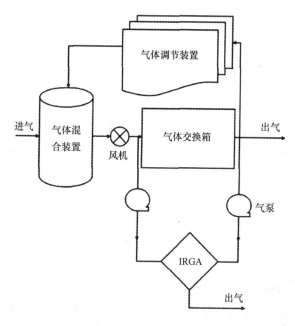

图 2　半开路箱式气体交换测定系统原理图

其在土壤和植物组织尺度的气体交换研究中的作用尤为重要。根据箱式气体交换观测系统的气路结构,对闭路、半闭路、开路和半开路系统的原理和计算方法进行了详细总结[1]。箱式系统成本低廉、构建简单、技术难度不大,且便于操作实施;闭路箱式系统的最大优点是操作简单、花费较低,适于短期、瞬时的测定;开路箱式气体交换测定系统可精确快速地对气体交换的瞬时变化进行响应,且可进行连续测定。

参考文献

［1］　袁凤辉,关德新,吴家兵,等. 箱式气体交换观测系统及其在植物生态系统气体交换研究中的应用.
　　　应用生态学报,2009,20(6):1495 – 1504.
［2］　Takahashi N, Ling P, Frantz J. Considerations foraccu – rate whole plant photosynthesis measurement. En-
　　　vironmental Control in Biology, 2007,46: 71 – 81.

土壤侵蚀的敏感因子方程

1 背景

土壤侵蚀敏感性指在自然状况下发生土壤侵蚀的潜在可能性及其程度[1]，是区域生态环境质量评价、生态区划与管理、水土保持措施制订的重要参考依据，对区域生态环境保育和可持续发展具有重要意义。土壤侵蚀敏感性评价是根据区域土壤侵蚀的形成机制[2]，分析其区域分异规律，明确可能发生的土壤侵蚀的类型、范围与程度[3]。李铖等[4]借助 RUSLE 和 RS、GIS 技术，对环杭州湾地区的土壤侵蚀敏感性进行了评价，并分析了影响该地区土壤侵蚀敏感性的自然因子及其关键因子，以期为环杭州湾地区水土防治措施的制订提供理论依据。

2 公式

2.1 土壤侵蚀敏感性因子的估算

修订的通用土壤侵蚀方程（RUSLE）综合考虑了降水、坡度、坡长、植被、土壤质地及人类活动干扰等因素，土壤流失量的计算公式如下：

$$A = R \times L \times S \times K \times C \times P \tag{1}$$

式中，A 为土壤流失量（$t \cdot hm^{-2} \cdot a^{-1}$）；$R$ 为降雨侵蚀因子（$MJ \cdot mm \cdot hm^{-2} \cdot h^{-1} \cdot a^{-1}$）；$L$、$S$ 为坡长与坡度因子；K 为土壤可蚀性因子（$t \cdot hm^2 \cdot h \cdot hm^{-2} \cdot MJ^{-1} \cdot mm^{-1}$）；$C$ 为植被与经营管理因子；P 为农业措施因子。由于农业措施主要与人类活动密切相关，对自然生态系统的反应不太敏感[3]，因此，本研究未考虑农业措施因子，仅选取 R、K、L、S 和 C 进行土壤侵蚀敏感性评价。

（1）降雨侵蚀因子。降雨侵蚀力与降雨量、降雨历时、降雨强度、降雨动能、瞬时雨率、雨型等有关，可反映降雨特性对土壤侵蚀的影响[5]。Wang 和 Jiao[5]指出，年降雨侵蚀因子（R）尚无通用的计算方法，需根据区域实际情况选择其算法。本研究区与福建省的环境和气候条件比较接近，故采用 Zhou 等[6]提出的计算公式：

$$R = \sum_{i=1}^{12} + P(-1.5572 + 0.1792P_i) \tag{2}$$

式中，R 为年降雨侵蚀量（$MJ \cdot mm \cdot hm^{-2} \cdot h^{-1} \cdot a^{-1}$）；$P_i$ 为第 i 月的降雨量（mm）。降雨

数据来自浙江省及其周边的福建、安徽和江苏共 89 个气象站点的降水数据(自建站至 1980 年),检验数据的统计分布特点,在 GIS 中选择样条 Spline 插值法进行插值,掩码提取研究区的 R 因子分布图。

(2)坡长与坡度因子。坡长为开始发生地表径流到泥沙开始沉积或径流开始汇聚的这段距离。实际上,土壤侵蚀量的大小并不取决于坡面距离,而在于每单位等高线长度上的上坡来水面积[2]。因此,本研究运用 GIS 中水文提取模块提取水流累积量(flow accumulation),进而估算坡长因子,采用 RU – SLE 手册(版本 2)[7]中的计算公式,该公式经转换单位后如下:

$$L = (\lambda/22.13)^{\alpha}, \lambda = x\eta \tag{3}$$

式中,λ 为特定的集水面积;基于环杭州湾地区 1:25 万 DEM,采用 ArcToolbox 中的水文模块提取水流累计量来估算 χ;η 为像元大小(以其边长表示)。对于坡长因子指数 α,本研究参照 Moore 和 Wilson[8]的算法:

$$\alpha = \beta/(1 + \beta) \tag{4}$$

$$\beta = (\sin \theta/0.089)/(3.0\sin \theta^{0.8} + 0.56) \tag{5}$$

式中,θ 为坡度(°)。

利用 ArcGIS 的 Arctool box/Raster suface/Slope 提取研究区的坡度,得到环杭州湾地区坡度小于 18% 的面积占总面积的 80.36% ,坡度在 18% ~55% 的面积占研究区总面积的 15.92% ,坡度大于 55% 的面积占 3.72% 。因此,坡度因子进行分段考虑,参照 Huang 等[9]的计算公式进行估算:

$$S = \begin{cases} 10.8\sin \theta + 0.03 & (\theta < 5) \\ 16.8\sin \theta - 0.50 & (5° \leqslant \theta < 10°) \\ 21.9\sin \theta - 0.96 & (\theta \geqslant 10°) \end{cases} \tag{6}$$

式中,S 为坡度因子;θ 为坡度(°)。S 与 L 相乘即得到环杭州湾地区的坡长与坡度因子。

(3)植被与经营管理因子。根据下式计算植被覆盖率(f_g):

$$f_g = (NDVI - NDVI_{min})/(NDVI_{max} - NDVI_{min}) \tag{7}$$

式中,$NDVI_{max}$、$NDVI_{min}$ 分别为研究区域 $NDVI$ 的最大值和最小值。

根据 Cai 等[10]的方法计算植被与经营管理因子(C):

$$C = 0.6508 - 0.3436\lg f_g \qquad (0 < f_g < 78.3\%) \tag{8}$$

当 $f_g = 0\%$ 和 $f_g \geqslant 78.3\%$ 时,C 值分别为 1 和 0。

2.2 土壤侵蚀敏感性综合评价方法

参照生态功能区划暂行规程,利用影响因子的几何平均值来计算土壤侵蚀敏感性指数,计算公式如下:

$$SS_j = \sqrt[4]{\prod_{i=1}^{4} C_i} \tag{9}$$

式中,SS_j 为第 j 空间单元土壤侵蚀敏感性指数;C_i 为第 i 个敏感性等级值。鉴于当前评价指标体系尚无统一标准,而环杭州湾和福建省的环境和气候因素接近,故采用 Chen 等[2] 对福建吉溪的评价标准(表1)。

表1 土壤侵蚀敏感性的评价标准

侵蚀敏感性等级	降雨侵蚀因子	坡长与坡度因子	土壤可蚀性因子	植被与经营管理因子	土壤侵蚀敏感性	分级装值
I	≤25	≤10	≤0.2	≤0.01	1~2	1
II	25~100	10~25	0.20~0.25	0.01~0.09	2~4	3
III	100~300	25~35	0.25~0.30	0.09~0.20	4~6	5
IV	300~500	35~45	0.30~0.40	0.20~0.45	6~8	7
V	>500	>45	>0.40	>0.45	>8	9

注:I 表示不敏感;II 表示轻度敏感;III 表示中度敏感;IV 表示高度敏感;V 表示极敏感。

3 意义

李铖等[4] 基于修正的通用土壤流失方程(RUSLE)以及 GIS 和 RS 技术,以环杭州湾地区为例,分别计算了影响土壤侵蚀敏感性的降雨侵蚀因子、土壤可蚀性因子、植被与经营管理因子以及坡长与坡度因子,综合评价了土壤侵蚀敏感性,分析降雨、土壤质地、坡度和高程4个自然因子对土壤侵蚀敏感性的影响。结果表明:环杭州湾地区的土壤侵蚀以不敏感和轻度敏感为主;不同影响因子在不同变化范围内,各土壤侵蚀敏感性等级的面积百分比不同,土壤侵蚀敏感性随降雨量、坡度的增加而增高,而在海拔 200~500 m,高敏感等级的土壤侵蚀敏感性的面积百分比最大。叠加排序方法是识别给定敏感区关键影响因子的有效方法,有助于理解土壤侵蚀形成的机制。

参考文献

[1] Liu K, Kang Y, Cao MM, et al. GIS – based assessment on sensitivity to soil and water loss in Shaanxi Province. Journal of Soil and Water Conservation, 2004,18(5):168 – 170.

[2] Chen YH, Pan WB, Cai WY. Assessment of soil erosion sensitivity in Watershed based on RUSLE – A case study of Jixi water – shed. Journal of Mountain Science, 2007,25(4): 490 – 496.

［3］ Mo B，Zhu B，Wang YK，et al. Sensitivity evaluation for soil erosion in Chongqing City. Bulletin of Soil and Water Conservation，2004，24（5）：45 – 48.

［4］ 李铖,李俊祥,朱飞鸽,等. 基于 RUSLE 的环杭州湾地区土壤侵蚀敏感性评价及关键敏感因子识别. 应用生态学报,2009,20（7）:1577 – 1585.

［5］ Wang WZ，Jiao JY. Quantitative evaluation on factors influencing soil erosion in China. Bulletin of Soil and Water Conservation，1996，16（5）：1 – 20.

［6］ Zhou FJ，Chen MH，Lin FX，et al. The rainfall erosivity index in Fujian Province. Journal of Soil and Water Conservation，1995，9（1）：13 – 18.

［7］ US Department of Agriculture RUSLE Development Team. Revised Universal Soil Loss Equation Version 2（RUSLE2）Handbook. Washington：US Department of Agriculture RUSLE Development Team，2001.

［8］ Moore ID，Wilson JP. Length – slope factors for the Revised Universal Soil Loss Equation：Simplified method of estimation. Journal of Soil and Water Conservation,1992,47：423 – 428.

［9］ Huang JL，Hong HS，Zhang LP,et al. Study on predicting soil erosion in Jiulong River watershed based on GIS and USLE. Journal of Soil and Water Conservation,2004,18（5）：75 – 79.

［10］ Cai CF，Ding SW，Shi ZH,et al. Study of applying USLE and geographical information system IDRISI to predict soil erosion in small watershed. Journal of Soil and Water Conservation，2000,14（2）：19 – 24.

稻田碳流的评估模型

1 背景

以 CO_2 为主的温室气体减排问题已成为当前国际政治、经济和环境领域的热点问题[1]，将对未来经济持续增长与和平发展产生深远影响。农田生态系统作为陆地生态系统的重要组成部分，其碳源/汇强度、碳储量、通量及减源增汇技术与对策等成为目前碳循环研究领域的焦点问题[2]。李洁静等[3]以太湖地区 25 年长期定位试验稻田生态系统为研究对象，利用文献资料和当地农林局调查资料，对稻田生态系统涉及的各个环节的碳流进行定量估计，并按 2007 年的市场价格评价了系统的经济流，分析不同施肥管理措施下净固碳效益及成本 – 收益关系，以期为气候变化友好的稻田农业研究提供参考。

2 公式

2.1 碳平衡估算途径

系统净碳源/汇效应用系统对大气 CO_2 的同化吸收减去土壤碳排放、生产中的物质投入及人工管理投入所需的碳成本（能源消耗换算成 CO_2）的平衡来估算。系统的大气 CO_2 同化吸收通过该系统 1993 年后历年产量的平均值换算为作物的 NPP（净初级生产力），土壤碳排放由土壤 – 植物系统的呼吸估算。

（1）系统的碳吸收（C_a），生态系统对大气 CO_2 的吸收同化量估算：

$$C_a = C_{NPP} = C_{crop} + C_{litter} \tag{1}$$

式中，C_{crop} 表示作物固碳；C_{litter} 表示凋落物固碳。

（2）系统的碳排放（C_e），包括系统内土壤的呼吸碳排放（R_H）和生产活动涉及的碳排放（E_h）：

$$C_e = R_H + E_h \tag{2}$$

式中，E_h 包括投入农用化学品涉及的能源碳排放（C_{ac}）、农田人工管理投入的碳排放（C_m）和农田操作人工投入的碳排放（C_1）：

$$E_h = C_{ac} + C_m + C_1 \tag{3}$$

E_h 中，化学品投入涉及的碳排放包括杀虫剂生产碳排放（$C_{pesticides}$）和肥料生产碳排放（$C_{fertilizers}$）：

200

$$C_{ac} = C_{pesticides} + C_{fertilizers} \tag{4}$$

人工管理碳排放(收获及其他人力相关的碳排放)包括灌溉活动的碳排放($C_{irrigation}$)、机耕活动的碳排放($C_{plowing}$)和收获活动的碳排放($C_{harvesting}$):

$$C = C_{irrigation} + C_{plowing} + C_{harvesting} \tag{5}$$

(3)系统的净碳汇(C_s),可以通过吸收与排放的碳平衡来计算:

$$C_s = R_H - C_{NPP} + E_h \tag{6}$$

2.2 碳分项估算的参数选择及依据

(1)NPP 估算:

$$NPP = W_{max} + D_L = Y_w/H + D_L \tag{7}$$

$$C_{NPP} = \sum_i C_f Y_w/H + L_f D_L \tag{8}$$

式中,W_{max} 为作物最大生物量,可由作物经济产量 Y_w 和经济系数 H 换算得到,根据 Zhao 和 Qin 等[4] 的研究,水稻和油菜的经济系数分别取 0.45 和 0.25;C_f 为作物合成单位生物量干物质所吸收的大气碳,水稻和油菜分别取 0.41 和 0.45[4];D_L、L_f 分别为作物凋落物的质量和碳含量,由田间采集实验室测定得到;i 表示作物种类,本研究为水稻和油菜。

(2)土壤呼吸排放(R_H)按不同的作物季分别估算:

$$R_{H水稻} = R_o(1 + f)(1 - p^2) \tag{9}$$

$$R_{H油菜} = R_S - (R_S - R_o)p \tag{10}$$

式中,R_o 为稻田休闲期的土壤呼吸,即土壤原有有机质分解;p 为根系呼吸占根起源总呼吸的百分比;f 为水稻生长期的土壤表观呼吸与稻田休闲期土壤呼吸的比例关系;R_S 为土壤表观呼吸。

(3)生产管理投入的碳排放。

灌溉碳排放(E_{ir})估算:

$$E_{ir} = V_{ir-CO_2} \times w \times h \times n_i \tag{11}$$

式中,V_{ir-CO_2} 为煤电的碳强度系数(0.92 kg·kW^{-1}·h^{-1}[5],以 CO_2 计);w 为灌溉所用的电机功率(kW);h 为每次灌溉工作时数;n_i 为灌溉次数。

机耕能源的碳排放(E_m)估算:

$$E_m = V_{m-CO_2} \times L \tag{12}$$

式中,V_{m-CO_2} 为柴油的碳强度系数(2.63 kg·L^{-1}[5],以 CO_2 计);L 为每年单位面积机耕总耗油量(L)。

化肥投入的能源碳排放(E_f)估算:

$$E_f = \sum_i U_{fi-CO_2} \times W_i \tag{13}$$

式中,U_{fi-CO_2} 为生产 1 t 化肥的碳排放;i 表示不同的肥料种类。W_{fi} 为单位面积的化肥施用量(kg·hm^{-2})。

农药投入的能源碳排放(E_{in})估算:

$$E_{in} = V_{in\text{-}CO_2} \times W_p \tag{14}$$

式中, $V_{in\text{-}CO_2}$ 为生产杀虫剂的 CO_2 排放,取值 4931.93 $kg \cdot Mg^{-1}$[6](以 C 计); W_p 为农药施用量($\times 10^6 \, g \cdot hm^{-2}$)。

与生产活动相关的人工投入碳排放(C_1)估算:

$$C_1 = V_{CO_2} \times N_1 \tag{15}$$

式中, V_{CO_2} 为成人(60 kg 体重)每天呼出的 CO_2 容积[7]; N_1 为一个作物生长季投入的人工总数(人 $\cdot d^{-1}$)。

2.3 系统的经济流估算

净收益 = 产量收益 − 物质投入成本 − 管理成本 $\tag{16}$

物质投入成本 = 种子成本 + 化肥成本 + 农药成本 + 灌溉水 $\tag{17}$

管理成本 = (灌溉 + 耕作 + 收获)机电费 + 生产管理人工费 $\tag{18}$

调查得到农田物质投入的数量与价格列于表 1。

表 1　每公顷农田生产的投入与价格

投入	数量	价格
种子	水稻:60.0 $kg \cdot hm^{-2}$,油菜:1.50 $kg \cdot hm^{-2}$	水稻:3.6 元 $\cdot kg^{-1}$,油菜:6.0 元 $\cdot kg^{-1}$
化肥	N:427.5 $kg \cdot hm^{-2} \cdot a^{-1}$,P:45 $kg \cdot hm^{-2} \cdot a^{-1}$, K:84 $kg \cdot hm^{-2} \cdot a^{-1}$	N:2.1 元 $\cdot kg^{-1}$,P:2.0 元 $\cdot kg^{-1}$, K:1.6 元 $\cdot kg^{-1}$
农药	7.5 $kg \cdot hm^{-2} \cdot a^{-1}$	3.8 元 $\cdot km^{-1}$
灌溉水	14 000 $t \cdot hm^{-2} \cdot a^{-1}$	10.0 ~ 15.0 元 $\cdot t^{-1}$
机电	耗油:37.5 $L \cdot hm^{-2}$,耗电:60.0 $kW \cdot hm^{-2}$	柴油:18.0 元 $\cdot L^{-1}$,电:0.45 元 $\cdot kW^{-1} \cdot h^{-1}$
人工	水稻季:17 人 $\cdot d^{-1}$,油菜季:12 人 $\cdot d^{-1}$	20 ~ 30 元/人 $\cdot d^{-1}$

3 意义

在太湖地区水稻 – 油菜轮作系统长期施肥处理试验田,利用历年作物产量、凋落物固碳和农田 CO_2 排放等实测资料以及生态系统的物质投入和管理投入等调查资料,估算了该系统的年碳平衡和经济收益[3]。稻田碳流的评估模型表明:不同施肥处理的年碳汇量在 0.9 ~ 7.5 $t \cdot hm^{-2} \cdot a^{-1}$ (以 C 计),有机无机肥配施的净碳汇量是单施化肥的 3 倍。系统物质投入的碳成本在 0.37 ~ 1.13 $t \cdot hm^{-2} \cdot a^{-1}$ (以 C 计),人工管理的碳成本在 1.69 ~ 1.83 $t \cdot hm^{-2} \cdot a^{-1}$ (以 C 计),年度经济收益在 5.8 $\times 10^3$ ~ 16.5 $\times 10^3$ 元 $\cdot hm^{-2} \cdot a^{-1}$,有机无机肥配施下的经济效益是单施化肥下的 1.1 倍。

参考文献

[1] Litynski JT, Plasynski S, McIlvried HG, et al. The United States department of energy's regional carbon sequestration partnerships program validation phase. Environment International, 2008,34: 127 – 138.

[2] Blesl M, Das A, Fahl U, et al. Role of energy efficiency standards in reducing CO_2 emissions in Germany: An assessment with TIMES. Energy Policy, 2007,35: 772 – 785.

[3] 李洁静,潘根兴,张旭辉,等. 太湖地区长期施肥条件下水稻 – 油菜轮作生态系统净碳汇效应及收益评估. 应用生态学报. 2009,20(7):1664 – 1670.

[4] Zhao RQ, Qin MZ. Temporo – spatial variation of partial carbon source/sink of farmland ecosystem in coastal China. Journal of Ecology and Rural Environment, 2007,23(2): 1 – 6.

[5] BP China. Calculator of carbon emission [EB/OL]. (2007 – 02 – 03) [2007 – 11 – 03]. http://www. bp. com/section genericarticle. do? categoryId = 9011336&contentId = 7025421

[6] West TO, Marland G. A synthesis of carbon sequestration, carbon emissions, and net carbon flux in agriculture: Comparing tillage practices in the United States. Agriculture, Ecosystems and Environment, 2002, 91:217 – 232.

[7] Yang SH. Primary study on effect of C – O balance of afforestatal trees in cities. Urban Environment& Urban Ecology, 1996,9(1): 37 – 39.

森林的空间结构模型

1 背景

森林的功能与空间位置有关。森林空间结构体现了树木在林地上的分布格局及其属性在空间上的排列方式,即林木之间树种、大小、分布等空间关系,是与林木空间距离有关的林分结构[1],反映了森林群落内物种的空间关系[2],决定了树木之间的竞争势及其空间生态位,在很大程度上决定了林分的稳定性、发展的可能性和经营空间的大小,对森林结构的合理描述是制订森林经营方案的有效手段[3]。岳永杰等[2]利用描述林分空间结构的混交度、大小比数和角尺度等空间参数,分析了北京松山国家级自然保护区内的蒙古栎林林分的空间结构和分布格局,旨在为制订和实施森林经营及保护规划提供一定的技术支持。

2 公式

2.1 林分空间结构参数的计算

树种混交度(M_i)指参照树i的4株最近相邻木中与参照树不属于同种的个体所占的比例,公式为[3]:

$$M_i = \frac{1}{4} \sum_{j=1}^{4} v_{ij}$$

$$v_{ij} = \begin{cases} 1, \text{当参照树}i\text{与第}j\text{株相邻木非同种时} \\ 0, \text{否则} \end{cases} \tag{1}$$

树种混交度(M_i)是描述混交林中树种混交程度的重要空间结构指数,M_i的5种取值,即0、0.25、0.50、0.75和1,对应于混交度的描述为:零度、弱度、中度、强度和极强度混交。林分平均混交度($\bar{M}$)计算公式[3]:

$$\bar{M} = \frac{1}{N} \sum M_i \tag{2}$$

式中,$\bar{M}$为林分平均混交度;N为林分总株数。

大小比数(U_i)指胸径大于参照树的相邻木占4株最近相邻木的株数比例,算式为[1]:

$$U_i = \frac{1}{4} \sum_{j=1}^{4} k_{ij}$$

$$k_{ij} = \begin{cases} 0, \text{如果相邻木} j \text{比参照树} i \text{小} \\ 1, \text{否则} \end{cases} \tag{3}$$

大小比数（U_i）的5种取值，即0、0.25、0.50、0.75和1，对应于参照树在4个相邻木中不同的优势程度，即优势、亚优势、中庸、劣态和绝对劣态。不同树种的大小比数平均值（$\overline{U}$）算式为[3]：

$$\overline{U} = \frac{1}{l} \sum_{i=1}^{l} U_i \tag{4}$$

式中，l 为所观察树种的参照树数量；U_i 为树种的第 i 个大小比数值。

任意两个邻接最近相邻木的夹角有两个，小角设为 α，把当最近相邻木均匀分布时的夹角设为标准角 α_0。角尺度（W_i）被定义为 α 角小于标准角 α_0 的个数占所考察的4个夹角的比例，用公式表示为[3]：

$$W_i = \frac{1}{4} \sum_{j=1}^{4} z_{ij}$$

$$z_{ij} = \begin{cases} 1, \text{当第} j \text{个} \alpha \text{角小于标准角} \alpha_0 \\ 0, \text{否则} \end{cases} \tag{5}$$

当 $W_i = 0$、$W_i = 0.25$ 时，参照树 i 为均匀分布；$W_i = 0.5$ 时，为随机分布；$W_i = 0.75$、$W_i = 1$ 时，为不均匀分布。显然，所有参照树的集合就体现了整个林分的林木水平分布格局。

根据以上公式计算蒙古栎林各树种混交度和大小比数（表1）。可以看出，蒙古栎种群和油松种群的混交度以零度和弱度混交为主，蒙古栎零度和弱度混交的林木株数比例为83%，说明蒙古栎种群的混交状况最差。

表1 蒙古栎林各树种混交度和大小比数

树种	混交度（M）						大小比数（U）					
	0	0.25	0.5	0.75	1	$\overline{M}$	0	0.25	0.5	0.75	1	$\overline{U}$
白桦	0	0	0	0	1	1	0	0	0	1	0	0.75
白蜡	0	0.03	0.08	0.31	0.58	0.86	0.03	0.03	0.09	0.27	0.58	0.84
山杨	0	0	0	1	0	0.75	0	0	0.50	0.50	0	0.63
鹅耳枥	0	0	0.30	0.40	0.30	0.75	0.10	0.10	0.20	0.25	0.35	0.66
核桃楸	0	0	0	1	0	0.75	0	0	0.50	0.50	0	0.88
蒙古栎	0.57	0.26	0.12	0.04	0.01	0.16	0.22	0.24	0.22	0.17	0.15	0.45
家桑	0	0	0	0	1	1	0	0	0	0	1	1
山杏	0	0	0.09	0.39	0.52	0.86	0	0.21	0.15	0.42	0.21	0.66
油松	0.42	0.33	0.17	0.08	0	0.23	0.25	0.08	0.17	0.17	0.25	0.52

2.2 林木分布格局的判定

林分角尺度平均值($\overline{W}$)计算公式[3]:

$$\overline{W} = \frac{1}{n} \sum_{i=1}^{n} W_i$$

式中,W_i 是第 i 株参照树的角尺度;n 为参照树的总株数。

在角尺度的定义中,标准角的大小和分布格局临界值的判定,将影响到林木分布格局判断的准确性。Hui 等[4]认为,标准角的可能取值范围为:$60° \leqslant \alpha_0 \leqslant 90°$,$72°$ 是一个最优的标准角。Gadow 和 Hui[5]研究表明:当 $0.475 \leqslant W \leqslant 0.517$ 时,为随机分布;当 $W < 0.475$ 时,为均匀分布;当 $W > 0.517$,为团状分布。本研究据此判定林分的空间分布格局。

3 意义

以松山自然保护区面积为 $0.6 \ hm^2$ 样地的调查数据为基础,利用角尺度、大小比数和混交度 3 个林分空间结构参数,分析了蒙古栎天然林的空间结构特征[2]。森林的空间结构模型表明:蒙古栎林乔木层共有 10 个种群,蒙古栎种群密度和断面积占有明显优势,是乔木层的优势种和建群种;蒙古栎林平均混交度为 0.299,林分混交程度低,优势种以零度混交和弱度混交为主,伴生种的混交状况普遍较好;蒙古栎和油松种群在空间结构单元中以优势木、亚优势木和中庸木为主,分别占种群总株数的 68% 和 58%,其他种群的树种优势度不明显,多为被压木;该林分的空间分布格局为聚集分布,但林木聚集程度和聚集规模较低。

参考文献

[1] Tang MP, Tang SZ, Lei XD, et al. Comparison analysis on two minglings. Forest Resources Management, 2004(4): 25 - 27.

[2] 岳永杰,余新晓,李钢铁,等. 北京松山自然保护区蒙古栎林的空间结构特征. 应用生态学报,2009, 20(8):1811 - 1816.

[3] Hui GY, von Gasow K, Hu YB, et al. Structure - based Forest Management. Beijing: China Forestry Press, 2007.

[4] Hui GY, Gadow KV, Hu YB. The optimum standard angle of the uniform angle index. Forest Research, 2004,17(6): 687 - 692.

[5] Gadow KV, Hui GY. Characterizing forest spatial structure and diversity. "Sustainable Forestry in Temperate Regions", Proceedings of the SUFOR International Workshop. University of Lund, Sweden, 2002,4: 7 - 9.

道路网络的生态效应公式

1 背景

伴随着景观生态学的发展,道路网络在景观尺度上的生态效应逐渐受到关注,道路网络与景观格局和过程的关系成为道路生态学研究的核心问题[1]。云南省作为连接东南亚、南亚的便捷通道,在实施西部大开发战略期间修建的一系列交通要道,势必带动道路网络在该区的进一步扩展。富伟等[2]基于连接度的概念,利用最小耗费距离改造的概率连接度指数(PC),通过模拟不同生态过程的情景,从景观格局与生态过程耦合的角度分析了云南省典型地区道路网络的生态效应,旨在为优化区域路网和景观格局以及维护区域景观对生态过程的承载能力提供科学依据。

2 公式

2.1 生态过程分析

针对各种基质及道路廊道,根据各级道路影响生态系统面积的范围,利用 ArcView 软件对高速公路、一级、二级、三级和四级公路及以下分别建立 1000 m、500 m、250 m、100 m 和 25 m 的缓冲区[3]。将土地利用图中不同土地利用类型合并为林地、草地、耕地、滩涂、盐碱地和沼泽地、居住和建设用地(包括城镇用地、农村居民点和建设用地)等类型,并分别赋予阻力值。根据相关研究以及区域景观性质,对不同要素赋予不同的阻力值:各等级道路阻力值为8;除源斑块外的林地以及草地和耕地的阻力值为2;居住和建设用地的阻力值为6[4]。

利用 ArcView 将以上要素转化为 35 m × 35 m 的栅格文件。为了反映道路网络的阻隔效应,将分别在有道路和没有道路的情况下,计算任意 2 个斑块之间的最小耗费距离[5]。

$$d_{ij} = \sum_{i=1}^{n} \sum_{j=1}^{n} (h_{ij} \times R) \tag{1}$$

式中,d_{ij} 为斑块 i 与 j 之间的最小耗费距离;h_{ij} 为斑块 i 与 j 之间的水平距离;R 为不同土地利用类型的阻力值。

利用最小耗费距离模型,借助 ArcView 模拟生态过程在不同斑块中的迁移路径。生态过程发生迁移扩散的最大概率公式如下[6]:

$$p_{ij}^{*} = \max(p_{ij}) = \max(e^{\theta d_{ij}}) \tag{2}$$

式中,p_{ij}^{*} 为斑块 i 和 j 之间所有可能的路径中的最大迁移概率;p_{ij} 为斑块 i 和 j 之间的迁移概率;d_{ij} 为斑块 i 和 j 之间的最小耗费距离(m);θ 为常数,指连接度与耗费距离的模拟系数,由距离以及迁移扩散概率的赋值确定。

由于区域景观对多种生态过程具有承载能力,可通过设置特定迁移扩散能力来模拟不同生态过程的情景,在不同情景下分析道路网络对不同生态过程的影响。迁移扩散距离 d_{ij} 为 12 000 m、8 000 m、4 000 m 和 2 000 m 时,生态过程迁移扩散的概率 p_{ij} 均为 0.5。

以云南省为例,计算道路网络对不同生态过程在斑块之间迁移扩散的影响(图1)。可见,道路网络的阻隔作用增加了生态过程在任意 2 个斑块间的耗费距离,破碎化作用增加了斑块之间迁移扩散的中间过程,进而显著增加了小概率的迁移扩散路径数目;另一方面,由于破碎化导致多个邻近小型斑块取代原有大型斑块,在这些小型斑块之间增加了多条较短路径,增加了部分高概率迁移扩散路径的数目。

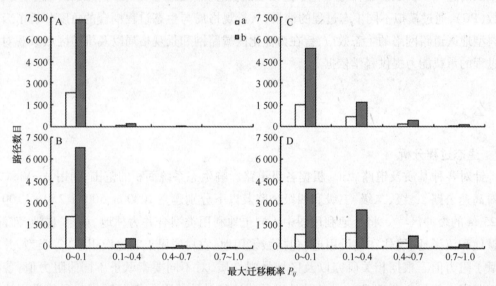

图1 研究区道路网络对不同生态过程在斑块之间迁移扩散的影响

2.2 景观功能分析

在景观尺度上,本研究采用景观功能量化的指标——概率连接度指数(probability of connectivity, PC)来分析道路网络对景观功能的影响[6]。

$$PC = \frac{\sum_{i=1}^{n} \sum_{j=1}^{n} a_i \times a_j \times p_{ij}^{*}}{A_L^2} \tag{3}$$

式中,a_i 为斑块 i 的面积(m^2);a_j 为斑块 j 的面积(m^2);p_{ij}^{*} 为斑块 i 和 j 之间所有可能的路

径中的最大迁移概率;A_L 为整个景观的面积(m^2)。

在斑块尺度上,采用斑块的相对重要性指数(dI)衡量景观中源斑块的功能,识别对迁移扩散具有重要作用的斑块的变化,其计算公式如下[7]:

$$dI = \frac{I - I'}{I} \times 100\% \qquad (4)$$

式中,I 为景观中所有斑块的 PC 值;I' 为去除任意斑块后由其他斑块所组成景观的 PC 值。

3 意义

利用概率连接度指数的量化分析方法,分析了云南省典型地区道路网络对景观格局、生态过程以及景观功能的影响[2]。道路网络的生态效应公式表明:研究区道路网络加剧了区域景观的破碎化程度;道路网络对不同生态过程的迁移路径结构、数目以及分布的影响有所不同,影响程度随迁移扩散能力的增加而增加;道路网络总体上降低了景观维持生态过程连续性的功能(不同情景平均下降超过10%),使各个斑块在景观中的功能退化(平均下降超过40%),影响程度随迁移扩散能力的增加而增加。

参考文献

[1] Wang ZS, Zeng H, Wei JB. Some landscape ecological issues in road ecology. Chinese Journal of Ecology, 2007,26(10): 1665 – 1670.

[2] 富伟,刘世梁,崔保山,等. 基于景观格局与过程的云南省典型地区道路网络生态效应. 应用生态学报,2009,20(8):1925 – 1931.

[3] Li SC, Xu YQ, Zhou QF,et al. Statistical analysis on the relationship between road network and ecosystem fragmentation in China. Progress in Geography, 2004,23(5): 77 – 85.

[4] Wu JF, Zeng H, Liu YQ. Landscape ecological connectivity assessment of Shenzhen City. Acta Ecologica Sinica,2008,28(4): 1691 – 1701.

[5] Li HM, Ma YX, Guo ZF,et al. Land use /land cover dynamic change in Xishuangbanna based on RS and GIS technology. Journal of Mountain Science, 2007,25(3):280 – 289.

[6] Saura S, Pascual – Hortal L. A new habitat availability index to integrate connectivity in landscape conservation planning: Comparison with existing indices and application to a case study. Landscape and Urban Planning,2007,83: 91 – 103.

[7] Pascual – HortalL, Saura S. Comparison and development of new graph – based landscape connectivity indices: Towards the priorization of habitat patches and corridors for conservation. Landscape Ecology, 2006, 21: 959 – 967.

降水梯度的油蒿种群分布模型

1 背景

种群生境由生物因子和非生物因子组成,干旱、半干旱区的种群分布格局与造成土壤水分变化的降水状况存在密切关系[1],鄂尔多斯高原属于干旱、半干旱区,具有特殊的生态地理景观,是荒漠草原－草原－森林草原的生态过渡带[2],油蒿是鄂尔多斯高原分布最广泛、最优势的物种,在鄂尔多斯高原的东部至西部均有分布。因此,深入研究油蒿种群空间分布格局随降雨梯度的变化,对于在水分条件不同的地区进行植被恢复具有重要指导意义。李秋爽等[3]于2007年7月通过样方调查,采用方差均值比率法、聚块性指数和点格局方法对鄂尔多斯高原不同降水梯度下油蒿种群的分布格局进行了研究,旨在探讨干旱、半干旱区较大尺度上灌丛种群分布格局与环境间的关系,以期为受损生态系统的恢复提供理论指导。

2 公式

油蒿种群分布格局研究方法

(1)点格局方法:采用经过 Diggle 改进的 Ripley K 函数[4]进行点格局分析,其计算公式为:

$$\hat{K}(t) = \frac{1}{\lambda^2 A} \sum_{i=1}^{n} \sum_{j=1}^{n} \frac{I_t(d_{ij})}{W_{ij}} \quad (i \neq j) \tag{1}$$

式中,A 为取样面积(m^2);λ 为单位面积上的平均点数,可用 N/A 来估计(N 为总点数),t 为空间尺度,可为大于 0 的任意值;d_{ij} 为 i 和 j 两点之间的距离;$I_t(d_{ij})$ 为指示函数,当 $d_{ij} \leqslant t$ 时,$I_t(d_{ij}) = 1$,当 $d_{ij} > t$ 时,$I_t(d_{ij}) = 0$;W_{ij} 为以点 i 为圆心、d_{ij} 为半径的圆面积在取样面积中的比例,它表示一个点(植株)可被观察到的概率,为了消除边界效应,本研究采用这一概率的权重进行计算。

实际应用中,$\sqrt{\hat{K}(t)/\pi}$ 在表现格局关系时更有用,因为在随机分布下,它可使方差保持稳定,同时它与 t 有线性关系,用 $\hat{L}(t)$ 表示 $\sqrt{\hat{K}(t)/\pi}$,则 $\hat{L}(t)$ 的值可表示为:

$$\hat{L}(t) = \sqrt{\hat{K}(t)/\pi} - t \tag{2}$$

在随机分布下，$\hat{L}(t)$ 在所有的尺度 t 下均应等于 0，若 $\hat{L}(t) > 0$，则在尺度 t 下种群为聚集分布，若 $\hat{L}(t) < 0$，则为均匀分布。

根据以上公式画出研究区 5 个样地在 0～12 m 尺度上油蒿种群的空间分布格局（图 1）。

（2）方差均值比率法：该方法建立在 Possion 分布（随机分布）的预期假设上，随机分布具有方差 V 和均值 m 相等的性质，即 $V/m = 1$；如果 $V/m > 1$，呈聚集分布；如果 $V/m < 1$，则呈均匀分布[5]。V 和 m 的计算方法如下：

$$m = \frac{1}{n} \sum_{i=1}^{n} x_i \tag{3}$$

$$V = \sum_{i=1}^{n} (x_i - m)^2 / (n - 1) \tag{4}$$

式中，n 为在 1 个大样方中划分的小样方数目；x_i 为第 i 个小样方中的植物个体数。采用 T 检验法，检验种群分布格局偏离 Possion 分布的显著性，T 值的计算公式为：

$$T = \frac{V/m - 1}{\sqrt{2/(n - 1)}} \tag{5}$$

（3）聚块性指数：考虑到空间格局本身的性质，聚块性指数（J）可用以分析种群的分布格局[6]。

$$J = [m + (V/m - 1)]/m \tag{6}$$

当 $J = 1$ 时，为随机分布；当 $J > 1$ 时，为聚集分布；当 $J < 1$ 时，为均匀分布。

鄂尔多斯高原油蒿种群分布格局与降水量的回归分析结果显示：在各区组上 $\hat{L}(t)$ 值与降水量呈现一定程度的负相关，在 12 m×12 m 区组上为显著负相关（$P < 0.05$），表明随着降水的逐渐减弱，研究区油蒿种群的聚集程度逐渐增强。

3 意义

应用方差均值比率法、聚块性指数及点格局方法，沿着鄂尔多斯高原从东至西的降水梯度（336～249 mm·a^{-1}），设置 5 个采样点，对油蒿种群分布格局及其对降水梯度的反应进行了研究[3]。降水梯度的油蒿种群分布模型表明：随着降水梯度的递减，在小尺度上研究区油蒿种群分布格局表现为由均匀分布向随机分布转变；在大尺度上则表现为由随机分布向聚集分布转变。降雨的减少显著改变了油蒿种群的空间分布格局，在进行生态恢复时需对植物个体进行合理配置。

参考文献

[1] López – Portillo J, Monta C. Spatial distribution of Prosopis glandulosavar. torreyanain vegetation stripes of

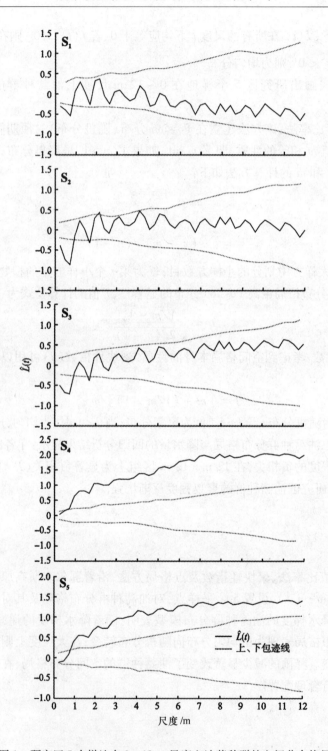

图1 研究区5个样地在0～12 m尺度上油蒿种群的空间分布格局

the southern Chihuahuan Desert. Acta Oecologica, 1999,20: 197 – 208.

[2] Zheng YR, Zhang XS. The diagnosis and optimal design of high efficient ecological economy system in Maowusu sandy land. Acta Phytoecologica Sinica, 1998,22(3): 262 – 268.

[3] 李秋爽,张超,王飞,等. 鄂尔多斯高原油蒿种群分布格局对降水梯度的反应. 应用生态学报,2009, 20(9):2105 – 2110.

[4] Diggle PJ. Statistical Analysis of Spatial Point Patterns. London: Academic Press, 1983.

[5] Zhang F, Shangguan TL. Population patterns of dominant species inElaeagnus mollis communities, Shanxi. Acta Phytoecologica Sinica, 2000,24(5): 32 – 39.

[6] Lloyd M. Mean crowding. Journal of Animal Ecology, 1967,36: 1 – 30.

减轻水库泥沙淤积的评估模型

1 背景

　　流域范围内的土壤侵蚀及其产生的泥沙导致相关水库出现淤积,库容的损失不仅导致蓄水能力下降,而且影响其他效益的发挥,如淤积逐渐上延影响上游生态环境、变动回水区的冲淤带来航运不便、库内淤泥恶化水质、坝前淤积影响枢纽安全运行以及水库泄水改变下游河道等[1]。吴楠等[2]基于 ArcGIS 9.2 的水文分析工具集(Hydrology Tools)和相关水沙共轭运移理论,建立了减轻水库泥沙淤积物质量的评估模型,采用 USLE 得到 2000 年二滩水库集水区土壤保持量的空间分布,并结合集水区每个分析像元的泥沙输移比(sediment delivery ratio, SDR),得到 2000 年减轻二滩水库泥沙淤积的物质量(保沙量)的空间分布以及在水库使用年限内该项服务总价值量的空间分布,旨在探寻集水区土地利用/覆盖变化与水库泥沙淤积动态的关系,以期为相关水库运营者与集水区土地管理者建立相对公平的生态补偿与交易机制提供支撑。

2 公式

2.1 单位面积土壤保持量的确定

　　USLE 运用了 GIS 中栅格数据分析功能,可预测出每个栅格的土壤侵蚀量,便于管理者找出较严重的土壤侵蚀区,并有针对性地提出最佳管理措施(BMPs),能有效地提高土壤侵蚀量的预测效率和结果的显示度[3]。其中,单位面积每年的潜在土壤侵蚀量、实际土壤侵蚀量和土壤保持量的估算公式分别为:

$$A = R \times K \times LS \tag{1}$$

$$A_r = R \times K \times LS \times C \times P \tag{2}$$

$$A_c = A_p - A_r \tag{3}$$

式中,A_p 为潜在土壤侵蚀量($t \cdot hm^{-2} \cdot a^{-1}$);$A_r$ 为实际土壤侵蚀量($t \cdot hm^{-2} \cdot a^{-1}$);$A_c$ 为土壤保持量($t \cdot hm^{-2} \cdot a^{-1}$);$R$ 为降雨侵蚀性因子($MJ \cdot mm \cdot hm^{-2} \cdot h^{-1} \cdot a^{-1}$);$K$ 为土壤可侵蚀性因子($t \cdot h \cdot MJ^{-1} \cdot mm^{-1}$);$LS$ 为地形因子;C 为植被覆盖和作物管理因子;P 为管理措施因子。每个因子的计算公式如下所示。

　　(1)降雨侵蚀性因子(R)采用 Zhang 和 Fu[4]的简易算法计算:

$$R_i = \alpha \times P_i^{\beta} \tag{4}$$

式中,P_i 为栅格 i 的年降雨量(mm);R_i 为栅格 i 的年降雨侵蚀力(MJ·mm·hm^{-2}·h^{-1}·a^{-1});α、β 为模型参数,α 和 β 分别取值 0.053 4 和 1.654 8。其中,2000 年降雨量数据源于中国气象局提供的全国 743 个气象站点的年均降水量(mm)以及经纬度和海拔,对降水量数据进行 Kriging 插值,栅格像元大小为 1 km × 1 km。

(2)土壤可侵蚀性因子 K 采用 Williams 等[5]在 EPIC(Erosion – Productivity Impact Calculator)模型中的方法,该方法仅需土壤有机碳和颗粒组成资料。

$$K = \{0.2 + 0.3\exp[-0.0256 S_d(1 - S_1/100)]\}[S_1/(C_1 + S_1)]^{0.3} \times$$
$$\{1.0 - 0.25C/[C_1 + \exp(3.72 - 2.95C)]\} \times [1.0 - 0.7(1 - S_d/100)]/$$
$$\{1 - S_d/100 + \exp[-5.51 + 22.9(1 - S_d/100)]\} \tag{5}$$

式中,K 为土壤可侵蚀性因子,为英制单位,乘以 0.132 后转换成国际制单位(t·h·MJ^{-1}·mm^{-1});S_d 为砂粒含量(%);S_1 为粉粒含量(%);C_1 为黏粒含量(%);C 为有机碳含量(%)。其中,土壤资料源于中国科学院资源环境科学数据中心提供的 1:100 万数字化《中国土壤图》中各种土壤类型分布及其基本理化性质属性数据库。

(3)地形因子(LS)的计算公式如下[6]:

$$LS_i = (l_i/22)^{0.3} \times (\theta_i/5.16)^{1.3} \tag{6}$$

式中,LS_i 为第 i 个栅格的地形因子;l_i 为第 i 个栅格的坡长(m);θ_i 为第 i 个栅格的坡度(°)。其中,坡度由 DEM 数据(90 m 分辨率)在 ArcGIS 9.2 中派生,坡长由坡向、坡度和栅格像元得到。

(4)植被覆盖和作物管理因子(C)基于植被覆盖度来估算[7]:

$$C = 1 \qquad\qquad f_v \leqslant 0.1\%$$

$$C = 0.6508 - 0.3436\lg f_v \qquad 0.1\% < f_v < 78.3\%$$

$$C = 0 \qquad\qquad f_v \geqslant 78.3\% \tag{7}$$

式中,f_v 为年均植被覆盖度(%)。根据 Gutman 和 Ignatov[8]的研究,区域植被覆盖度与植被指数存在以下关系:

$$f_v = \frac{NDVI - NDVI_{\min}}{NDVI_{\max} - NDVI_{\min}} \tag{8}$$

式中,$NDVI_{\max}$ 和 $NDVI_{\min}$ 分别为植被整个生长季归一化植被指数($NDVI$)的最大值和最小值。其中,2000 年的 $NDVI$ 数据源于全国生态环境调查数据库,空间分辨率为 1 km,时间分辨率为月,数据格式为 $GRID$。

2.2 泥沙输移比(SDR)的确定

在计算集水区的产沙量和保沙量之前,必须首先确定泥沙输移比(SDR,指输移至流域

某一点的泥沙与该点以上集水区内侵蚀总量之比)。本研究借鉴 Renfro[9] 的研究结果:

$$\lg(SDR_i) = 2.94359 + 0.82362\lg(G_i/L_i) \tag{9}$$

式中,SDR_i 为栅格 i 的泥沙输移比;G_i 为集水区内栅格 i 的高程与集水区出口(水库注入点)的高差;L_i 为栅格 i 从集水区表面延伸到水库注入点的汇流路径长度,,可通过 Flow Length 工具计算。

2.3 价值量评估模型

对于集水区保沙的价值量评估模型采用下式计算:

$$Value_{SR_i} = \left[\sum_{t=1}^{T-1} \frac{SR_i \times MC}{(1 + r/100)^t} \right] + \frac{[SR_i + (Vol_{current} - Vol_{dead})] \times MC}{(1 + r/100)^0} \tag{10}$$

式中,$Value_{SR_i}$ 为集水区内每个栅格在水库使用年限内保沙使其不进入水库的价值(元);SR_i 为栅格 i 保沙使其不进入水库的量($t \cdot a^{-1}$);MC 为研究区水库清除单位质量泥沙淤积的费用($元 \cdot t^{-1}$),r 为市场贴现率(%),表示将未来支付改变为现值所使用的利率,T 为从评估年份起,水库的使用年限(a),按照二滩水电站的设计使用年限和其初次蓄水时间,取 T 为 100 a;$Vol_{current}$ 为当前水库的淤积量(t);Vol_{dead} 为水库功能受到影响时的淤积量(t)。若不考虑评估年当年的 $Vol_{current}$ 和 Vol_{dead},则价值量评估模型可简化为:

$$Value_{SR_i} = \sum_{t=0}^{T-1} \left[\frac{SR_i \times MC}{(1 + r/100)^t} \right] \tag{11}$$

二滩水库集水区生态系统的土壤侵蚀与土壤保持见表1。

表1 二滩水库集水区不同生态系统土壤侵蚀量和土壤保持量

土地类型	面积比例/%	潜在侵蚀量		实际侵蚀量		土壤保持量		土壤保持能力
		平均值/(t·hm⁻²·a⁻¹)	总值/(×10⁴ t·a⁻¹)	平均值/(t·hm⁻²·a⁻¹)	总值/(×10⁴ t·a⁻¹)	平均值/(t·hm⁻²·a⁻¹)	总值/(×10⁴ t·a⁻¹)	
农田	6.9	74.2	8 642.5	17.8	2 074.1	56.4	6 568.1	4.2
林地	40.7	99.7	68 308.5	0.7	478.1	99.0	67 825.6	142.8
草地	46.1	57.1	44 178.1	1.8	1 413.6	55.3	42 762.1	31.2
建设用地	0.2	39.0	138.4	1.2	4.2	37.8	134.3	33.3
裸地	6.1	48.1	4 903.7	9.6	980.7	38.5	3 923.0	5.0
合计	100		126 171.2		4 950.8		121 213.0	

由表1可以看出,2000年,二滩水库集水区总面积 16.85×10^4 km²,主要的生态系统类型为林地和草地,两者的面积之和占集水区总面积的86.8%;集水区内实际土壤侵蚀总量 $4\,950.8 \times 10^4$ t·a⁻¹;其中,农田面积仅占集水区总面积的6.9%,但其实际侵蚀总量却最

大,达$2074.1 \times 10^4 \text{ t} \cdot \text{a}^{-1}$;建设用地的实际侵蚀总量最小,仅$4.2 \times 10^4 \text{ t} \cdot \text{a}^{-1}$;研究区各类生态系统平均单位面积的实际侵蚀在$0.7 \sim 17.8 \text{ t} \cdot \text{hm}^{-2} \cdot \text{a}^{-1}$,由于农田和裸地的C、P值较大,使两者的平均单位面积比实际土壤侵蚀量较大,分别为$17.8 \text{ t} \cdot \text{hm}^{-2} \cdot \text{a}^{-1}$和$9.6 \text{ t} \cdot \text{hm}^{-2} \cdot \text{a}^{-1}$。

二滩水库集水区生态系统的输移比和保沙量见表2。

表2　二滩水库集水区不同生态系统的输移比、产沙量和保沙量

土地类型	输移比平均值	潜在产沙量		实际产沙量		保沙量	
		平均值/(t·hm⁻²·a⁻¹)	总值/(×10⁴ t·a⁻¹)	平均值/(t·hm⁻²·a⁻¹)	总值/(×10⁴ t·a⁻¹)	平均值/(t·hm⁻²·a⁻¹)	总值/(×10⁴ t·a⁻¹)
农田	0.16	14.3	1 650.5	3.4	396.1	10.9	1 254.3
林地	0.14	15.6	10 644.8	0.1	74.5	15.5	10 569.0
草地	0.06	4.4	3 420.8	0.1	109.5	4.3	3 311.2
建设用地	0.22	13.3	46.5	0.4	1.4	12.9	45.1
裸地	0.04	2.3	239.4	0.5	47.9	1.9	191.5
合计			16 002.0		629.3		15 371.1

由表2可以看出,2000年二滩水库集水区内各类生态系统平均输移比在$0.04 \sim 0.22$,由于建设用地与河道的距离较近,泥沙运移距离较短,导致建设用地的泥沙输移比最高(0.22);农田多分布于雅砻江下游和二滩水库库区附近,泥沙运移距离较短,而林地分布区山高坡陡,垂直高差大,导致两者的输移比分别为0.16和0.14;裸地多分布于雅砻江上游,泥沙运移至下游河道和水库的距离较远,其泥沙输移比最低(0.04)。

二滩水库集水区生态系统减轻水库泥沙淤积的价值见表3。

表3　集水区不同生态系统减轻水库泥沙淤积的评估

土地类型	面积百分比/%	单位面积价值/(×10⁴ 元·hm⁻²)	水库使用年限内减轻泥沙淤积总价值/(×10⁸ 元)	价值百分比/%
农田	6.9	1.9	2.2	8.2
林地	40.7	2.8	18.9	68.8
草地	46.1	0.8	5.9	21.5
建设用地	0.2	2.3	0.08	0.3
裸地	6.1	0.3	0.3	1.2
合计	100		27.5	100

由表 3 可以看出,集水区各生态系统面积和总价值占优势的是林地和草地生态系统。其中,林地生态系统的服务价值占集水区总价值的 68.8%,其次为草地(21.5%),两类生态系统共占集水区总价值的 90.3%。从单位面积服务价值来看,林地和建设用地的平均单位面积服务价值较高,分别为 2.8×10^4 元·km^{-2} 和 2.3×10^4 元·km^{-2}。在水库使用年限内,集水区对于减轻二滩水库泥沙淤积服务的总价值可达 27.53 亿元。

3　意义

构建了生态系统减轻水库泥沙淤积的评估模型,并结合泥沙输移比(SDR)和通用水土流失方程(USLE),模拟了二滩水库集水区的产沙量和保沙量及其空间分布特征以及水库使用年限内其生态系统服务价值[2]。结果表明:2000 年,二滩水库集水区土壤保持量 12.1×10^8 t·a^{-1},土壤保持量高值区主要分布于雅砻江干流和支流水网附近;泥沙输移比的高值主要分布在河道附近和水库周边,水库周边是最主要的产沙区和保沙区;研究区实际产沙量为 629.3×10^4 t·a^{-1},占实际土壤侵蚀量的 12.7%;农田是研究区最主要的产沙源,其产沙量占集水区总产沙量的 62.9%;林地平均单位面积的保沙价值最高。在二滩水库使用年限内(100 a),集水区对于减轻二滩水库泥沙淤积的总价值为 27.53 亿元。

参考文献

[1]　Tian HT, Zhang ZK, Li YM,et al. Differences in reservoir sedimentation in inland China. Advances in Science and Technology of Water Resources, 2006,26(6):28 – 33.

[2]　吴楠,高吉喜,苏德毕力格,等. 减轻二滩水库泥沙淤积的生态系统服务价值评估. 应用生态学报, 2009,20(9):2225 – 2232.

[3]　Lufafa A, Tenywa MM, Isabirye M,et al. Prediction of soil erosion in a Lake Victoria basin catchment using a GIS – based universal soil loss model. Agricultural Systems, 2003,76: 883 – 894.

[4]　Zhang WB, Fu JS. Rainfall erosivity estimation under different rainfall amount. Resources Science, 2003,25 (1): 35 – 41.

[5]　Williams JR, Renard KG, Dyke PT. EPIC – A new method for assessing erosion's effect on soil productivity. Journal of Soil and Water Conservation, 1983,38: 381 – 383.

[6]　Wischmeier WH, Smith DD. Predicting Rainfall Erosion Losses – A Guide to Conservation Planning// USDA, ed. Agriculture Handbook No. 537. Washington DC:US Department of Agriculture, 1978: 58.

[7]　Cai CF, Ding SW, Shi ZH,et al. Study of applying USLE and geographical information system IDRISI to predict soil erosion in small watershed. Journal of Soil and Water Conservation, 2000,14(2): 19 – 24.

[8]　Gutman G, Ignatov A. The derivation of the green vegetation fraction from NOAA/AVHRR data for use in numerical weather prediction models. International Journal of Remote Sensing, 1998,19: 1533 – 1543.

[9]　Renfro GW. Use of erosion equations and sediment delivery ratios for predicting sediment yield//USDA, e-d. Present and Prospective Technology for Predicting Sediment Yield and Sources. ARS – S – 40. Washington DC: US Department of Agriculture, 1975: 33 – 45.

绿洲生态安全的评价模型

1 背景

生态安全是国家安全和社会稳定的重要组成部分之一,维持生态安全是实现区域可持续发展的基础。生态安全评价的核心内容是要最大化地实现系统内自然资源的可持续利用,并为整个生态系统的安全和可持续发展提供生态保障[1]。新疆绿洲区既是生态敏感和环境退化区[2],又是社会适应和经济适度脆弱区[2]。凌红波等[3]基于层次分析法和模糊综合评判,结合新疆玛纳斯河流域土地利用和水资源数据,并参考流域内各地自然、经济、社会统计资料,对 2006 年玛纳斯河流域绿洲的生态安全进行了综合评价,以期为玛纳斯河流域绿洲的水土开发、生态修复和环境保护提供决策性依据。

2 公式

2.1 指标权重的确定

层次分析法是按照准则层与指标层之间的隶属关系,根据专家打分与数学计算,给出各准则层与指标层合理的相对权重[4]。

首先构造判断矩阵,以 A 表示评价对象,u_i、$u_j(i=1,2,\cdots,n\ j=1,2,\cdots,m)$ 表示各评价指标,u_{ij} 表示 u_i 对于 u_j 的相对重要度数值,$A-U$ 的判断矩阵 P 可表示如下:

$$P = \begin{bmatrix} u_{11} & u_{12} & \wedge & u_{1n} \\ u_{21} & u_{22} & \wedge & u_{2n} \\ M & M & M & M \\ u_{n1} & u_{n2} & \wedge & u_{nn} \end{bmatrix} \tag{1}$$

利用 Matlab 7.0 软件在命令窗口中编辑公式和循环语句,由此可求出该矩阵最大特征根 λ_{max} 所对应的特征向量 $x(i,1)$ 及各指标权重值 $W(i)$,其中,i 为循环次数。最后进行一致性检验,以判断得到的权重分配是否合理。检验公式如下:

$$CR = CI/RI \tag{2}$$

$$CI = \frac{\lambda_{max} - n}{n - 1} \tag{3}$$

220

式中,CR 为判断矩阵的随机一致性比率,当 CR 小于 0.1 时,表示权重分配合理;CI 为判断矩阵一致性指标;RI 为判断矩阵的平均随机一致性指标,1 ~ 9 阶的判断矩阵的 RI 值分别为 0、0、0.58、0.90、1.12、1.24、1.32、1.41 和 1.45。

2.2 模糊综合评判模型的计算

模糊综合评判模型主要用于计算各评价因素对不同评价等级的隶属度[5]。设 2 个有限论域 $U = \{u_1, u_2, \cdots, u_m\}$、$V = \{v_1, v_2, \cdots, v_n\}$。其中,$U$ 代表所有评判因素组成的集合,V 代表所有的评价等级组成的集合。对评价因素 u_i 进行单因素评判,确定对评价等级 v_j 的隶属度 r_{ij},则 m 个评价因素的评价集构造出评判矩阵 R:

$$R = \begin{bmatrix} r_{11} & r_{12} & \wedge & r_{1n} \\ r_{21} & r_{22} & \wedge & r_{2n} \\ M & M & M & M \\ r_{m1} & r_{m2} & \wedge & r_{mn} \end{bmatrix} \tag{4}$$

式中,r_{mn} 为第 m 个评价因素在第 n 等级时的隶属度值;R 为 U 到 V 上的模糊隶属度值组成的矩阵。准则层中的评价目标对不同等级的隶属度可利用公式 $B = A \times R$ 进行计算。其中,A 为上述层次分析所得到的各评价指标的权重值:

$$A = \{a_1, a_2, K_{am}\} (满足 \ 0 \leqslant a_i \leqslant 1, \sum_{i=1}^{m} a_i = 1)$$

生态安全评价总评分可根据不同评价等级的重要度值 t_i 以及矩阵 B 中各等级的隶属度值(b_i)利用下式计算得到:

$$a = \sum_{i=1}^{n} b_i t_i \tag{5}$$

式中,a 为研究区生态安全评价的综合评分值,a 值越高,说明生态状况越安全。根据专家打分,本研究对评价指标 4 个等级(非常安全、比较安全、基本安全、不安全)的重要度值设为 $t_i = (0.95, 0.75, 0.5, 0.25)$。

2.3 评价因素隶属度评判矩阵的构造

根据玛纳斯河流域绿洲生态安全各影响因素的特点,遵循评价指标对生态安全的可持续性、前瞻性、敏感性及完整性等原则,同时考虑到评价指标之间的相关性与独立性,本研究选取 18 个评价指标进行综合评判。根据 18 个评价指标对玛纳斯河流域生态安全的影响程度,结合相关文献[6],将研究区生态安全评价系统的评价指标划分为非常安全(V_1)、比较安全(V_2)、基本安全(V_3)和不安全(V_4)4 个等级(表 1)。

表1 研究区生态安全评价指标体系及其分级标准

准则层	指标层	单位	等级			
			非常安全 (V_1)	比较安全 (V_2)	基本安全 (V_3)	不安全 (V_4)
水资源安全指数(U_1)	产水模数(U_{11})	$\times 10^4$ m$^3 \cdot$ hm^{-2}	>70	70~50	50~30	<30
	地下水埋深(U_{12})	m	2~3	1~2	3~4	>5
	人均水资源量(U_{13})	m^3	>4 000	4 000~2 500	2 500~1 000	<1 000
	地下水矿化度(U_{14})	g$\cdot$L^{-1}	<1	1~3	3~10	>10
	水资源供需比(U_{15})	–	>1.2	1.2~0.9	0.9~0.6	<0.6
	地表水水质(U_{16})	级别	1	2	3	>3
环境安全指数(U_2)	干旱指数(U_{21})	–	<1	1~3	3~7	>7
	林地覆盖率(U_{22})	%	>30	30~20	20~10	<10
	生态用水率(U_{23})	%	>40	40~15	15~10	<10
	草地载畜度(U_{24})		>1	1~0.8	0.8~0.6	<0.6
	绿洲土壤盐碱化率(U_{25})	%	<1	1~3	3~7	>7
	绿洲沙化率(U_{26})	%	<5	5~15	15~25	>25
社会经济指数(U_3)	人均GDP(U_{31})	元$\cdot$cap^{-1}	>5 000	5 000~3 500	3 500~1 500	<1 500
	人口密度(U_{32})	人$\cdot$km^{-2}	<30	30~150	150~250	>250
	单位面积农业生产总值(U_{33})	10^4元$\cdot$km^{-2}	>70	70~40	40~20	<20
	城镇化率(U_{34})	%	>40	40~15	15~10	<10
	农民人均纯收入(U_{35})	元$\cdot$cap^{-1}	>2 000	2 000~1 100	1 100~600	<600
	人均耕地面积(U_{36})	hm$^2\cdot$cap^{-1}	>0.23	0.23~0.17	0.17~0.1	<0.1

在模糊综合评判中,首先要确定各指标的权重,权重是否合理直接决定了评价结果的正确性。由表2可以看出,研究区生态安全指标体系中指标层的权重在水资源安全指数、环境安全指数与社会经济指数3个准则层的子系统中分别设定。

由表3可以看出,研究区生态安全指标中水资源安全指数属比较安全水平,水资源量及水质能较好地保障绿洲社会经济发展与生态安全用水,最后综合评分为0.620 8;而环境安全指数的综合得分为0.392 8,并且对不安全水平的隶属度高达0.495 5,是3个准则层中评分最低的一个。

表 2 各评判指标权重值及一致性检验

准测层	权重	一致性比率（CR）	指标层	权重	一致性比（CR）
水资源安全指数（U_1）	0.558 4	0.016	产水模数（U_{11}）	0.025 9	0.043
			地下水埋深（U_{12}）	0.265 4	
			人均水资源量（U_{13}）	0.046 2	
			地下水矿化度（U_{14}）	0.089 7	
			水资源供需比（U_{15}）	0.393 5	
			地表水水质（U_{16}）	0.179 3	
环境安全指数（U_2）	0.319 6		干旱指数（U_{21}）	0.128 5	0.041
			林地覆盖率（U_{22}）	0.058 4	
			生态用水率（U_{23}）	0.253 3	
			草地载畜度（U_{24}）	0.029 2	
			绿洲土壤盐碱化率（U_{25}）	0.058 4	
			绿洲沙化率（U_{26}）	0.472 2	
社会经济指数（U_3）	0.112		人均GDP（U_{31}）	0.134 6	0.044
			人口密度（U_{32}）	0.068 1	
			单位面积农业生产总值（U_{33}）	0.475	
			城镇化率（U_{34}）	0.032 5	
			农民人均纯收入（U_{35}）	0.257 3	
			人均耕地面积（U_{36}）	0.032 5	

表 3 研究区生态安全综合评价结果

准测层	等级				
	非常安全（V_1）	比较安全（V_2）	基本安全（V_3）	不安全（V_4）	综合评分
水资源安全指数（U_1）	0.109 7	0.438 8	0.298 6	0.152 9	0.620 8
环境安全指数（U_2）	0.028 8	0.015 0	0.460 7	0.495 5	0.392 8
社会经济指数（U_3）	0.455 1	0.069 9	0.169 6	0.305 4	0.645 9
总评分	0.126 0	0.258 3	0.334 7	0.281 0	0.551 0

3 意义

利用层次分析法和模糊综合评判法建立了生态安全评价指标体系，从水资源、环境和社会经济 3 个方面选取了 18 个评价指标对 2006 年新疆玛纳斯河流域绿洲生态安全进行了综合评价[3]。结果表明:2006 年,研究区生态状况处于基本安全水平,其隶属度值为 0.334 7,综合评分值为 0.551;水资源安全指数和社会经济指数分别处于比较安全和非常安全水平,而环境安全指数则处于不安全水平状态。水资源是绿洲实现可持续发展的保障,社会经济指数和环境安全指数展示了绿洲的发展水平和环境状况,三因素极大程度上决定了绿洲的生态全水平。

参考文献

[1] Wang ZX, Zhu XD, Shi L, et al. Ecological security assessment model and corresponding indicator system of the regions along Huaihe River in Anhui Province. Chinese Journal of Applied Ecology, 2006, 17(12): 2431 – 2435.

[2] Zhang JM. The ecological safety and its assessment principle in arid: A case of Xinjiang. Ecology and Environment, 2007, 16(4): 1328 – 1332.

[3] 凌红波, 徐海量, 史薇, 等. 新疆玛纳斯河流域绿洲生态安全评价. 应用生态学报, 2009, 20(9): 2219 – 2224.

[4] Yu YM, Zhu LX, Kang FQ. Systematic analysis on environmental effect of water saving irrigation in agriculture. Journal of Desert Research, 2004, 24(5): 611 – 615.

[5] Wang XQ, Lu Q, Li BG. Fuzzy comprehensive assessment for carrying capacity of water resources in Qinghai Province. Journal of Desert Research, 2005, 25(6): 944 – 949.

[6] Du QL, Xu XG, Liu WZ. Ecological security assessment for the oases in the middle and lower Heiher River. Acta Ecologica Sinica, 2004, 24(9): 1916 – 1923.

大棚小白菜的蒸腾模型

1 背景

在长江下游流域,单栋塑料大棚(图1)是蔬菜栽培的主要设施。对于自然通风状态下,防虫网覆盖塑料大棚内蔬菜蒸腾研究,可为大棚内温度和湿度的模拟研究提供技术基础。李军等[1]针对长江下游地区在蔬菜生产上普遍使用的(完全基于自然通风)单栋塑料大棚,将作物蒸腾原理与蔬菜田间试验资料相结合,建立一个以气象要素为驱动因子,以塑料大棚结构、覆盖材料和蔬菜为参数的可以预测单栋塑料大棚内蔬菜蒸腾速率的模拟模型,以期为长江下游地区单栋塑料大棚内温湿度预测、塑料大棚结构的优化提供理论依据和决策支持。

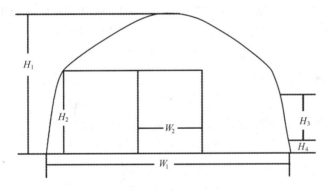

图1 塑料大棚结构示意图

2 公式

2.1 小白菜蒸腾模型

当 Penmam – Monteith 蒸腾模型中引入了空气动力学阻抗和作物冠层阻抗之后,该模型就较为全面地考虑了影响农田蒸散的气象因素和作物生理因素,从而为植物蒸腾研究开辟了一条新的途径。根据能量平衡原理,忽略平流作用和作物及群体内部物理变化所消耗的能量, Penmam – Monteith 将植物蒸腾速率表达为[2]:

$$\lambda E = \frac{\Delta(R'_n - G) + 2LAI(\rho C_p/r_a)VPD}{\Delta + \gamma(1 + r_c/r_a)} \tag{1}$$

$$VPD = e_s - e_a \tag{2}$$

式中，$\Delta = de_s/dt$，为饱和水汽压随温度变化曲线的斜率($kPa \cdot \math℃^{-1}$)；R_n'为小白菜冠层获得的太阳净辐射($J \cdot s^{-1} \cdot m^{-2}$)；$LAI$为小白菜叶面积指数($m^2 \cdot m^{-2}$)；$r_a$为边界层空气动力学阻抗($s \cdot m^{-1}$)；$r_c$为小白菜冠层对水汽的阻抗($s \cdot m^{-1}$)；$VPD$为大棚内空气饱和水汽压差($kPa$)；$e_s$为大棚内气温($t_{in}$)下的空气饱和水汽压($kPa$)；$e_a$为$t_{in}$下的空气实际水汽压($kPa$)；$\gamma$为湿度计常数($kPa \cdot \math℃^{-1}$)；$\lambda$为水的蒸发潜热($J \cdot g^{-1}$)；$E$为小白菜蒸腾速率($g \cdot m^{-2} \cdot s^{-1}$)；$\rho$为大棚内空气密度($g \cdot m^{-3}$)；$C_p$为空气定压比热($J \cdot g^{-1} \cdot \math℃^{-1}$)，$C_p$取值1.012；$G$为土壤表面热通量($J \cdot s^{-1} \cdot m^{-2}$)。

根据 Monsi 和 Saeki[3] 的研究，计算小白菜冠层获得的净辐射的表达式为：

$$R'_n = R_n[1 - e^{(-k \cdot LAI)}] \tag{3}$$

式中，R_n为到达小白菜冠层上方的太阳净辐射($J \cdot s^{-1} \cdot m^{-2}$)；$k$为小白菜冠层消光系数（无量纲）。

大棚内气温(t_{in})下纯水平液面饱和水汽压(e_s)和实际水汽压(e_a)的计算公式为[4]：

$$\log(e_s/10) = 10.79574(1 - T_1/T_{in}) - 5.028\log(T_{in}/T_1) + 1.50475 \times$$
$$10^{-4}[1 - 10^{-8.2969(T_{in}/T_1)}] + 0.42873 \times 10^{-3}[10^{4.76995(1-T_1/T_{in})} - 1] + 0.78614 \tag{4}$$

$$e_a = e_w - 8.15P(t_{in} - t_w) \tag{5}$$

式中，P为大棚外实际气压(kPa)；$T_1 = 273.16$（水的三相点温度）(K)；$T_{in} = 273.15 + t_{in}$(K)；e_w为湿球温度t_w所对应的纯水平液面的饱和水汽压(kPa)。

饱和水汽压随温度变化曲线的斜率(Δ)的表达式为[5]：

$$\Delta = 4158.6e_s(t_{in})/(t_{in} + 239)^2 \tag{6}$$

水的蒸发潜热(λ)和湿度计常数(γ)的表达式为[6]：

$$\lambda = 4.1855(595 - 0.51t_{in}) \tag{7}$$

$$\gamma = 1.61452P/\lambda \tag{8}$$

空气密度的表达式为：

$$\rho = 1283.7 - 3.9t_{in} \tag{9}$$

小白菜冠层对水汽的阻抗(r_c)是一个虚拟的物理量，它表示了小白菜整个冠层对蒸腾影响总效果的一个参数[7]；空气动力学阻抗(r_a)是由于大棚内空气湍流而产生的输送阻抗。根据相关方面的研究，它们的表达式分别为[7]：

$$r_c = 200(1 + 1/e^{0.05(\tau S_0 - 50)}) \tag{10}$$

$$r_a = 220d^{0.2}/u_{in}^{0.8} \tag{11}$$

$$u_{in} = G_v/A_c \tag{12}$$

$$G_v = (S/2)C_d[2g(H/2)(T_{in} - T_{out})/T_{out} + C_w v_{out}]^{0.5} \tag{13}$$

式中,τ 为大棚塑料薄膜的透光率,根据试验资料 20 目、25 目、28 目的 τ 均为 0.780;S_0 为大棚外太阳总辐射($W \cdot m^{-2}$);d 为小白菜叶片的特征宽度(以叶片宽度表示)(m);u_{in} 为大棚内空气平均流速($m \cdot s^{-1}$);A_c 为垂直于平均风向的大棚横截面积,指大棚的轴向横截面积(m^2);G_v 为大棚自然通风率($m^3 \cdot s^{-1}$);S 为大棚有效通风面积(m^2);C_d 为流量系数(无量纲);C_w 为综合风压系数(无量纲);g 为重力加速度(9.8 $m \cdot s^{-2}$);H 为进风口中心与出风口中心的垂直距离,也就相当于"烟囱"的等效高度(对于只有侧窗的塑料大棚,H 为开窗垂直高度的 1/2)(m);v_{out} 为室外风速($m \cdot s^{-1}$);T_{out} 为大棚外气温(K);T_{in} 为大棚内气温(K)。

根据 Boulard 和 Draoui[8] 的研究:

$$S = 2A_v \sin(\alpha/2) \tag{14}$$

式中,A_v 为大棚通风窗的总面积(通风窗的长度×宽度×大棚通风窗的总数)(m^2);α 为开窗角度。

根据以上公式,对小白菜蒸腾速率预测值与观测值的比较(图2)。可见,模型能较好地预测小白菜的蒸腾速率。

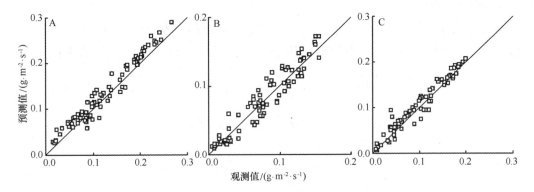

图 2　小白菜蒸腾速率预测值与观测值的比较

2.2　小白菜叶宽及叶面积指数模型

1)辐热积的计算

本研究建立辐热积与小白菜叶面积指数及叶宽的模型,RTE 的计算公式为[9]:

$$RTE(t_{in}) = \begin{cases} 0 & (t_{in} < t_b) \\ (t_{in} - T_b)/(T_{ob} - T_b) & (T_b \leqslant t_{in} < T_{ob}) \\ 1 & (T_{ob} \leqslant t_{in} \leqslant T_{ou}) \\ (T_m - t_{in})/(T_{in} - T_{ou}) & (T_{ou} < t_{in} \leqslant T_m) \end{cases} \tag{15}$$

式中,$RTE(t_{in})$ 为棚内气温 t_{in} 的相对热效应;T_b 为小白菜生长下限温度(℃);T_m 为小白菜生长上限温度(℃);T_{ob} 为生长最适温度下限(℃);T_{ou} 为生长最适温度上限(℃)。本研究取小白菜生长的下限温度为 4℃,上限温度为 40℃,最适温度上、下限白天分别为 35℃ 和

20℃,夜间分别为25℃和15℃。

日平均相对热效应为1 d内各小时相对热效应的平均值,计算公式为:

$$PTEP = \{\sum_{j=1}^{24} RTE[t_{in}(j)]/24\} PAR \tag{16}$$

$$TEP = \sum PTEP \tag{17}$$

式中,$PTEP$ 为日辐热积($MJ \cdot m^{-2}$);$t_{in}(j)$ 为一天中第 j 小时的棚内温度(℃);PAR 为第 i 天大棚内日总光合有效辐射($MJ \cdot m^{-2}$),据研究光合有效辐射占太阳总辐射的50%[10];TEP 为小白菜第1片真叶出现后的累积辐热积($MJ \cdot m^{-2}$)。

2)小白菜平均叶宽及叶面积指数模型

根据田间试验资料,小白菜叶宽和叶面积指数与辐热间的关系为"S"形,因此,本研究用 Logistic 模型来描述小白菜叶宽和叶面积指数的变化规律,其表达式为[11]:

$$y = C/(1 + e^{a+bTEP}) \tag{18}$$

式中,y 为叶宽或叶面积指数;C、a、b 为参数,根据试验资料用回归统计分析方法获取。

2.3 模型检验方法

本研究采用检验模型常用的统计方法(回归估计标准误差 $RMSE$、相对误差 RE 和决定系数 R^2)对模拟值和实测值之间的符合程度进行分析,$RMSE$ 和 RE 的计算方法为:

$$RMSE = \sqrt{\sum_{i=1}^{n}(OBS_i - SIM_i)^2/n} \tag{19}$$

$$RE = RMSE/[\sum_{i=1}^{n}OBS_i/n] \times 100\% \tag{20}$$

$$R^2 = \frac{\sum_{i=1}^{n}(SIM_i - \overline{SIM})^2}{\sum_{i=1}^{n}(OBS_i - \overline{OBS})^2} \tag{21}$$

式中,n 为样本数;OBS 为观测值;$\overline{OBS}$ 为 OBS 的平均值;SIM 为模型的估计值;$\overline{SIM}$ 为 SIM 的平均值。

根据以上公式,对小白菜叶宽(a)、叶面积指数(b)预测值与观测值进行比较(图3)。可见,较好地预测了小白菜的叶宽。

3 意义

根据 Penmam – Monteith 蒸腾模型,建立了一个以单栋塑料大棚内外气象条件为驱动变量,以单栋塑料大棚结构、防虫网覆盖材料、大棚内小白菜特征宽度和叶面积指数为参数的小白菜蒸腾模型[1],并利用单栋塑料大棚内试验数据的独立样本对模型进行了检验。大棚小白菜的蒸腾模型表明:蒸腾模型能较好地预测长江下游地区防虫网覆盖单栋塑料大棚内

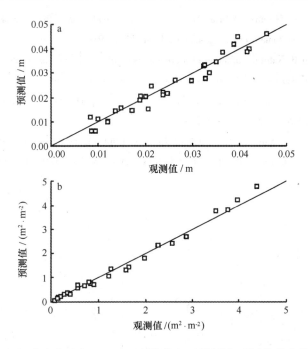

图3 小白菜叶宽(a)、叶面积指数(b)预测值与观测值的比较

小白菜的蒸腾速率,为完全自然通风的塑料大棚防虫网覆盖设计及大棚内温湿度的预测奠定了技术依据,也为该地区(基于自然通风)连栋塑料温室内蔬菜蒸腾速率的模拟研究提供了技术资料。

参考文献

[1] 李军,姚益平,罗卫红,等.长江下游防虫网覆盖塑料大棚内小白菜蒸腾模拟.应用生态学报,2009,20(9):2241 – 2248.

[2] Boulard T, Wang S. Greenhouse crop transpiration simulation from external climate conditions. Agricultural and Forest Meteorology, 2000,100:25 – 34.

[3] Monsi M, Saeki T. On the factor light in plant communities and its importance for matter production. Annals of Botany, 1953,14:22 – 52.

[4] China Meteorological Administration. Meteorological Observe Criterion on Surface. Beijing:Meteorological Press, 2003.

[5] Goudriaan J, van Laar HH. Modelling Protential Crop Growth Processes:Textbook with Exercises. Dordrecht:Kluwer Academic Publishers, 1994.

[6] Weng DM, Chen WL, Shen JC, et al. Microclimate and Agroclimate. Beijing:China Agriculture Press, 1981.

［7］ Boulard T, Baille A, Mermier M, et al. Measurements and modelling of the stomatal resistance and transpiration of a greenhouse tomato crop. Agronomie, 1991, 11: 259 – 274.

［8］ Boulard T, Draoui B. Naturalventilation of a greenhouse with continuous roofvents: Measurements and data analysis. journal of Agricultural Engineering Research, 1995, 61: 27 – 36.

［9］ Yuan CM, Luo WH, Zhang SF, et al. Simulation of the development of greenhouse muskmelon. Acta Horti culturae Sinica, 2005, 32(2): 262 – 267.

［10］ Niu WY. Agriculture Nature Factors Analysis. Beijing: China Agriculture Press, 1981.

［11］ Liu YS. Technique for Vegetable Production. Beijing: China Agriculture Press, 1992.

景观的生态和美学评价模型

1 背景

北京市把农业作为绿色隔离带和生态走廊纳入综合绿色空间体系建设,农业景观建设将成为未来北京市农业基础建设的重要任务。针对北京市都市型现代农业发展中农业景观整治和宏观决策的需求,如何在空间上定量分析不同区县和不同类型农业景观质量是急需解决的问题。潘影等[1]在综合以往研究的基础上,构建了一套空间显性综合指标体系,对北京市农业景观的生态功能和美学功能进行了综合评价,进而解译其景观质量及空间差异,以期为农业景观规划和建设、投资等宏观决策提供科学依据。

2 公式

根据不同人群对不同景观偏好和不同要素喜好程度的前期调研结果[2],赋予单一权重,构建了综合评价指标体系对北京市农业景观质量进行评价(图1)。

2.1 基于遥感信息的植被覆盖度指数

使用遥感图像处理软件 ENVI4.4 的波段计算(band math)对经过校正的"北京一号"遥感数据进行处理,计算 $NDVI$ 值,其算式如下:

$$NDVI = (NIR - red)/(NIR + red) \tag{1}$$

式中,NIR 为遥感图像中的近红外波段;red 为遥感图像中的红光波段。

2.2 基于土地利用图的植被丰度(enrichment)指数

使用地类丰度指数[3]计算北京市植被丰度:

$$F_{i,k,d} = \frac{n_{k,d,i}/n_{d,i}}{N_k/N} \tag{2}$$

式中,$F_{i,k,d}$ 为地类丰度因子,i 为栅格位置,k 为土地利用类型,本研究中为林地;d 为邻域半径;$n_{d,i}$ 为 i 栅格 d 半径范围内的栅格总数量;$n_{k,d,i}$ 为 i 栅格 d 半径范围内林地的栅格个数;N 为研究区栅格总数;N_k 为研究区林地栅格总数。

2.3 基于土地利用图的景观多样性指数

使用 Fragstat3.3 帮助文件计算香农多样性指数:

$$SHDI = - \sum_{i=1}^{n} P_i \ln P_i \tag{3}$$

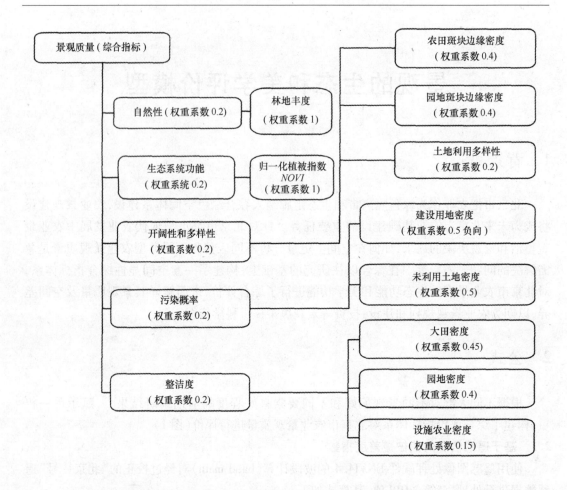

式中,*SHDI* 为香农多样性指数;P_i 为一定范围内某种景观类型的出现几率;*n* 为景观类型数量。使用 AO + VBA 编程,对图中每一个栅格 Moore 邻域(九宫格)内每种景观类型的栅格数量除以 Moore 邻域总栅格数量,即为 P_i。

2.4   基于土地利用图的斑块边缘密度指数

利用单位面积上斑块边缘长度,反映斑块的破碎程度。

$$PED = P_{edge}/A \tag{4}$$

式中,*PED* 为斑块边缘密度;P_{edge} 为每一个斑块的边缘长度;*A* 为单位面积。利用北京市土地利用矢量图,采用 ArcGIS 9.2 拓扑插件(Topology)生成每一个斑块的边缘矢量图层,利用 ArcGIS 9.2 空间分析模块(spatial analyst)的密度计算功能(density)计算单位面积边缘长度并带入式(4)计算 *PED*,生成斑块边缘密度指数的空间图层。

2.5   基于土地利用图的斑块面积密度指数

利用单位面积上的斑块面积,计算斑块面积密度。

$$PAD = P_a/A \tag{5}$$

式中,PAD 为斑块面积密度;P_a 为每一个斑块的面积。利用北京市土地利用矢量图,计算单位面积上各斑块面积,生成斑块面积密度的空间图层。

3 意义

潘影等[1]选择了重点反映农业景观生态与美学功能的生态系统功能、自然性、开阔与多样性、污染概率和整洁度等10个单一空间显性指数,基于田间调查和专家系统赋予其不同权重,构建了农业景观质量综合评价指标,并基于地理信息系统支持下的土地利用数据和利用遥感获得的植被指数,对北京市农业景观质量及其空间差异进行了评价。景观的生态和美学评价模型表明:北京市农业景观质量的区域差别较大,城区及小城镇边缘的农业景观质量最差,近郊外围及远郊区较好;北京市农业景观的优劣主要与地形和人为压力有关。基于空间信息技术和景观指数,在大尺度上构建的综合指标体系,对评价农业景观质量的空间差异具有重要意义。

参考文献

[1] 潘影,肖禾,宇振荣. 北京市农业景观生态与美学质量空间评价. 应用生态学报,2009,20(10):2455 – 2460.

[2] Zhang XT, Yu ZR, Wang XJ. Local farmer demand formulti functional agriculture along Jing – Cheng freeway. Chinese Journal of Eco – Agriculture, 2009,17(4):782 – 788.

[3] Verburg PH, de Nijs Ton CM, van Eck JR, et al. A method to analyse neighbourhood characteristics of land use patterns. Computers, Environment and Urban Systems, 2004,28:667 – 690.

地表蒸散的遥感模型

1 背景

蒸散既是地面热量平衡的组成部分,又是水分平衡的重要组成部分。区域蒸散与土壤、植被、大气物理参数等因素密切相关,是区域生态过程中的活跃因素[1]。遥感数据具有覆盖范围大、更新速度快等特点,现已成为监测大范围地区地表能量平衡和水分状况的最有效手段。侯英雨等[2]设计了一个不需要地面气象观测数据支持、基于 NOAA PAL 数据集的地表蒸散遥感模型,计算了农田、草地、森林蒸散,并采用地表能量平衡系统模型(SEBS)对本研究所建模型进行了验证,旨在进一步发掘 PAL 长时间序列遥感数据集在气候变化、水循环、区域生态过程等研究领域中的应用。

2 公式

2.1 模型建立

本研究中地表蒸散的计算方法基于地表能量平衡原理[3],主要涉及地表净辐射、土壤热通量和显热通量等物理量,具体表达式如下:

$$R_n = LE + G + H \tag{1}$$

式中,R_n 为地表净辐射($\text{W} \cdot \text{m}^{-2}$);$G$ 为土壤热通量($\text{W} \cdot \text{m}^{-2}$);$H$ 为显热通量($\text{W} \cdot \text{m}^{-2}$);$LE$ 为潜热通量($\text{W} \cdot \text{m}^{-2}$)。

2.1.1 地表净辐射

辐射能量是地表蒸散的主要能源,地表的辐射平衡方程如下:

$$R_n = Q(1 - A) + \varepsilon_a \sigma T_a^4 - \varepsilon_s \sigma T_s^4 \tag{2}$$

式中,Q 为晴空太阳总辐射($\text{W} \cdot \text{m}^{-2}$),参照世界气象组织(WMO)推荐的计算方法[4],其计算公式为 $Q = (0.75 + 2 \times 10^{-5} z) R_a$,$z$ 为海拔高度(m),R_a 为天文辐射($\text{W} \cdot \text{m}^{-2}$);$\sigma$ 为 Stefan - Boltzman 常数,其值为 $5.67 \times 10^{-8} \text{W} \cdot \text{m}^{-2} \cdot \text{K}^{-4}$;$A$ 为地表反照率;T_s 为地表辐射温度(K);T_a 为空气温度(K);ε_s 为地表发射率;ε_a 为空气发射率,其计算公式[5]为 $\varepsilon_a = 9.2 \times 10^{-6}(T_a + 273.15)^2$。

2.1.2 土壤热通量

本研究采用 Bastiaanssen 等[6]提出的经验公式计算土壤热通量:

$$G = R_n\left[(T_s - 273)/A\right]\left[0.0032(1-A) + 0.0062(1.1A)^2\right](1 - 0.978NDVI^4)$$

式中，$NDVI$ 为归一化植被指数。

2.1.3 显热通量

显热通量由辐射显热通量（radiative sensible heat flux, H_r）和对流显热通量（convective sensible heat flux, H_c）两部分[7]组成：

$$H = H_c + H_r \tag{3}$$

$$H_c = \beta_c(T_s - T_a) \tag{4}$$

$$H_r = \beta_r(T_s - T_a) \tag{5}$$

$$\beta_c = CU \tag{6}$$

$$\beta_r = 4\varepsilon_s\sigma\left(\frac{T_s + T_a}{2}\right)^3 \tag{7}$$

式中，U 为参考高度的风速（$m \cdot s^{-1}$）；阻力系数（C）是地表粗糙度（z_0）的函数，其算式如下：

$$C = 0.25\rho C_P/\ln(6000/z_0)^2 \tag{8}$$

式中，z_0 随着地表覆盖类型的变化而变化；ρC_p 为空气的体积热容（$J \cdot m^{-3} \cdot K^{-1}$）。

2.1.4 实际蒸散的计算

由式（1）可知：

$$LE = R_n - G - H \tag{9}$$

LE 为实际蒸散所需的通量，其中，$L = 2.49 \times 10^6 \ W \cdot m^{-2} \cdot mm^{-1}$，$E$ 为蒸散（mm）。

2.1.5 日蒸散的计算

参考 Cai 和 Xiong 等[8]的方法计算日蒸散（E_d, mm）：

$$\frac{E_d}{E_i} = \frac{2N_E}{\pi\sin\left(\frac{\pi t}{N_E}\right)} \tag{10}$$

式中，E_i 为 i 时刻的瞬时蒸散（mm）；N_E 为从清晨蒸散过程开始到傍晚蒸散减弱到接近于零的时间长度（h）。NOAA AVHRR 卫星过境时间通常为 14:00 左右，考虑到日落后和日出前的一段时间内净辐射通量很小，蒸散强度也较小，通常情况下夜间的蒸散量对蒸散的日总量影响不大，一般假设全年平均日蒸散的时间从 6:00 到 18:00，因此 $t = 14 - 6 = 8$，$N_E = 18 - 6 = 12$。式（10）可简化为：

$$\frac{E_d}{E_i} = \frac{2 \times 12}{\pi\sin\left(\frac{8\pi}{12}\right)} = 7.64 \tag{11}$$

2.2 关键参数的遥感反演

2.2.1 地表反照率

地表反照率是地表能量平衡的重要参数，也是影响气候变化的重要原因。对于

AVHRR 的 2 个可见光通道 Ch1 和 Ch2, Valiente 等[9]基于 5S 模型和 20 种地面反射光谱计算出一个转换公式:

$$A = 0.035 + 0.545CH1 + 0.32CH2 \tag{12}$$

2.2.2 地表温度

目前,卫星遥感反演地表温度最常用的方法为分裂窗法。Price[10]通过简化辐射传输方程中的影响因子,忽略了气溶胶散射,并假定地表为黑体,建立了仅考虑水汽影响的分裂窗算法来获取陆地表面温度。进一步考虑比辐射率后,许多学者基于各自简化的辐射传输方程提出了许多修正的分裂窗算法,其中 Ulivieri 等[11]提出的分裂窗算法最具代表性:

$$T_s = T_4 + 1.8(T_4 - T_5) + 48(1 - \varepsilon) - 75\Delta\varepsilon \tag{13}$$

式中,T_4、T_5 分别为 AVHRR 第 4、5 通道亮温(K);ε_4 和 $\Delta\varepsilon$ 可通过 NDVI 来计算,其算式如下[12]:

$$\varepsilon_4 = 0.9897 + 0.029\ln(NDVI) \tag{14}$$

$$\Delta\varepsilon = (\varepsilon_4 - \varepsilon_5) = 0.01019 + 0.01344\ln(NDVI) \tag{15}$$

$$\varepsilon = (\varepsilon_4 + \varepsilon_5)/2 \tag{16}$$

2.2.3 空气温度

全植被覆盖条件下的地表温度 T_s(本研究为 T_{veg}),可近似等于空气温度 T_a[13]。基于植被指数(VI)和地表温度(T_s)组成的三角形空间特征关系来估算地表物理参数已成为一个比较流行的方法[14],该方法又称为 $VI - T_s$ 方法(图1)。通常,$VI - T_s$ 图表现为 VI 和 T_s 呈负相关关系的线性或三角形分布特征。

在设定的研究区域内,首先求出 $NDVI_{min}$ 至 $NDVI_{max}$ 区间每个 $DNVI_i$ 值所对应像元的温度最大值 $LST_{NDVI_{imax}}$,然后对 $NDVI_i$ 与 $LST_{NDVI_{imax}}$ 进行线性拟合,得到干边(AB)方程如下:

$$LST_{NDVI_{imax}} = a + bNDVI_i \tag{17}$$

式中,a、b 为拟合系数,利用该方程,通过外插法可得到 T_{smax} 和 T_{smin}。$NDVI_i$ 等于 $NDVI_{min}$ 时,计算得到的 $LST_{NDVI_{imax}}$(即 T_{smax})为区域内裸土的最大地表温度;$NDVI_i$ 等于 $NDVI_{max}$ 时,计算得到的 $LST_{NDVI_{imax}}$(即 T_{smin})为全植被覆盖条件的地表温度(T_{veg}),其近似等于空气温度。

2.2.4 风速的估算

裸地的摩擦风速计算方法如下[15]:

$$r_{asoil} = \rho c / \left[\frac{(1 - 0.5)R_n}{T_{smax} - T_a} - 4\varepsilon_s\sigma T_a^3(1 - 0.5) \right] \tag{18}$$

$$\frac{1}{r_{asoil}} = 0.0015U^* \tag{19}$$

式中,r_{asoil} 为裸土的空气动力学阻抗;U^* 为地面摩擦风速。

参考高度的风速 $U(\text{m} \cdot \text{s}^{-1})$ 的计算公式如下:

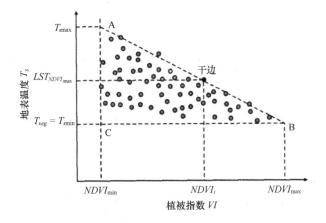

图1 $VI - T_s$ 示意图

VI:植被指数;T_s:地表温度;$NDVI_{min}$,$NDVI_{max}$:最小和最大归一化植被指数;T_{smin},T_{smax}:最小和最大地表温度;T_{veg}:植被指数处于最大值时的地表温度

$$U = \frac{U^* \ln\left(\dfrac{z - d}{z_0}\right)}{k} \quad\quad (20)$$

式中,z 为参考高度(m),裸地取 1 m、草地取 2 m、农作物取 3 m、灌丛取 5 m、林地取 20 m;k 为 VonKar - man 常数,取 0.4;z_0,d 分别为粗糙度和零平面位移,计算方法如下[1]。

裸土:$z_0 = 0.001\,2$ m,$d = 0$ m

植被覆盖区:$z_0 = 0.13h$,$d = 0.63h$

式中,h 为植被高度,草地取 0.3 m、农作物取 0.8 m、灌丛取 2.5 m、林地取 18 m。

根据以上模型算法和 SEBS 模型进行验证预测。考虑到我国三大作物(玉米、小麦、水稻)的空间分布特征以及生长季节的差异,本文挑选吉林省(春玉米主产区)、河南省(冬小麦和夏玉米主产区)、江西省(双季水稻主产区)为研究对象,对上述地区农作物生长期间旬蒸散的计算结果进行比较、分析(图2)。可见,从 2 个模型模拟结果的相关性来看,每个地区的相关系数都较高。本文新建的蒸散模型对气象因子的敏感程度与 SEBS 模型基本相当。

3 意义

基于 NOAA AVHRR 气象卫星长时间序列 10 d 合成的 PAL 数据集(分辨率 8 km × 8 km)以及地表能量平衡原理和 $VI - T_s$ 方法,建立了地表蒸散的遥感估算方法[2],该方法不需要地面气象观测数据的支持,所需参数可直接从遥感数据反演或推算,并选择国际上著

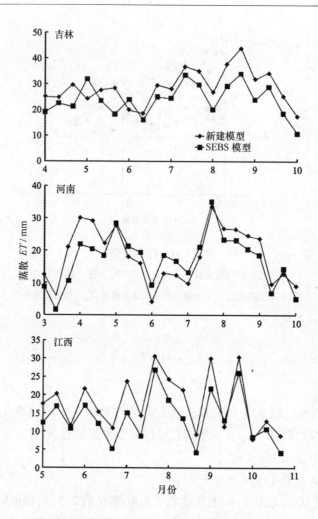

图2　本文新建模型与SEBS模型模拟的农田蒸散

名的遥感蒸散模型——SEBS模型对新建模型进行了验证比较。地表蒸散的遥感模型表明:
新建模型和SEBS型模拟的地表蒸散值及其季节性变化趋势非常一致,说明新构建模型的
模拟结果比较可靠,反映地表蒸散的实际情况。新建地表蒸散遥感估算模型可操作性强,
为利用长时间序列的卫星遥感数据研究我国乃至全球地表蒸散的时空变化规律提供了一
个新的途径。

参考文献

[1]　Liu AL, Li XM, He YB, et al. Simplification of crop shortage water index and its application in drought re-
　　　mote sensing monitoring. Chinese Journal of Applied Ecology, 2004,15(2): 210–214.

［2］ 侯英雨,何延波,王建林,等. 基于 NOAA PAL 数据集的地表蒸散遥感估算方法. 应用生态学报,
2009,20(10):2384 – 2390.

［3］ Tucker CJ. Maximum normalized difference vegetation index images forSub – Saharan Africa from 1983 to
1985. International Journal of Remote Sensing, 1986,7: 1383 – 1384.

［4］ Cano D, Monget JM, AlbuissonM, et al. Amethod for the determination of the global solar radiation from
meteorological satellite data. SolarEnergy, 1986,37: 31 – 39.

［5］ Campbell GS, Norman JM. An Introduction to Evaporation Biophysics. New York: Springer, 1998.

［6］ Bastiaanssen WGM, Menenti M, Feddes RA, et al. A remote sensing surface energy balance algorithm for
land (SEBAL). Ⅰ. Formulation. Journal ofHydrology,1998,212 – 213: 198 – 212.

［7］ Rosema A. UsingMETOSAT for operational evapotranspiration and biomass monitoring in the Sahel region.
Remote Sensing ofEnvironment, 1993,46: 27 – 44.

［8］ Cai HJ, Xiong YZ. A method of estimating crop daily surface evaporation from the instantaneous evaporation
derived from remote sensing. Chinese Journal ofAgrometeorology,1994,15(6): 16 – 18.

［9］ Valiente JA, NunezM, Lopze – Baeza E, et al. Narrow – band to broad – band conversion for Meteosat – vis-
ible channel and broad – band albedo using both AVHRR – 1 and – 2 channels. International Journal of Re-
mote Sensing, 1995,16: 1147 – 1166.

［10］ Price JC. Land surface temperature measurements from the split – window channels of the NOAA – 7
AVHRR. Journal ofGeophysicalResearch, 1984,89: 7231 – 7237.

［11］ Ulivieri C, Castronuovo MM, Francioni R, et al. A split window algorithm for estimating land surface tem-
perature from satellites. Advances in Space Research, 1994,14:59 – 65.

［12］ Josef C, Hung L, Li ZQ, et al. Multitempora,l mulitichannelAVHRR data sets for land biosphere studies –
Artifacts and correction. Remote Sensing of Environment, 1997,60: 35 – 57.

［13］ Carlson TN, Gillies RR, Schmugge TJ. An interpretation of methodologies for indirect measurement of soil
water content. Agricultural and Forest Meteorology,1995,77: 191 – 205.

［14］ Nemani RR, Running SW. Estimation of regional surface resistance to evapotranspiration from NDVI and
thermal – IR AVHRR data. Journal of Applied Meteorology, 1989,28: 276 – 284.

［15］ Nishida K, Nemani RR, Running SW, et al. An operational remote sensing algorithm of land surface evap-
oration. Journal of Geophysical Research, 2003,108: 1 – 14.

沉积物的有机物质量基准公式

1 背景

水体沉积物是水生生态系统的重要组成部分，是污染物的源和汇。蓄积在沉积物中的重金属、有机污染物等在适当条件下向上覆水释放，对水生生态系统构成直接或间接影响[1]，沉积物质量基准（Sediment Quality Criteria，SQC）指特定的化学物质在沉积物中不对底栖水生生物或其他有关水体功能产生危害的实际允许值，这种"实际允许值"是针对与沉积物直接接触的底栖生物而言，因此，SQC 也即底栖生物免受特定化学物质致害的保护性临界值，是底栖生物剂量－效应关系的反映[2]。祝凌燕等[3]对基于相平衡分配法的沉积物中有机物质量基准的建立方法进行了综述，以期为我国在沉积物中有机物质量基准方面的研究提供参考。

2 公式

2.1 基本理论和计算公式

根据相平衡分配法的基本理论，当水中某污染物浓度达到水质标准（WQC）时，此时沉积物中该污染物的含量即为该污染物的 SQC（C_{SQC}），可用下式表示：

$$C_{SQC} = K_P \times C_{WQC} \tag{1}$$

式中，K_P 为相应的分配系数，它受沉积物理化性质（如颗粒组成、吸附特性等）和环境因素（如 pH 值、Eh 等）的影响，被称作沉积物的"指纹特征"，是建立沉积物基准的关键因素，当前一般由表面络合模式拟合或者实测数据计算获得[4]；C_{WQC} 一般为最终慢性值（FCV）或最终急性值（FAV）。

上覆水对有机污染物在沉积物上的吸附影响极小，沉积物中的有机碳（OC）是吸附这类污染物的主要成分，而只有当有机物包含极性基团或者沉积物中的有机碳含量很少时，沉积物的其他成分才会对吸附起作用[2]。因此，以固体中有机碳为主要吸附相的单相吸附模型得到了广泛应用，将 K_P 转化为有机碳的分配系数，当沉积物中有机碳的干质量大于 0.2% 时，污染物的环境质量基准浓度（C_{SQC}）为：

$$C_{SQC} = K_{OC} \times f_{OC} \times C_{WQC} \tag{2}$$

式中，K_{OC} 为固相有机碳分配系数，即污染物在沉积物有机碳和水相中的浓度比值；f_{OC} 为沉

240

积物中有机碳的质量分数。K_{OC} 既可以由沉积物吸附试验获取,也可由非极性有机物的 K_{OC} 与其辛醇/水分配系数(K_{OW})之间的关系得到。由于 K_{OW} 与 K_{OC} 之间的回归方程建立在大量数据之上,适于大量的化合物及子类型,因此得到了广泛应用[2],其关系式如下:

$$\lg K_{OC} = 0.00028 + 0.9831 \lg K_{OW} \tag{3}$$

当 K_{OC} 近似等于 K_{OW} 时,就有:

$$S_{SQC} = K_{OW} \times f_{OC} \times C_{WQC} \tag{4}$$

定义有机碳标准化质量基准 SQC_{OC} 为 C_{SQC}/f_{OC} 时,则有:

$$SQC_{OC} = K_{OW} \times C_{WQC} \tag{5}$$

2.2 不可逆吸附对相平衡分配法的影响

基于不可逆吸附的存在,沉积物中吸附化合物的总浓度(q_{total},$\mu g \cdot g^{-1}$)计算公式为[5]:

$$q_{total} = q_{rew} + q_{irr} \tag{6}$$

式中,q_{rev}($\mu g \cdot g^{-1}$)和 q_{irr}($\mu g \cdot g^{-1}$)分别为可逆和不可逆部分所占的吸附量。

Kan 等[6]建议用下式描述吸附 – 解吸等温式:

$$q = K_{OC} \times f_{OC} \times C + \frac{K_{OC}^{irr} \times f_{OC} \times q_{max}^{irr} \times fC}{q_{max}^{irr} \times f + K_{OC}^{irr} \times f_{OC} \times C} \tag{7}$$

式中,q_{max}^{irr} 为最大不可逆吸附容量;f 为不可逆吸附占 q_{max}^{irr} 的百分数;K_{OC}^{irr} 为不可逆吸附中经有机碳标化的化合物固相浓度与完全解吸后的液相浓度之比,即不可逆固 – 液分配系数;C 为污染物在水相的平衡浓度;q 为总吸附量。

因此,修改后的 SQC 可用下式进行描述:

$$C_{SQC} = K_P \times C_{WQC} + \frac{K_{OC}^{irr} \times f_{OC} \times q_{max}^{irr} \times C_{WQC}}{q_{max}^{irr} + K_{OC}^{irr} \times f_{OC} \times C_{WQC}} \tag{8}$$

从式(8)可以看出,在考虑不可逆吸附时,有机物的 SQC 值将增加,表明这些污染物并不会在短期内造成大的环境问题。

Lu 等[7]对菲和苯并芘(BaP)的研究表明,底栖生物通过上覆水对污染物的累积量很小,而通过摄取颗粒物所累积的污染物量较多,并通过实验建立了定量模型用以预测底栖生物通过颗粒物累积污染物的浓度。

$$C_t = \frac{IR \times AES \times C_s}{k_e} \times (1 - e^{-k_e t}) = A \times (1 - e^{-k_e t}) \tag{9}$$

式中,C_t 为干组织中污染物组织浓度;IR 为底栖生物的摄食速率;AES 为污染物同化效率;C_s 为摄取沉积物的含沙量;k_e 为消除速率常数。假定 C_s、IR、AES 及 k_e 在暴露时为常数,通过式(9)即可求得底栖生物通过摄取沉积物颗粒在组织中积累的有机污染物浓度。

3 意义

沉积物质量基准是对水质基准的补充,研究重金属质量基准和有机物质量基准[3],对水质管理具有重要意义。国际上建立沉积物质量基准的方法很多,而相平衡分配法被认为是建立水体沉积物中有机污染物质量基准行之有效的方法。运用相平衡分配法建立水体沉积物中有机污染物质量基准,阐述了不可逆吸附的影响以及对相平衡分配法的改进,指出了相平衡分配法存在的一些问题及研究展望。

参考文献

[1] Liu HL, Li LQ, Yin CQ, et al. Fraction distribution and risk assessment of heavy metals in sediments of Moshui Lake. Journal of Environmental Sciences, 2008, 20: 390 – 397.

[2] EPA (US Environmental Protection Agency). Procedures for Derivation of Equilibrium Partitioning Sediment Benchmarks (ECBs) for Protection of Benthic Organisms: PAH Mixtures, EPA – 600 – R – 02 – 013. Washington DC: Office ofResearch and Development, EPA, 2003.

[3] 祝凌燕,刘楠楠,邓保乐. 基于相平衡分配法的水体沉积物中有机污染物质量基准的研究进展. 应用生态学报,2009,20(10):2574 – 2580.

[4] Chen YZ, Yang H, Zhang ZK. Review of approaches for deriving sediment quality guidelines. Advances in Earth Science, 2006, 21(1): 53 – 61.

[5] Chen W, Kan AT, TomsonMB. Irreversible adsorption of chlorinated benzenes to natural sediments: Implications for sedimentquality criteria. EnvironmentalScience and Technology, 2000, 34: 385 – 392.

[6] Kan AT, Fu GM, Hunter MA, et al. Irreversible adsorption of naphthalene and tetrachlorobiphenyl to Lula and surrogate sediments. Environmental Science and Technology, 1997, 31: 2176 – 2185.

[7] Lu XX, Reible DD, Fleeger JW. Relative importance of ingested sediment versus porewater as uptake routes for PAHs to the deposit – feeding oligochaeteIlyodrilus templetoni. Archives of Environmental Contamination and Toxicology, 2004, 47: 207 – 214.

生物量遥感的地形校正模型

1 背景

森林植被是生态价值最高的植被类型,其对全球气候、生态环境、生态系统以及人类社会的可持续发展具有至关重要的作用。由于遥感技术的地物光谱信息与植被信息存在高度相关性,因此,使用遥感技术研究森林植被资源是研究区域生态环境的重要手段之一[1]。鲍晨光等[2]采用 landsat – 5 TM 数据,并使用具有物理意义的辐射亮度,比较分析了 4 种常用的半经验地形校正模型(Cosine 模型、C 模型、C + SCS 模型、Minnaert 模型)对森林生物量遥感反演的影响,以期为提高遥感反演精度的研究提供新思路。

2 公式

2.1 朗伯体模型

朗伯体模型假设地球表面在各个方向上的反射入射辐射是相同的,并且面辐射强度与入射角的余弦值具有相关性,入射角(i)的余弦值可由地面和太阳光照参数计算得出[3]。

$$\cos i = \cos \theta \times \cos \beta + \sin \theta \times \sin \beta \times \cos(\lambda - \bar{\omega}) \tag{1}$$

式中,θ 是像元所在平面的坡度角;λ 为太阳方位角;β 为太阳天顶角;ω 为像元所在平面的坡向角。

根据几何关系的不同假设,朗伯体模型又可分为 Cosine 模型、C 模型和 C + SCS 模型[4]。

Cosine 模型假设水平面像元的辐射与坡面像元的辐射关系由太阳入射角的大小决定,并且忽略了天空漫散射和周围地形反射辐射的影响[5]。其表达式为:

$$L_H = L_S \times \cos \theta_i / \cos i \tag{2}$$

C 模型假设影像辐射值和入射角的余弦值是线性关系[6],利用回归参数修正了 Cosine 模型中存在的问题。C 模型首先建立线性光照方程,即 $L_S = a + b\cos i$,然后根据朗伯体假设把倾斜面的亮度值投影到水平面上,从而实现对影像的校正。其表达式为:

$$L_H = L_S \frac{(c + \cos \beta)}{c + \cos i} \tag{3}$$

式中,L_S 为倾斜地面的辐射亮度(W · m^{-2} · sr^{-1} · mm^{-1});L_H 为水平地面的辐射亮度(W ·

$m^{-2} \cdot sr^{-1} \cdot mm^{-1}$);$c = a/b$。

Cosine 模型和 C 模型都是基于太阳 – 地表 – 传感器三者的几何关系来考虑模型假设,由于大多数地物尤其是树木都具有垂直于大地面的性质[1],因此地形不能控制太阳和树木之间的几何关系。SCS 模型建立于太阳 – 冠层 – 传感器的几何关系,将 C 模型中的参数引入 SCS 模型,采用 SCS 模型把倾斜地面投影到水平地面上就构成了 C + SCS 模型。其表达式为:

$$L_H = L_S \frac{(c + \cos \beta \times \cos \theta)}{(c + \cos i)} \qquad (4)$$

2.2 非朗伯体模型

非朗伯体模型假设地物的入射辐射根据二向反射分布函数被散射,该模型与表面粗糙程度相关。Minnaert 模型是最典型的非朗伯体模型,是一种考虑了双向反射分布函数的半经验性模型。Minnaert 模型将经验光度计函数常量 k 引入地形校正算法中,其校正方程为:

$$L_H = L_S \times \cos \beta / (\cos l^k \times \cos \theta^k) \qquad (5)$$

k 值可由太阳辐射和入射角的关系方程确定;$L_g = L(\cos i \times \cos \theta)^k$ 使用常数去修改 $\cos i$ 的依赖关系,可进一步调整 Minnaert 常数 k 的影响,来提高 Minnaert 模型的效果。

对原始图像用不同模型校正后各波段的图像亮度,如表1所示。可见,不同地形校正模型各波段的图像亮度均值变大,说明图像的平均亮度得到增强,与视觉效果相吻合。

表1 不同地形校正模型各波段的图像亮度

波段	原始图像	Cosine 模型	C 模型	C + SCS 模型	Minnaert 模型
TM$_1$	4.20 ± 0.35	5.22 ± 6.12	4.22 ± 0.34	4.22 ± 0.34	4.21 ± 0.33
TM$_2$	3.12 ± 0.43	3.85 ± 4.83	3.16 ± 0.42	3.15 ± 0.42	3.15 ± 0.40
TM$_3$	1.60 ± 0.49	1.96 ± 2.89	1.61 ± 0.47	1.61 ± 0.47	1.61 ± 0.45
TM$_4$	8.32 ± 1.22	10.05 ± 9.50	8.53 ± 1.18	8.51 ± 1.17	8.42 ± 1.17
TM$_5$	0.83 ± 0.17	1.00 ± 1.03	0.85 ± 0.15	0.85 ± 0.15	0.84 ± 0.15
TM$_7$	0.11 ± 0.04	0.13 ± 0.21	0.11 ± 0.04	0.11 ± 0.04	0.11 ± 0.04

3 意义

对黑龙江省帽儿山地区 2007 年 7 月 21 日 TM 图像进行地形校正,从视觉差异、图像的定量统计特征两方面评价了 4 种地形校正模型的修正效果[2]。生物量遥感的地形校正模型表明:由于 K – T 变换采用线性变换方式,地形校正后遥感数据与森林生物量的相关性出现了较大波动,应根据地表信息调整变换参数,因此该变换方式不适合与地形校正结合使

244

用;植被指数的信息量在地形校正后明显提高,其与森林生物量的相关性显著增强;4 种地形校正模型中,Cosine 校正过度,不宜采用;C 模型和 C + SCS 模型通过引入半经验参数,较好地消除了地形效应;Minnaert 模型校正后降低了森林生物量估测的误差,有效地提高了遥感反演模型的精度。

参考文献

[1] Wang Y, Yan Y. Research on topographic effect calibration approach to remote sensing images. Journal of University of Science and Technology of Suzhou(NaturalScience) , 2007,17(4) : 60 – 63.

[2] 鲍晨光,范文义,李明泽,等. 地形校正对森林生物量遥感估测的影响. 应用生态学报,2009,20 (11) :2750 – 2756.

[3] Zhong YW, Liu LY, Wang JH. A method based on momentmatching algorithm to correct remotely sensed image in rugged area. Geography andGeo – Information Science, 2006,22(1) : 31 – 39.

[4] Gao YN,Zhang WC. Simplification and modification of a physical topographic correction algorithm for remotely sensed data. Acta Geodaetica et Cartographica Sinica, 2008,37(2) : 89 – 120

[5] Meyer P, Itten KI, Kellenberger T, et al. Radiometric corrections of topographically induced effects on Landsat TM data in an alpine environment. ISPRS Journal of Photogrammetry & Remote Sensing, 1993,48: 17 – 28.

[6] Wu RD. Correcting satellite imagery for topographic effects. Remote Sensing Information, 2005(4): 31 – 35.

混交林测树因子概率分布模型

1 背景

林分测树因子的概率分布是林分结构的主要特征,混交林测树因子的概率分布模型是其林分结构与生物量动态变化研究的基础,在实际林分中,不论是天然林还是人工林,混交林都占有相当大的比例,故混交林测树因子概率分布模型的构建具有非常重要的理论意义与现实意义。刘恩斌等[1]首先根据混交林各主要组成树种的生物学特性将其划分为若干个林分,然后把每个林分看做纯林,进而研究其测树因子的概率分布规律,最后将各林分测树因子的概率分布信息综合起来,得到整个混交林测树因子的概率分布;基于最大熵原理构建了具有双权重表达式的混交林测树因子概率分布模型,并应用于天目山自然保护区混交林样地。

2 公式

2.1 纯林测树因子概率分布模型

通用概率分布模型的构建,必须使所构造的模型既要与已知数据相吻合又要对未知数据作最少的假定。熵是用以度量信息源不确定性的量,熵最大就意味着所添加的信息最少,故用最大熵方法构建的模型是最不带倾向性的总体分布函数。

利用样本信息的一种简便方法是计算样本的各阶矩。下面对连续型随机变量的最大熵方法做详细阐述,对于离散随机变量可做相应推导。

$$S = -\int_R f(x)\ln[f(x)]\,\mathrm{d}x \to \max \tag{1}$$

$$\int_R x^i f(x)\,\mathrm{d}x = 1 \tag{2}$$

$$\int_R x^i f(x)\,\mathrm{d}x = M_i, i = 1,2,\cdots,m \tag{3}$$

式中,S 为信息熵;$f(x)$ 为测树因子的概率密度函数;m 为所用矩的阶数;M_i 为第 i 阶原点矩,其值可用样本确定;R 为积分区间。

通过调整 $f(x)$,使其熵达到最大,设 $\bar{S}$ 为拉格朗日函数,λ_0、λ_1、$\cdots$、λ_m 为拉格朗日乘子,则:

$$\bar{S} = S + (\lambda_0 + 1)\Big[\int_R f(x)\,\mathrm{d}x - 1\Big] + \sum_{i=1}^{m}\lambda_i\Big[\int_R x^i f(x)\,\mathrm{d}x - m_i\Big] \tag{4}$$

令 $\mathrm{d}\bar{S}/df(x)$ 等于零,则:

$$-\int_R [\ln f(x) + 1]\,\mathrm{d}x - (\lambda_0 + 1)\int_R \mathrm{d}x - \sum_{i=1}^{m}\lambda_i\Big(\int_R x^i\,\mathrm{d}x\Big) = 0 \tag{5}$$

对式(5)移项,并利用定积分的性质解得:

$$f(x) = \exp\Big(\lambda_0 + \sum_{i=1}^{m}\lambda_i x^i\Big) \tag{6}$$

式(6)为最大熵原理推出的测树因子概率密度函数解析式[2],可称为最大熵函数。该函数的表达式符合指数族分布,因此可将其看做一元多参数指数族分布。

用函数逼近理论对式(6)再做如下推导:

$$\Big(a_0 + \sum_{i=1}^{m}a_i x^i\Big) + O(x) = \exp\Big[(\lambda_0 - c_0) + \sum_{i=1}^{m}(\lambda_i - c_i)x^i\Big] \Rightarrow \exp\Big(\lambda_0 + \sum_{i=1}^{m}\lambda_i x^i\Big)$$

$$\approx \Big(a_0 + \sum_{i=1}^{m}a_i x^i\Big)\exp\Big(c_0 + \sum_{i=1}^{m}c_i x^i\Big) \tag{7}$$

式中,$O(x)$ 为高阶无穷小。从中可见,最大熵函数由 $a_0 + \sum_{i=1}^{m}a_i x^i$ 与 $\exp(c_0 + \sum_{i=1}^{m}c_i x^i)$ 组成,前者与后者的幂都是一维连续函数空间基 $\{1, x, x^2, \cdots, x^m, \cdots\}$(当取至 m 时达到精度要求)的线性组合,根据矩阵理论,一维连续函数空间中任意的连续函数,都可表示为 $\{1, x, x^2, \cdots, x^m, \cdots\}$ 的线性组合,故最大熵函数具有统一的解析表达式,比常用的任意概率密度函数具有更广的适应性,因此其可作为纯林测树因子概率分布模型。在实际应用中样本选用几阶矩,要视具体情况而定,一般选用的最大样本矩应不低于3。

2.2 混交林测树因子概率分布模型的构建

本研究采用联合最大熵概率密度函数,构建了混交林测树因子概率分布模型:

$$f(x) = \sum_{i=1}^{n}\frac{m_i}{M}f_i(x_i) \quad x_i \in [a_i, b_i] \tag{8}$$

式中,m_i 为第 i 个主要树种的总株数;M 为混交林所有主要组成树种的总株数;$f_i(x_i)$ 为第 i 个主要树种的最大熵函数;n 为混交林所含主要树种数。

由于每个主要树种测树因子的分布范围是不同的,式(8)作为一个函数,其定义域应该统一。根据泛函分析的函数延拓定理[3],可将式(8)中每个 $f_i(x_i)(i = 1, 2, \cdots, n)$ 的定义域延拓到区间 $[\min(a_i), \max(b_i)](i = 1, 2, \cdots, n)$。在本研究的应用案例中,由于样地内各主要树种测树因子(胸径)分布范围都在6径阶至54径阶内,所以 $[\min(a_i), \max(b_i)](i = 1, 2, \cdots, n)$ 为 $[6, 54]$。具体的延拓方法是将延拓后的函数写成分段函数的形式,如山合欢的最大熵函数由 $f_{19}(x_{19})(x_{19} \in [8, 30])$ 变为:

$$f_{19}(x) = \begin{cases} 0 & x \in [6,8) \\ f_{19}(x_{19}) & x \in [8,30] \\ 0 & x \in (30,54] \end{cases} \qquad (9)$$

在此将山合欢看做是第 19 个主要树种,其余树种测树因子最大熵函数自变量的延拓类似,于是式(8)为:

$$f(x) = \sum_{i=1}^{n} \frac{m_i}{M} f_i(x) \qquad x \in [6,54] \qquad (10)$$

由于混交林的组成结构非常复杂,所以应采用先分析后综合的方法来研究其测树因子的概率分布,即采用双权重表达式逐层描述混交林测树因子的概率分布规律。

从图 1 可以看出,最大熵函数可作为纯林测树因子概率分布模型,同时也说明用联合最大熵概率密度函数来测量混交林测树因子概率的分布信息具有合理性。

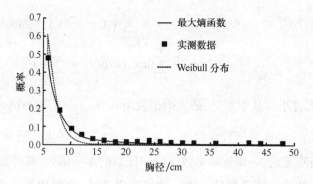

图 1　最大熵法构造的函数曲线、Weibull 分布曲线与实测概率的对比

3　意义

基于最大熵原理,针对目前对混交林测树因子概率分布模型研究的不足,提出了联合最大熵概率密度函数[1],该函数具有如下特点:① 函数的每一组成部分都是相互联系的最大熵函数,故可以综合混交林各主要组成树种测树因子的概率分布信息;② 函数是具有双权重的概率表达式,能体现混交林结构复杂的特点,在最大限度地利用混交林每一主要树种测树因子概率分布信息的同时,还能精确地全面反映混交林测树因子概率分布规律;③ 函数的结构简洁、性能优良。用天目山自然保护区的混交林样地对混交林测树因子概率分布模型进行了应用与检验,混交林测树因子概率分布模型表明:模型的拟合精度($R^2 = 0.9655$)与检验精度($R^2 = 0.9772$)都较高。说明联合最大熵概率密度函数可以作为混交林测树因子概率分布模型,为全面了解混交林林分结构提供了一种可行的方法。

参考文献

[1] 刘恩斌,汤孟平,施拥军,等. 混交林测树因子概率分布模型的构建及应用. 应用生态学报,2009,20(11):2610 – 2616.

[2] Lee J. Constrained maximum entropy sampling. Operations Research, 1998,46(5): 655 – 664.

[3] Wang SW, Zheng WH. The Summery of Real Variable Function and Functional Analysis. Beijing: Higher Education Press, 2005.

草地生态的补偿标准模型

1 背景

甘南草地生态系统不仅为当地牧民提供了大量社会经济发展中所需的畜牧产品、植物资源,还对维持长江、黄河中下游的生态安全具有特殊的生态意义。由于草地退化、沙化、盐碱化面积日益增大,草地生态系统破坏严重[1],建立高效、合理的生态补偿机制已成为社会各界广泛关注的热点问题[2]。赵雪雁等[3]基于最小数据方法,确定出甘南藏族自治州牧民的机会成本,并从生态系统服务量的角度分析区域所得效益,提出了根据生态服务量确定生态建设补偿标准的核算思路,以期为生态建设中补偿标准的制订提供借鉴。

2 公式

2.1 最小数据方法

最少数据方法[4]指利用一些容易得到的二手数据(如统计报表上的数据)建立各种分析模型,通过提供生态系统服务的机会成本的空间分布来推导新增生态系统服务的供给。最小数据方法基于以下假设:对于每一个区域,假设存在 2 种土地利用类型 a、b(本研究假设 a 为放牧时的土地类型、b 为禁牧时的土地类型);与分别为牧民采用 a 与 b 两种土地利用方式时的净收益,其中,p 为产品价格,s 为不同的地块;$\omega(p,s)$ 为 a、b 两种土地利用方式的净收益差(即机会成本)。假设在地点 s,采用土地利用方式 b,单位时间内每公顷土地产生单位生态服务(ES),而采用土地利用方式 a 所产生的 ES 为 0。在这些假设条件下,牧民的土地利用类型选择机制存在以下 3 种情况。

(1)在没有生态补偿的情况下,如果 $\varphi(w)$,那么牧民会选择土地利用类型 b。将所有土地单元的 $\omega(p,s)$ 排序,定义概率密度函数 $\varphi(w)$,得到采用土地利用方式 b 的土地单元的比例为 $r(p)$:

$$r(p) = \int_{-\infty}^{0} \varphi(w)\,\mathrm{d}w \quad 0 \leqslant r(p) \leqslant 1 \tag{1}$$

根据研究区面积(H),可得到生态系统服务基线 $S(p)$ 为:

$$S(p) = r(p) \times H \times e \tag{2}$$

式中,e 为草地生态系统提供的单位水源涵养量。

250

（2）在有生态补偿的情况下,如果农户仍采用土地利用方式 a,则可获得净收益 $v(p,s,a)$;若采用土地利用方式 b,则获得的收益为 $v(p,s,a) + ep_e$,其中, p_e 为单位新增水源涵养量的补偿价格。

如果 $\omega(p,s) > 0$,但 $w(p,s) = v(p,s,a) - v(p,s,b) \leqslant p_e e$,即新增水源涵养量获得的补偿高于新增单位生态系统服务的机会成本 $[\omega(p,s) > 0]$ 时,则牧民愿意接受补偿并选择土地利用方式 b,将 $\varphi(w/e)$ 定义为提供单位水源涵养量 (e) 时机会成本的密度函数。当机会成本处于 $0 \sim p_e$ 时,土地利用方式由 a 转为 b,转变为土地利用方式 b 的分布函数为 $r(p,p_e)$:

$$r(p,p_e) = \int_0^{p_e} \varPhi(w/e)\,\mathrm{d}w/\mathrm{d}e \tag{3}$$

此时,对应生态系统提供的总服务量为:

$$S(p,p_e) = S(p) + r(p,p_e)H \times e \tag{4}$$

式中, $r(p,p_e)H \times e$ 为存在生态补偿时,因土地利用方式从 a 转变为 b 而新增的水源涵养量。

（3）不论是否存在生态补偿,选择土地利用类型 a 都更有利可图,即 $\omega(p,s) > 0$, $\omega(p,s) - p_e < 0$ 且 $pe < \omega(p,s/e)$ 。如果选择土地利用类型 a 所产生的机会成本高于生态补偿所提供的补偿额 (p_e) ,那么牧民将继续选择土地利用方式 a。随着补偿标准 p_e 的增加, $r(p,p_e)$ 逐渐接近于 $1 - r(p)$,对应的生态系统提供的服务总量也会不断增加。因此, $r(p,pe) \times H \times er(p,p_e)H \times e$ 得出的是一种正向的激励。

2.2 新增生态系统服务的估算方法

Costanza 等[5]在全球生态系统服务的价值评价中,将草地生态系统功能归结为气体调节、涵养水源、水土保持和维持生物多样性、土壤形成等 9 类。为了简化计算,本研究根据研究区所处的特殊生态地位,选取草地生态系统涵养水源的功能来估算其生态系统提供的服务。采用降水贮存量法[6],即用草地生态系统的蓄水效应来衡量其截留降水、涵养水分的功能:

$$Q = A \times J \times R, J = J_0 \times K, R = R_0 - R_g \tag{5}$$

式中, Q 为与放牧相比,禁牧时草地生态系统截留降水、涵养水分的增加量; A 为研究区草地面积; J 为研究区年均产流降雨量; J_0 为研究区年均降雨总量; K 为研究区产流降雨量占降雨总量的比例; R 为与放牧状况相比,禁牧的草地生态系统截留降水、减少径流的效益系数; R_0 为产流降雨条件下放牧时的降雨径流率; R_g 为产流降雨条件下禁牧时的降雨径流率。

根据已有的实测和研究成果,结合各地草地生态系统的退化程度、产流降雨量、土壤、地形特征以及禁牧草地的相关特征等,确定研究区的 R 值为 0.05(表 1)。

表1 甘南黄河重要水源补给区草地生态系统涵养水源状况

草地类型	面积/hm²	盖度	发育度	年降雨量/mm	径流率
禁牧草地	456 046.6	0.95	1.00	584.6	0.55
放牧草地	1 904 893.0	0.70	0.95	584.6	0.50

2.3 生态系统服务供给曲线的模拟

2.3.1 机会成本的空间分布

图1为没有提供生态补偿时($P_e < 0$),选择禁牧这种土地利用方式的比例。

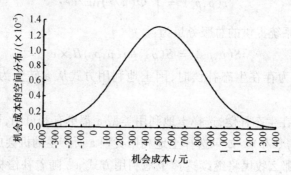

图1 机会成本的空间分布

2.3.2 生态系统服务供给曲线的模拟

由图2可以看出,随着p_e的增多,新增加的生态系统服务量$[r(p, p_e) \times H \times e = S(p, p_e) - S(p)]$也不断增加。

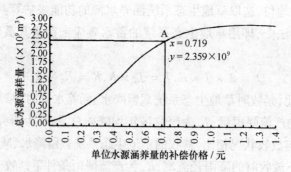

图2 生态系统服务供给曲线

3 意义

根据 1987—2007 年甘南州气象站和 2007 年甘南藏族自治州的社会调查资料,采用最小数据方法、社会调查法、降水储水量法对草地生态系统服务的供给曲线进行模拟[3]。草地生态的补偿标准模型表明,2007 年甘南藏族自治州年实施生态补偿的机会成本为 503.6 元·hm^{-2},草地生态系统提供的单位水源涵养量为 1 110.7 m^3·hm^{-2},补偿标准为 788.6 元·hm^{-2},草地生态系统提供的总水源涵养量为 2.56×10^9 m^3。

参考文献

[1] Zhao TQ, Ouyang ZY, Jia LQ, et al. Ecosystem services and theirvaluation of China grassland. Acta Ecologica Sinica, 2004, 24(6): 1103 - 1104.

[2] Mao XQ, Zhong Y, Zhang S. Conception and mechanism of eco - compensation. China Population, Resources and Environment, 2002, 12(4): 40 - 43.

[3] 赵雪雁,董霞,王飞,等. 基于最小数据方法的甘南藏族自治州生态补偿标准. 应用生态学报,2009, 20(11):2730 - 2735.

[4] Antle JM, Capalbo SM. Econometric - processmodels for integrated assessmentof agriculturalproduction systems. American Journal of Agricultural Economics, 2001, 83:389 - 401.

[5] Costanza R, d'Arge R, de GrootR, et al. The value of the world's ecosystem services and natural capital. Nature, 1997, 38: 253 - 260.

[6] Li JC. EcologicalValueTheory. Chongqing: Chongqing University Press, 1999.

森林和大气的二氧化碳交换模型

1 背景

植物群落通过光合作用固定碳,经呼吸作用再次释放 CO_2,维系陆地生态系统的碳平衡[1]。大气碳收支能否平衡取决于 CO_2 的流向[2],描述和估测碳的动向需要对生态系统与大气之间的 CO_2 交换进行量化。马占相思树是自 20 世纪 70 年代起大面积引种的造林树种,已成为华南丘陵区的主要林型,分析不同季节马占相思林冠层光合作用的甄别率和呼吸 CO_2 的稳定碳同位素比率,从冠层碳同位素和碳循环过程的角度评价人工林的生态服务功能,是邹绿柳等[3]探讨的主要科学问题,期望为发展和构建改善环境空气质量的人工林提供理论依据。

2 公式

2.1 稳定碳同位素的测定

空气和植物样品经预处理后,利用 MAT-252 稳定同位素质谱仪分别测定它们的碳同位素比率($\delta^{13}C_a$ 和 $\delta^{13}C_p$, ‰),计算公式如下:

$$\delta^{13}C_a = \left[\frac{R_a}{R_{std}} - 1\right] \times 1000 \tag{1}$$

$$\delta^{13}C_p = \left[\frac{R_p}{R_{std}} - 1\right] \times 1000 \tag{2}$$

式中,R_a 和 R_p 分别为空气和植物样品的 $^{13}C/^{12}C$ 比率;R_{std} 是 PDB 标准样品的 $^{13}C/^{12}C$ 比率。

2.2 计算公式

(1)水汽压亏缺(VPD)。

根据 Campbell 和 Norman[4]提出的公式计算冠层 VPD:

$$VPD = a \mp \times \exp\left(\frac{bT}{t+c}\right)(1 - RH) \tag{3}$$

式中,a、b、c 为常数,本研究中分别为 0.611 kPa、17.502 和 240.97℃;RH 和 T 分别是林内空气相对湿度和温度。

(2)叶片胞间 CO_2 浓度(C_i):

254

$$C_i = C_a \left[\frac{\delta^{13} C_p - \delta^{13} C_a - a}{b - a} \right] \tag{4}$$

式中, C_a 为冠层空气 CO_2 浓度; a 为 CO_2 在植物叶片气孔扩散产生的 ^{13}C 分馏率 $(4.4‰)$[5]; b 为 CO_2 在胞间传输及 $RuBP$ 羧化产生的 ^{13}C 分馏率 $(27.4‰)$[6];叶片碳同位素甄别率 (Δ_i) 则为[7]:

$$\Delta_i = a + (b - a) \times \frac{C_i}{C_a} \tag{5}$$

(3)冠层碳同位素甄别率 (Δ_{canopy}) 是受光和遮荫叶片在 CO_2 同化过程中产生的碳同位素甄别率 Δ_i 的加权值。

$$\Delta_{canopy} = \frac{\sum_{i=1}^{2} \Delta_i \times L_{neti} \times L_i}{\sum_{i=1}^{2} A_{neti} \times L_i} \tag{6}$$

式中, Δ_i 为受光和遮荫叶片光合作用对 ^{13}C 的甄别率 $(‰)$; A_{neti} 为受光和遮荫叶片的净 CO_2 同化率; L_i 为受光叶片 $(i=1)$ 和遮荫叶片 $(i=2)$ 的叶面积指数。根据 Chen 等[6], L 为总叶面积指数,受光或遮荫叶的叶面积指数 L_i 为太阳方位角 (β) 余弦和密集指数 (Ω) 的函数(密集指数是用于比较两个总体为 N 的取样集聚尺度的指标,设定取样聚集度为适中):

$$L_i = 2\cos\beta \left[1 - \exp\left(\frac{-0.5\Omega L}{\cos\beta} \right) \right] \tag{7}$$

$$L_2 = L - L_1 \tag{8}$$

式中, β 根据太阳赤纬角 $[\xi$,由试验地地理纬度 $(\varphi = 22°41')$ 计算得到] 和进行观测试验时的太阳高度角 (h) 求出[8]。

(4)冠层光合产物的碳同位素比率由下式求得[9]:

$$\delta^{13} C_{photo} = \frac{\delta_a - \Delta_{canopy}}{1 + \Delta_{canopy}} \tag{9}$$

式中, δ_a 为空气的月平均碳同位素比率。由于植物呼吸的基质为光合产物,各器官呼吸释出的 CO_2 碳同位素比率与光合产物碳同位素比率相比,或者增加或者减少[10]。

(5)生态系统呼吸释放 CO_2 的碳同位素比率:植物呼吸包括自养和异养呼吸,自养或异养呼吸释出 CO_2 的碳同位素比率分别为各组分呼吸通量的加权值。

$$自养呼吸: \delta^{13} C_R^a = \frac{\delta_{stem}^{13} \times R_{stem} + \delta_{root}^{13} \times R_{root}}{R_{stem} + R_{root}} \quad (日间不包括叶片呼吸) \tag{10}$$

$$异养呼吸: \delta^{13} C_R^h = \frac{\delta_{fall}^{13} \times R_{fall} + \delta_{mine}^{13} \times R_{mine}}{R_{fall} + R_{mine}} \tag{11}$$

式中, δ_{stem}^{13} 和 δ_{root}^{13} 分别为茎和根呼吸产生的 $\delta^{13}C$; δ_{fall}^{13} 和 δ_{mine}^{13} 分别为凋落物和土壤矿物质分解产生的 $\delta^{13}C$; R 为各器官或组分的呼吸速率。

夜间生态系统呼吸释出 CO_2 的碳同位素比率为各组分 CO_2 碳同位素通量的月加权值（δ_R）：

$$\delta_R = (\delta_{leaf}^{13} \times R_{leaf} + \delta_{stem}^{13} \times R_{stem} + \delta_{root}^{13} \times R_{root} + \delta_{fall}^{13} \times R_{fall} + \delta_{mine}^{13} \times R_{mine})/$$
$$(R_{leaf} + R_{stem} + R_{root} + R_{fall} + R_{mine}) \tag{12}$$

根据公式计算不同季节的马占相思叶片平均碳同位素比率和冠层碳同位素甄别率的日变化(图1)。可见,夏季和秋季碳同位素比率的日变化相似,较冬季低,但夏季的波动性较春、秋和冬的波动性大。春季和夏季7:00 的冠层光合甄别率较低,随着太阳辐射的增强,叶片光合作用上升,甄别率在午后有所回升。冬季和秋季在11:00 至 12:00 时甄别率较低,午后有所增高,但较春夏季平稳,波动幅度小。

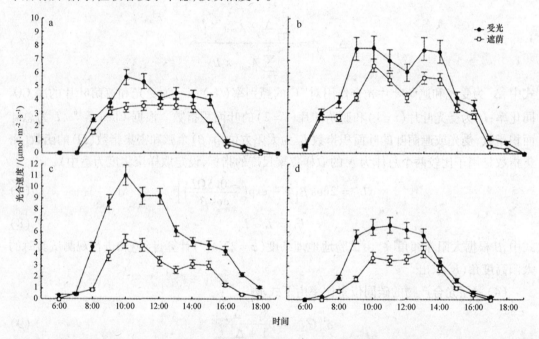

图4　不同季节的马占相思叶片平均碳同位素比率和冠层碳同位素甄别率的日变化
a：冬季；b：春季；c：夏季；d：秋季

（6）根据质量守恒原理,森林和大气的 $^{13}CO_2$ 净交换为各组分 CO_2 碳同位素通量的总和[11]：

$$F\delta^{13} = \frac{-(\delta_a^{13} - \Delta_{canopy})}{1 + \Delta_{canopy}}F_A + \delta^{13} \times C_R^a R_a + \delta^{13} \times C_R^h \times R_h \tag{13}$$

式中,F_A 为林分冠层的总光合速率；R_a 和 R_h 分别是自养和异养呼吸速率。假定林内湍流可以忽略,正号表示 CO_2 通量离开地面,负号表示 CO_2 通量趋向地面[12]。

根据上面公式计算不同季节马占相思林冠层的碳同位素通量(图2)。可见,在所有季节，尤其是春、夏季的日间 CO_2 的碳同位素正向通量明显大于夜间的负向通量。

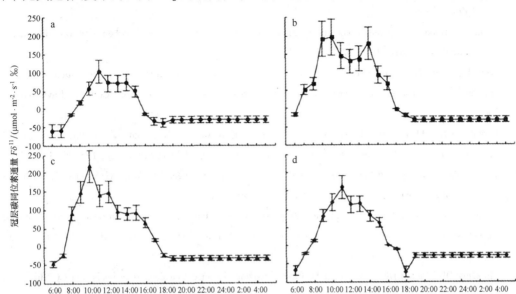

图2　不同季节马占相思林冠层的碳同位素通量
a：冬季；b：春季；c：夏季；d：秋季

3　意义

应用稳定碳同位素技术，对马占相思人工林冠层受光和遮荫叶片的碳同化率（A_{net}）和叶面积指数（L）进行加权，将叶片水平的 ^{13}C 甄别率（Δ_i）扩展至冠层光合甄别率（Δ_{canopy}），测定光合固定和呼吸释放的碳同位素通量及其净交换通量[3]。马占相思人工林净 CO_2 交换和碳同位素通量测定模型能够较好地测定人工林净 CO_2 交换和碳同位素通量，为发展和构建改善环境空气质量的人工林提供理论依据。

参考文献

［1］ Canadell JG, Mooney HA, Baldocohi DD, et al. Carbon metabolism of the terrestrial biosphere：A multi－technique approach for improved understanding. Ecosystems, 2000, 3：115 － 130.

［2］ Yakir D, Wang XF. Fluxes of CO_2 and water between terrestrial vegetation and the atmosphere estimated from isotope measurement. Nature, 1996, 380：516 － 517.

［3］ 邹绿柳, 孙谷畴, 赵平, 等. 马占相思人工林净二氧化碳交换和碳同位素通量. 应用生态学报, 2009, 20(11)：2594 － 2602.

［4］ Campbell GS, Norman JM. Introduction to Environmental Biophysics. NewYork: Heidelberg: Springer – ver-
lag, 1998: 37 – 50.

［5］ Craig H. Carbon – 13 in plants and the relationship between carbon – 13 and carbon – 14 variation in na-
ture. Journal of Geology, 1953,62: 115 – 119.

［6］ Chen D, Chen JM. Diurna,l seasonal and interannual variability of carbon isotope discrimination at the can-
opy level in response to environmental factor in a boreal forest ecosystem. Plant, Cell and Environment,
2007,30:1223 – 1239.

［7］ Farguhar GD, O'Leary MH, Berry JA. On the relationship between carbon isotope discrimination and inter-
cellular carbon dioxide concentration in leaves. Australian Journal of Plant Physiology, 1982,9: 121 – 137.

［8］ Pearcy RW. Radiation and lightmeasurements//Pearcy RW, Ehleringer JR, MooneyHA, eds. PlantPhysio-
logical Ecology. London: Chapman and Hal,l 1989: 96 – 115.

［9］ Cai T, Flanagan LB, JassalRS,et al. Modelling environmental controls on ecosystem photosynthesis and the
carbon isotope composition of ecosystem – respired CO_2 in a coastal Douglas – fir forest. Plant, Cell and En-
vironment, 2008,31: 435 – 453.

［10］ Bowling DR, Pataki DE, Kanderson JT. Carbon isotopes in terrestrial ecosystem pools and CO2fluxes: A
review. New Phytologist, 2008,178: 24 – 40.

［11］ Ogée J, Peylin P, Cuntz M,et al. Partitioning net ecosystem carbon exchange into net assimilation and res-
piration with canopy – scale isotopic measurements: An error propagation analysis with 13 CO_2 and CO18O
data. Global BiogeochemicalCycles, 2004,18, GB2019, do:i10. 1029/2003GB002166.

［12］ Zhang J, Griffis TJ, Baker JM. Using continuous stable isotopemeasurement to partition net ecosystem CO_2
exchange in photosynthesis and respiration of corn – soybean rotation ecosystem. Plant, CellandEnviron-
ment, 2006,29: 483 – 496.

林火释放碳量的估算模型

1 背景

  林火尤其是森林大火的频繁发生不仅破坏了自然生态系统,而且造成了含碳温室气体的大量释放。林火排放的碳约 90% 以二氧化碳或一氧化碳的形式排放,其余的大多以甲烷、多碳烃和挥发性有机氧化物形式排放到大气中[1]。林火排放物对气候变化有显著影响,而气候变化对植被和林火动态变化也有反馈作用。大兴安岭林区是我国最大的天然林区,森林面积 8.35×10^6 hm^2,森林蓄积量约占全国的 1/6。大兴安岭林区也是我国森林火灾最严重的区域之一。田晓瑞等[2]基于卫星遥感数据、可燃物分类和火烧迹地调查数据,计算 2005—2007 年大兴安岭地区(图 1)林火直接排放碳量,旨在为制订合理的林火管理策略提供科学参考。

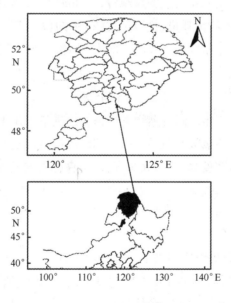

图 1 研究区位置

2 公式

2.1 林下草本和凋落物载量

采用小样方(1 m × 1 m)调查林下草本和凋落物,测定草本和腐殖质层厚度,收集样方内所有草本和凋落物,分别称鲜质量,并取样品带回实验室测定含水率,用于计算标准地各类可燃物单位面积干质量。实验室测定条件为105℃下连续烘干24 h至绝干质量。含水率计算公式为:

$$W = \frac{m_1 - m_2}{m_1} \times 100\% \tag{1}$$

式中,W 为含水率;m_1 为干燥前试样质量(g);m_2 为干燥后试样质量(g)。

2.2 林火释放碳量计算

根据火灾面积和地面调查可燃物消耗量,分别计算各可燃物类型不同强度火烧消耗的可燃物量。根据 Seiler 和 Crutzen[3] 提出的火灾损失生物量(M, Mg)估算模型:

$$M = A \times B \times E \tag{2}$$

式中,A 为火灾发生面积(hm²);B 为生物量载量(t·hm⁻²);E 为燃烧效率。文中地面调查数据得到的是单位面积可燃物消耗量,相当于式(2)中的($B \times E$)。假设所有被烧掉的生物质中的碳都转变为气体,根据植物的含碳率(采用平均值0.45)[4],计算火灾燃烧造成的碳释放量(M_C):

$$M_C = 0.45M \tag{3}$$

针对研究区2005—2007年不同可燃物类型释放的碳量采用上面公式计算,结果如图2所示。由图可见,森林火灾主要发生在大兴安岭南坡,针阔混交林和草地分布比例相对较高,而且这些区域居民分布密度高、人为火源多,也是森林火灾发生较多的原因之一。

3 意义

田晓瑞等[2] 根据野外火烧迹地调查,比较过火前后归一化植被指数的差异,计算2005—2007年大兴安岭林区各种可燃物类型的过火面积、火烧消耗的可燃物量,对森林火烧程度进行分级,并利用植物平均含碳率估算林火释放碳量。林火释放碳量的估算模型表明:2005—2007年大兴安岭林区总过火面积为436 512.5 hm²,其中轻度、中度和重度火烧面积分别为207 178.4 hm²、150 159.2 hm² 和79 159.4 hm²。这些火烧消耗可燃物量为3.9×10^6 t,释放碳1.76×10^6 t,其中落叶松林、针阔混交林、阔叶林和草地燃烧释放的碳量分别为0.34×10^6 t、0.83×10^6 t、0.27×10^6 t 和0.32×10^6 t。

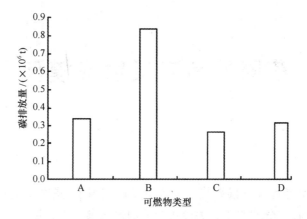

图2　2005—2007 年不同可燃物类型释放的碳量

A:落叶松林;B:针阔混交林;C:阔叶林;D:草地

参考文献

［1］　Zhou GS. Global Carbon Circulation. Beijing：Meteorological Press，2003：2 – 19.

［2］　田晓瑞,殷丽,舒立福,等.2005—2007 年大兴安岭林火释放碳量.应用生态学报,2009,20(12)：2877 – 2883.

［3］　Seiler W，Crutzen PJ. Estimates of gross and net fluxes of carbon between the biosphere and the atmosphere from biomass burning. Climate Change，1980,2：207 – 247.

［4］　Wang XK，Feng ZW，Ouyang ZY. Vegetation carbon storage and density of forest ecosystems in China. Chinese Journal of Applied Ecology，2001,12(1)：13 – 16.

草原的地表反射率模型

1 背景

陆地地表反射率是地球气候系统的一个重要影响因子,是区域气候模式、全球大气环流模式、生态模式等研究全球变化有关模式的关键输入参数[1]。阳伏林等[2]利用内蒙古苏尼特左旗温带荒漠草原生态系统观测站 2008 年生长季(5 月 1 日至 10 月 15 日)的气象观测资料,结合包括生物因子的相应环境要素观测,研究了温带荒漠草原地表反射率日、季动态特征及其影响因子,并探讨了温带荒漠草原地表反射率的估算方法,旨在为准确评估温带荒漠草原的干旱状况与碳收支提供参考。

2 公式

地表反射率(α)、冠层反射率(α_c)、地面反射率(α_g)和透射率(t)算式如下:

$$\alpha = \frac{UR}{DR} = \frac{UR_1 + UR_2}{DR} = \frac{UR_1}{DR} + \frac{UR_2}{DR} = \left[\frac{UR_1}{DR - DR_1}\right]\left[1 - \frac{DR_1}{DR}\right] + \frac{UR_2}{DR_1}\frac{DR_1}{DR} \tag{1}$$

$$\alpha_c = UR_1/(DR - DR_1) \tag{2}$$

$$\alpha_g = UR_2/DR_1 \tag{3}$$

$$t = DR_1/DR \tag{4}$$

式中,UR 为地表反射辐射,即净辐射传感器测定的向上短波辐射($\mathrm{MJ \cdot m^{-2}}$);DR 为太阳总辐射,净辐射传感器测定的向下短波辐射($\mathrm{MJ \cdot m^{-2}}$);UR_1 为冠层反射辐射($\mathrm{MJ \cdot m^{-2}}$);UR_2 为地面反射辐射($\mathrm{MJ \cdot m^{-2}}$);DR_1 为透射辐射($\mathrm{MJ \cdot m^{-2}}$)。

将式(2)~式(4)代入式(1),得:

$$\alpha = \alpha_c = (1 - t) + \alpha_g t \tag{5}$$

根据 Anderson[3] 有关透射辐射与太阳总辐射、LAI 关系的研究结果,可知透射率(t)是 LAI 的函数,可用 $t(LAI)$ 描述透射率与 LAI 的关系:

$$DR_1 = DR \exp(-kLAI) \tag{6}$$

$$t = t(LAI) = DR_1/DR = \exp(-kLAI) \tag{7}$$

式中,k 为消光系数;LAI 为叶面积指数($\mathrm{m^2 \cdot m^{-2}}$)。

在生长季晴天状况下以温带荒漠草原野外观测资料为基础,对上面公式进行非线性回归拟合(图1)。由图可见,研究区地表反射率模拟值与实际观测值具有较好的一致性。

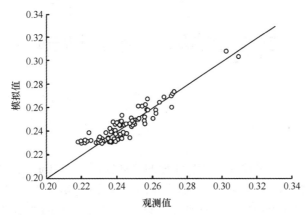

图1 研究区地表反射率的模拟值与观测值

3 意义

　　基于内蒙古苏尼特左旗温带荒漠草原生态系统野外观测站2008年生长季的气象和生物要素观测资料,分析了地表反射率日、季动态,并构建了温带荒漠草原地表反射率模型[2]。草原的地表反射率模型表明:研究区地表反射率日变化主要受太阳高度角影响,呈早晚高、中午低的U形曲线特征;生长季地表反射率在0.20~0.34,平均为0.25,以5月较高、6月下降、7—9月相对稳定、10月增大;研究区地表反射率的季节动态与冠层叶片的物候变化有关,同时受降水过程的影响;土壤含水量和叶面积指数是影响该区地表反射率的关键因子;反映土壤含水量和叶面积指数共同作用的地表反射率模型的模拟值与野外实测值具有较好的一致性。

参考文献

[1] Cui Y, Mitomi Y, Takamura T. An empirical anisotropy correction model for estimating land surface albedo for radiation budget studies. Remote Sensing of Environment, 2009,113: 24 - 39

[2] 阳伏林,周广胜,张峰,等. 内蒙古温带荒漠草原生长季地表反射率特征及数值模拟. 应用生态学报,2009,20(12):2847 - 2852.

[3] Anderson MC. Stand structure and lightpenetration. II. A theoretical analysis. Journal of Applied Ecology, 1966, 3: 41 - 54.

叶片的光合潜力模型

1　背景

适宜的栽植密度、合理的群体结构、合理的个体空间分布和适宜的冠层微环境是实现苹果优质丰产的关键[1]。密植园改造是提升我国苹果产业,实现优质、丰产、高效和可持续发展的关键,也是现代苹果生产的必然要求。间伐是苹果密植园改造的基本手段之一[2]。张继祥等[3]通过苹果密植园和间伐改造园叶片对辐射环境的适应性比较分析,探讨了冠层内不同部位叶片光合能力及其与辐射通量密度、叶片 N 含量和比叶重等指标的关系,以期为苹果密植园进一步改造以及间伐园的管理提供理论依据。

2　公式

2.1　叶片气体交换参数的测定和光合潜力的计算方法

在每个"单元"内随机选取 3 个功能叶,用便携式红外气体分析仪(Ciras-2,PP System,UK)测定。采用仪器配置光源和 CO_2 气泵,并将叶室内的温度调至 25℃,CO_2 浓度设为 360 $\mu mol \cdot mol^{-1}$,逐步调节辐射通量密度(从 10 $\mu mol \cdot m^{-2} \cdot s^{-1}$ 开始逐步上升到光饱和点以上,约 1 000~1 600 $\mu mol \cdot m^{-2} \cdot s^{-1}$),分别测得光合速率的光响应曲线,即 P_n-PAR 响应曲线[4];同理,将叶室温度设定在 25℃,辐射通量密度调至光饱和点以上,逐步调节 CO_2 浓度,叶室内 CO_2 浓度从 360 $\mu mol \cdot mol^{-1}$ 开始,逐步降低至 25 $\mu mol \cdot mol^{-1}$ 以下(CO_2 补偿点以下),然后再逐步升高到 CO_2 饱和点以上(约 1 400~2 000 $\mu mol \cdot mol^{-1}$),分别测得光合速率的 CO_2 响应曲线,即 P_n-CO_2 响应曲线[5]。根据光合作用生化模型与实测数据的拟合(最小二乘法),分析得到冠层不同部位叶片的最大光合潜力和其他光合参数[6]。

$$P_n = \min \begin{bmatrix} V_{max} \dfrac{C_i - \Gamma^*}{C_i - K_m} - R_{da} \\ J \dfrac{C_i - \Gamma^*}{4C_i + 8\Gamma^*} - R_{da} \end{bmatrix} \tag{1}$$

$$J = [\alpha PAR + J_{max} - \sqrt{(\alpha PAR + J_{max})^2 - 4\theta \alpha PAR J_{max}}]/2\theta \tag{2}$$

式中,P_n 为光合速率($\mu mol \cdot m^{-2} \cdot s^{-1}$);$R_{da}$ 为呼吸速率($\mu mol \cdot m^{-2} \cdot s^{-1}$);$V_{max}$ 为最大羧化速率($\mu mol \cdot m^{-2} \cdot s^{-1}$);$J$ 为电子传递速率($\mu mol \cdot m^{-2} \cdot s^{-1}$);$J_{max}$ 为最大电子传递速

率;θ 为 J – PAR 响应曲线的凸度;α 为表观量子效率,即 J – PAR 响应曲线的初始斜率;Γ^* 为 CO_2 补偿点;K_m 为 Rubisco 活性方程中的米氏常数。

2.2 数据处理及光合作用模型的参数估计

用 SAS 8.0 软件进行相关的统计分析,并用 Origin 6.0 软件进行模型拟合和光合作用参数的估计。在 CO_2 饱和及温度恒定的状态下,根据测量的不同层次叶片 P_n 对 PAR 的响应数据,应用式(1)中的第二式和式(2)估计光合参数 α、Γ^* 和 θ。假设在辐射通量密度较小(小于 50 $\mu mol \cdot m^{-2} \cdot s^{-1}$)时,$P_n$ 对 PAR 为线性响应[6],即:

$$P_n = \alpha PAR - R_{da} \tag{3}$$

令 $P_n = 0$,得 Γ^*。并根据由式(3)拟合得到的 α、Γ^* 和 R_{da},再对式(1)和式(2)进行曲线拟合,得到参数 θ。

同理,在光饱和及温度恒定的状态下,结合所估计的不同层次叶片的光合参数(α、Γ^* 和 θ 等),利用实测的 $P_n – C_i$ 响应数据,通过统计分析(最小二乘法)得到 V_{max} 和 J_{max}。

根据二次双曲线模型,结合田间实测资料,利用最小平方法拟合得到不同层次叶片的 $P_n – PAR$ 响应曲线(图1)。结果表明,不论是密植园还是间伐园,其冠层不同层次叶片的 P_n 对 PAR 的响应均符合双曲线形式。

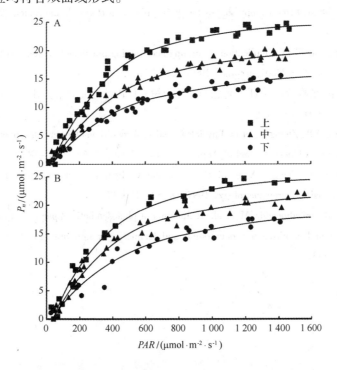

图 1　密植园和间伐园冠层不同层次叶片 P_n 对 PAR 的响应

3　意义

通过对成龄苹果密植园和间伐园树冠不同层次和部位叶片光合潜力及辐射通量密度、叶片 N 含量和比叶重等指标的比较分析,研究了苹果园改造前后辐射能和氮素利用效率差异及其与产量品质的关系[3]。结果表明:间伐显著改善了冠层内的辐射环境,间伐园冠层内的辐射分布明显比密植园均匀,间伐园内冠层叶片的光合效率显著提高,叶片的最大羧化速率和最大电子传递速率也有较大幅度的提升。苹果园冠层叶片的光合效率与叶片 N 含量存在显著的相关关系,而叶片 N 含量又与辐射通量密度存在显著的相关关系,因此,可根据冠层叶片相对 N 含量的垂直分布间接和定量地判断叶片的光合效率或相对辐射通量密度的空间分布。

参考文献

[1] Wei QP, Lu RQ, Zhang XC, et al. Relationships between distribution of relative light intensity and yield and quality in different tree canopy shapes for 'Fuji'apple. Acta Horticulturae Sinica, 2004,31(3): 291 – 296.

[2] Lakso AX, Grappadelli LC. Implication of pruning and training practices to carbon partitioning and fruit development in apple. Acta Horti culturae, 1992,322: 231 – 239.

[3] 张继祥,魏钦平,张静,等. 苹果密植园与间伐园树冠层内叶片光合潜力比较,应用生态学报,2009, 20(12):2898 – 2904.

[4] Song QH, Zhang YP, Zheng Z, et al. Physiology and ecology of Pometia tomentosaphotosynthetic in tropical seasonal rain forest. Chinese Journal of Applied Ecology, 2006,17(6): 961 – 966.

[5] Wei QP, Wang LQ, Yang DX, et al. Effect of relative light intensity on fruit quality of 'Fuji' apple. Chinese Journal of Agrometeorology, 1997,18(5): 12 – 14.

[6] Meir P, kruijt M, broadmeadow M, et al. Acclimation of photosynthetic capacity to irradiance in tree canopies in relation to leaf nitrogen concentration and leafmass per unit area. Plant, Cell andEnvironment, 2002,25:340 – 343.

养殖池塘的文化服务价值模型

1 背景

养殖池塘是人们对自然资源进行初级开发后形成的一种半自然的人工农业生态系统，这种系统在我国已经有几千年的历史，作为城郊农业的一个重要组成部分，养殖池塘逐渐成为城市居民选择短期休闲旅游的重要目的地，其游憩、存在等文化服务价值越来越明显[1]。李晟等[2]通过借鉴其他自然资源文化服务价值的研究方法，对养殖池塘文化服务价值及其构成（图1）进行研究分析，希望能在其文化服务价值方面做出一个初步的评估。

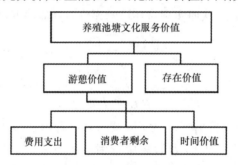

图1　养殖池塘文化服务价值的构成

2 公式

2.1 旅行成本法(TCM)

旅行成本法最早可以追溯到1942年。Hotelling[3]提出通过从不同居住区的旅游距离和参与率导出游憩需求函数。随后，该理论迅速发展到各个区域的旅游价值评估。TCM主要是通过计算不同区域到达旅行地的费用，得到各个地区的旅行费用函数模型，进而通过增加旅行费用对消费的影响，推出消费者剩余，最后得出游憩价值。常用的评价思路是先求得个体需求函数，然后将个人价值汇总求出景点的游憩价值。其中消费价值包括消费者支出和消费者剩余两部分。

2.1.1 消费者支出

消费者支出是指旅行者实际的总费用支出，由实际支出和机会成本组成，包括旅行费用支出、旅行时间支出和其他支出。为此,本研究假设每个地区游玩的游客每次游玩的时间、花费相等,且在一定时间段的工资不变,则旅行者实际的总费用支出可以表示为:

$$V_E = \sum q_i(C_i + \alpha W_i) \tag{1}$$

$$W_i = P_i r(T_w + T_1 + T_2) \tag{2}$$

$$V_E = \sum q_i[C_i + \delta P_i r(T_w + T_1 + T_2)] \tag{3}$$

式中,V_E 为旅行者实际总费用;C_i 为旅行费用支出,包括门票、游玩费用、购买当地特产的费用等;W_i 为旅行时间成本的支出;q_i 为来自 i 地的旅游人数;P_i 为 i 地的工资率;r 为游玩的次数;T_w 为来旅游而放弃工作的时间;T_1 为往返旅游区交通时间;T_2 为在旅游区游玩的时间;δ 为参数,可取 0 到 1 之间任何数。

2.1.2 消费者剩余

旅行成本法将旅行成本作为参观户外娱乐场所价格的近似,由此推导出旅行和旅行成本之间的关系,并以此替代需求曲线(surrogate demand curve),通过对曲线的积分可以估算出每个参观者的消费者剩余,从而实现对环境的评价。具体如下:

$$V_S = \sum CS_i \tag{4}$$

$$CS_i = \int_{p_0}^{p_m} f(X) \, dX \tag{5}$$

$$f(X) = f(C, T, I, W, Z_i, \cdots) \tag{6}$$

式中,V_S 为整个区域的剩余价值;CS_i 为 i 区域的消费者剩余;p_m 为效益最大的旅行费用;p_0 为效益为 0 的旅行费用。$f(X)$ 为影响旅行因素的方程式,可选线性、对数、指数等形式,其中 X 包括旅行成本(C)、旅行时间(T)、经济收入、当地工资率(W)以及旅行者的基本特征(Z_i)。

2.2 条件价值评估法(CVM)

本研究在估算养殖池塘存在价值时,通过对研究区域可支付意愿 WTA 的调查,采用离散型单边界二分式,建立 Logit 模型来推导意愿支付的概率。具体方法如下:

$$P_i(\text{yes}) = 1/[1 + \exp(\alpha + \beta Z + \sum_k \delta_k X_k)] \tag{7}$$

式中,$P_i(\text{yes})$ 是第 i 个被调查者回答意愿的概率;α、β、δ_k 为待估参数;Z 为调查面对的投标值;X_k 为表达被调查者的社会经济特征的变量。

以 I_k 为虚拟变量,当回答结果为"愿意"时,$I_k = 1$;当回答结果为"不愿意"时,$I_k = 0$。则式(1)的对数似然函数可表达为:

$$\ln L = \sum_{k=1}^{N} I_k \ln P_i(\text{yes}) + (1 - I_k)\ln\{[1 - P_i(\text{yes})]\} \tag{8}$$

Hanemann[4]在 CVM 研究中,受访者的支付意愿呈 logistic 分布或 log – logistic 分布,仅以投标数额 A 为解释变量,接受 A 的概率为被解释变量,对 logistic 回归模型结果在区间(0,

+∞)积分得到 WTP 数学期望(平均值)的 Hanemann 公式:

$$E_{\text{WTP}} = \ln(1 + e^{\alpha}) / -\beta \tag{9}$$

式中,α 为回归常数项;β 为支付意愿数额的回归系数。

通过不同评价模型的比较可以看出(表1),在文化服务价值方面,石榴红农场、养殖池塘的文化服务总价值较高,湿地和河流的价值相对较低。这主要是由于对文化服务价值功能的理解不同以及各研究者的研究方法不同而造成的。

表1 各种生态系统文化服务价值

生态系统	文化服务价值/(元·hm⁻²)	研究方法
A	231 296. 69	TCM + CVM
B	17 000. 00	TCM
C	170 454. 50	CVM
D	99 836. 31	CVM
E	335 685. 00	TCM + CVM

注:A 为养殖池塘;B 为河上垂钓泛舟;C 为上海苏州河;D 为洞庭湖湿地;E 为石榴红农场。

3 意义

以上海市青浦区淀山湖水源保护区养殖池塘作为研究对象[2],以实证调查数据为基础,结合该区的相关统计数据,将养殖池塘的文化价值分为游憩价值和存在价值,并在此基础上,以旅游成本法(TCM)和条件价值评估法(CVM)分别对这两种价值进行了估算,测算了总的文化服务价值。结果表明:该区养殖池塘文化服务总价值约为每年2.13 亿元,约合231 296. 69 元·hm⁻²,是该池塘养殖水产品产量市场价值的5.25 倍。其中游憩价值约为1.89 亿元,存在价值0.24 亿元。在推动上海新农村建设的过程中,职能部门需重新认识此类系统的价值。

参考文献

[1] Li HJ, Tu GP. Development of leisure fishing to build a new fishing village. Journal of Beijing Fisheries, 2008(2): 60 – 62.

[2] 李晟,郭宗香,杨怀宇,等. 养殖池塘生态系统文化服务价值的评估. 应用生态学报,2009,20(12): 3075 – 3083.

[3] Hotelling H. Letter in an Economic Study of the Monetary Evaluation of Recreation in the National

Parks. Washington DC: National Park Service Press, 1949.

[4] Hanemann WM. Welfare evaluations in contingent valuation experiments with discrete responses. American Journal of Agricultural Economics, 1984, 66: 332 - 341.

油菜的播栽模型

1 背景

确定适宜播栽方案是油菜(*Brassica napusL.*)栽培管理中的关键技术。建立作物栽培技术指标随品种类型、生态环境、生产技术水平变化的动态量化关系,有助于推动作物栽培模式向定量化和数字化方向发展[1],对于发展"精确农作"和"数字农作"具有重要的现实意义和应用前景。朱艳等[2]基于油菜栽培模式的最新研究资料,运用知识工程和系统建模方法[3],研究建立具有时空适应性的油菜适宜播栽方案设计的动态知识模型。

2 公式

2.1 适宜播期确定

冬油菜的适宜播期:适期播种可保证油菜生长发育进程与最适季节同步[4],确保高产稳产。冬油菜适宜播期应同时兼顾壮苗早发和安全越冬,以冬前不现蕾抽薹为原则[5]。因此,要求在冬前形成足够的生物量,即形成长柄叶。研究表明[4],在正常播种条件下,油菜长柄叶在冬前出生时的主茎叶龄约占主茎总叶数的一半,而主茎总叶数与单株角果数呈极显著的线性关系。因此,冬油菜适宜播期下所需的冬前积温可按式(1)、式(2)计算得到:

$$YWAT = 140 + PHYLL(VJGN + 56.1)/32.8 \tag{1}$$

$$ZWAT = 80 + PHYLL(VJGN + 56.1)/32.8 \tag{2}$$

式中,$YWAT$ 为育苗移栽的油菜所需的冬前积温(℃);$ZWAT$ 为直播油菜所需的冬前积温(℃);$PHYLL$ 为叶热间距,即连续两片叶子出现之间的热时间间隔,其大小随品种而异,为品种参数;$VJGN$ 为品种单株角果数。

根据决策点气象资料,以气温稳定小于1℃的始日为越冬始期[6],向前倒推计算生长度日(GDD),当 GDD 等于 $YWAT$ 或 $ZWAT$ 时的日期即为所求的适播期,播期范围可在适播期前后 3 d。GDD 的计算见式(3):

$$GDD = \sum \left(\frac{T_{\max} + T_{\min}}{2} \right) \tag{3}$$

式中,$T_{\max}$ 和 $T_{\min}$ 分别为决策点日最高气温(℃)和日最低气温(℃)。

2.2 基本苗和播种量

合理密植是建立高光效群体、实现高产的保证。油菜大田基本苗(JBM,10^4 株·hm^{-2})

可以用群体适宜茎枝数($CMFRN$,10^4 枝·hm^{-2})与单株有效分枝数($SERN$,枝·株$^{-1}$)计算得到,具体方程如下:

$$JBM = CMFRN/SERN \tag{4}$$

群体茎枝数由主茎、一次分枝和二次分枝组成,而二次分枝数量又取决于单株一次分枝的数量。因此,群体茎枝数实际受群体主茎和一次分枝数所制约。根据不同茎枝配比与产量的关系可以得出群体适宜主茎和一次分枝数:

$$CMFRN = \frac{143.15 + \sqrt{9298.76 - 2.10OY}}{1.05} \tag{5}$$

单株有效分枝数的计算:

$$SERN = SRN + 1 \tag{6}$$

式中,SRN 为单株一次分枝数;系数1为主茎。

研究表明[7],油菜一次分枝主要着生在无柄叶叶腋内,其发生数一般为主茎总叶数的1/4左右,仅有少数一次分枝从长柄叶叶腋内长出。因此,单株一次分枝数可以用式(7)计算得到:

$$SRN = MLN/4 + K \tag{7}$$

式中,MLN 为主茎总叶数;K 为长柄叶叶腋内长出的一次分枝数,其可通过式(8)计算得到:

$$K = OY/2250 \tag{8}$$

式中,OY 为目标产量(kg·hm^{-2})。冬油菜一般在越冬前开始花芽分化,且花芽分化的速度和数量与越冬前植株的生长状况有密切的关系,尤其与主茎叶片数关系更为密切。研究表明[8],油菜主茎总叶数(MLN)与单株角果数($VJGN$)呈极显著的线性关系,可由式(9)求得:

$$MLN = (VJGN + 56.1)/16.4 \tag{9}$$

直播油菜幼苗较移栽苗偏弱,其基本苗一般在育苗移栽油菜大田基本苗的基础上增加10%左右。播种量是在基本苗确定的基础上,根据种子千粒重、纯净度、发芽率、田间出苗率来确定,如果是育苗移栽,还得考虑移栽损失率和成活率等:

$$YBZHL = \frac{JBM \times VTGW \times 10^{12}}{VCJD \times VFYL \times CML(100 - SSL)CHL} \tag{10}$$

$$ZBZHL = \frac{JBM \times VTGW \times 10^8}{VCJD \times VFYL \times CML} \tag{11}$$

式中,$YBZHL$ 为育苗移栽时的播种量(kg·hm^{-2});$ZBZHL$ 为直播时的播种量(kg·hm^{-2});JBM 为基本苗(10^4 株·hm^{-2});$VTGW$ 为品种千粒重(g);$VCJD$ 为种子纯净度(%);$VFYL$ 为种子发芽率(%);CML 为出苗率(%);SSL 为移栽损失率(%);CHL 为移栽成活率(%);系数 10^{12} 和 10^8 均为单位换算。

种子出苗率受播期、水分、播种深度、整地质量、土壤质地等因子的影响。本研究采用最小限制因子法来计算种子出苗率:

$$CML = MIN(BQF, WF, BZHSF, ZDZLF, TRF) \tag{12}$$

式中,*BQF*、*WF*、*BZHSF*、*ZDZLF* 和 *TRF* 分别为播期因子、水分因子、播种深度因子、整地质量因子和土壤质地因子。

油菜种子发芽时最适宜的温度为 25℃,因此,播期因子可由式(13)计算得到:

$$BQF = 1 - \left| \frac{T - 25}{25} \right| \tag{13}$$

式中,*T* 为播种至出苗期间的实际温度(℃),本模型以 7 日平均温度计算。

据研究[9],适宜油菜发芽出苗的土壤水分指标一般为田间持水量的 60% ~ 75%。因此,水分因子的计算可由式(14)得到:

$$WF = 1 - \left| \frac{SWL - 67.5}{67.5} \right| \tag{14}$$

式中,*SWL* 为播种时的土壤实际含水量与田间持水量的比值(%)。

研究表明[10],油菜最适播种深度为 1 cm。因此,播种深度因子可由式(15)计算求得:

$$BZHSF = 1 - \left| \frac{BZHS - 1}{2} \right| \tag{15}$$

2.3 移栽方案

育苗移栽的油菜既要充分利用育苗期比直播期早的有利季节,形成较大的苗体;又要利用有限的苗床面积,育成足够的菜苗,且不使植株过分拥挤;同时还要适应移栽造成的损伤。油菜移栽的最佳时期以油菜缩茎节间未伸长、不形成高脚苗为原则。从大量生产实践来看[11],杂交油菜的中苗移栽比小苗和大苗移栽容易获得高产。在适播期内,中苗的叶龄为 7 左右,苗床以每平方米 90 ~ 135 株为最好。因此,移栽期即为以播期为始期,形成中苗时所需积温的日期,其算法:

$$YA = LA \times PHYLL \tag{16}$$

式中,*YA* 为移栽苗所需的积温(℃);*LA* 为移栽苗的叶龄(叶);*PHYLL* 为叶热间距。

苗床密度与移栽时的叶龄关系可由式(17)求得:

$$MD = -37.5LA + 405 \tag{17}$$

式中,*MD* 为苗床密度(苗·m⁻²)。

根据公式,进行了实例分析。利用南京、郑州不同地点常年气象资料、不同品种、不同播种方式及不同播期等资料对所建基本苗设计知识模型进行实例分析(表1)。

表1 知识模型为南京、郑州不同地点计算的基本苗

决策地点	品种	播种方式	大田基本苗/(10 000 株·hm⁻²)	
			最早适播期条件下	最晚播期条件下
南京	中双 7 号	育苗移栽	11.25	12.75
	中双 7 号	直播	12.15	13.80
	秦油 2 号	育苗移栽	11.70	13.20

续表

决策地点	品种	播种方式	大田基本苗/(10 000 株·hm⁻²)	
			最早适播期条件下	最晚播期条件下
	秦油 2 号	直播	11. 85	13. 35
	杂油 77 号	育苗移栽	12. 90	14. 55
	杂油 77 号	直播	14. 70	16. 65
郑州	中双 7 号	育苗移栽	12. 90	18. 15
	中双 7 号	直播	17. 10	30. 30
	秦油 2 号	育苗移栽	14. 55	16. 35
	秦油 2 号	直播	17. 25	19. 50
	中双 2 号	育苗移栽	17. 70	27. 00
	中双 2 号	直播	19. 65	30. 15

3 意义

朱艳等[11]建立了具有时空适应性的油菜播栽方案设计的动态知识模型,可用于精确定量不同环境和生产条件下油菜品种的适宜播期、基本苗、播种量和移栽方案。利用南京、郑州常年逐日气象资料以及各点不同品种和播种方式资料对播栽方案设计模型进行实例分析,结果表明,该知识模型对播期和基本苗设计均具有较好的决策性、解释性和适用性。较好地解决了传统油菜栽培模式和栽培专家系统中的不足,为发展数字化和广适性的油菜作物栽培管理决策支持系统奠定基础。

参考文献

[1] Cao WX. Intelligent crop culture: Combination of information science and crop culture science. Science and Technology Review. 2000, 139: 37 – 41.

[2] 朱艳,曹卫星,田永超,等. 油菜播栽方案设计的动态知识模型. 应用生态学报,2007,18(2):322 – 326.

[3] Cao WX, Luo WH. Crop System Simulation and Intelligent Management. Beijing: Higher Education Press. 2003.

[4] Liu HL. Applied Rapeseed Culture Science. Shanghai: Shanghai Science and Technology Press. 1987.

[5] Ling QH. Crop Population Quality. Shanghai: Shanghai Science and Technology Press. 2000.

[6] Deng XL, Cao C. Deduction and application of formula for estimating rapeseed transplanting leaf age. Chinese Journal of Oil Crop. 1990, (2): 82 – 83.

[7] Leng SH. Indices for High Yield Population Quality of Rapeseed and Their Regulation Techniques. Ph. D. Dissertation. Nanjing: Nanjing Agricultural University. 2001.

[8] Ling QH, Leng SH, Yu CT. Study and application on indices for high yield population quality of rapeseed and regulation techniques. Jiangsu Crop Bulletin (Special Issue for Theories and Practices of Rapeseed Population Quality for High Yield), 1999:6 - 24.

[9] He ZN. Primary analysis of light, temperature and water effects on hybrid rapeseed(Brassica napus). Chinese Journal of Agricultural Meteorology. 1981, (1): 25 - 29.

[10] Oil Crop Institute of Chinese Academy of Agricultural Sciences. Rapeseed Culture Science in China. Beijing: China Agricultural Press. 1990.

[11] Zhu BY, Chen FD. Hybrid Rapeseed Culture Technology. Beijing: China Agricultural Science and Technology Press. 1992.

遥感植被的测算模型

1 背景

植被指数是描述植被数量、质量、植被长势和生物量等指标的指示参数[1]，是地面植被与相应遥感影像的桥梁。MODIS 卫星数据则可以同时提供陆地、云边界及其特性、云顶温度、海洋水色、浮游植物、大气水汽和温度、臭氧、地表温度等特征信息，加上较高的时间分辨率和易获取性，被广泛地应用于地球科学的综合研究中[2]。林辉等[3]利用 MODIS 卫星数据，系统地研究了湖南省植被指数的时空变化规律，提出了 MODIS 遥感植被指数测算模型。

2 公式

MODIS 植被指数分为归一化植被指数（NDVI）和增强型植被指数（EVI）[4]。根据 MODIS 数据特征，其计算公式分别为[5]：

$$NDVI = \frac{B_2 - B_1}{B_2 + B_1} \tag{1}$$

$$EVI = 2.5 \times \frac{B_2 - B_1}{B_2 + 6B_1 - 7.5B_3 + 1} \tag{2}$$

式中，B_1 为 MODIS 第 1 波段；B_2 为 MODIS 第 2 波段；B_3 为 MODIS 第 3 波段。

研究数据（2005 年 L1B 级压缩数据）来源于国家科技基础条件平台——国家对地观测系统 MODIS 共享平台。筛选出无云或含云量较低的数据，经过大气校正之后，计算出每天的植被指数，然后去除 Bowtie 现象（图 1），以湖南省 TM 影像为校正空间进行几何精校正，为了保证校正后图像的精度，几何精校正时，地面控制点的单点均方根误差（RMS）均小于 1，平均 RMS 值小于 0.5。

裁剪出研究区的植被指数图，采用最大合成法（MVC）按月合成植被指数[6]，即：

$$VI_i = \text{Max}[VI_j] \tag{3}$$

式中，i 为 1，2，…，12，表示月份；j 为 1，2，…，31，表示每月的天数。

由此得到 2005 年 250 m 分辨率的 NDVI 和 EVI 时间序列，经过密度分割（以绿色为主色调），生成相应的植被指数图（图 2）。经统计后得到每月的月平均植被指数值（表 1）。

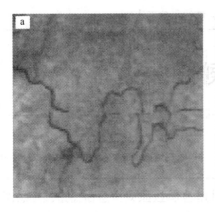
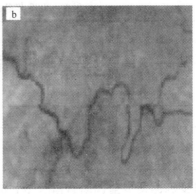

图 1　MODIS 图像对比

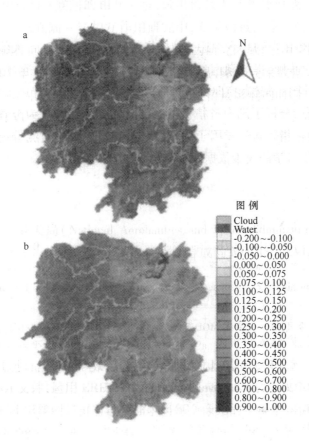

图例

Cloud
Water
-0.200～-0.100
-0.100～-0.050
-0.050～0.000
0.000～0.050
0.050～0.075
0.075～0.100
0.100～0.125
0.125～0.150
0.150～0.200
0.200～0.250
0.250～0.300
0.300～0.350
0.350～0.400
0.400～0.450
0.450～0.500
0.500～0.600
0.600～0.700
0.700～0.800
0.800～0.900
0.900～1.000

图 2　7 月份的 MODIS NDVI 图像(a)和 MODIS EVI 图像(b)

表1 2005年各月植被指数平均值

月份	NDVI	EVI	月份	NDVI	EVI
1	0.320	0.186	7	0.606	0.504
2	0.237	0.162	8	0.545	0.468
3	0.379	0.199	9	0.566	0.406
4	0.477	0.301	10	0.520	0.347
5	0.469	0.372	11	0.389	0.257
6	0.537	0.464	12	0.398	0.213

3 意义

林辉等[3]总结概括了MODIS卫遥感植被指数测算模型,采用最大值合成法,以MODIS 250 m分辨率图像为基础,提取湖南省2005年逐月植被指数值。通过月植被指数对比分析,将湖南省分为6个区描述其空间分布特征。利用5个分布均匀的气象站观测的月降水量和月平均气温数据,分析了湖南省植被指数的时相变化特征。为全省的植被分区、植物长势和物候监测、植被指数与气候因子的相关分析和自然灾害监测等提供基础数据,为有关部门制订政策提供科学的决策依据。

参考文献

[1] Chen SP, Tong QX, Guo HD. Mechanism ofRemote Sensing Information. Beijing：Science Press. 1998.

[2] Guenther B, Xiong X, Salomonson VV, et al. On－orbit performance of the Earth Observing System Moderate Resolution Imaging Spectroradiometer：First year of data. Remote Sensing ofEnvironment. 2002,83：16－30.

[3] 林辉,熊育久,万玲凤,等. 湖南省MODIS遥感植被指数的时空变化. 应用生态学报,2007,18(3)：581－585.

[4] Liu YJ, Yang ZD. Data Processing Theory and Algorithm of MODIS. Beijing：Science Press. 2001.

[5] HueteA, Didan K, Miura T, et al. Overview of the radiometric and biophysical performance of the MODIS vegetation indices. Remote Sensing of Environment. 2002,83：195－213.

[6] Van Leeuwen WJD, Huete AR, Laing TW. MODIS vegetation index compositing approach：A prototype with AVHRR data. Remote Sensing ofEnvironment. 1999,69：264－280.

切花菊品质的预测模型

1 背景

采用温室生产标准切花菊是实现周年供应满足国内外市场需求的主要措施。产品的品质(叶数、茎粗、花枝长和花的直径)直接影响切花菊生产的经济效益,如何保证温室周年生产出合格的切花菊产品是温室切花菊生产所面临的关键技术问题。杨再强等[1]根据温光对标准切花菊品质的影响,设计不同品种、不同定植期试验,建立温室标准切花菊的品质预测模型。

2 公式

2.1 生理辐热积的计算

菊花品质指标是植株发育和生长共同作用的结果,同时受温度、光合有效辐射和日长的影响[2]。因此,在辐热积的基础上,我们进一步提出了预测菊花品质的综合光温指标——生理辐热积(PTEP)。生理辐热积定义为在日长、光合有效辐射和温度均最适的条件下,短日菊花完成某发育阶段所需的累积辐热积。生理辐热积可按式(1)~式(3)计算:

$$DTEP(i) = \left[\sum RTE(i,j)/24\right]PAR(i) \tag{1}$$

$$TEP_i = \sum_{i=m}^{n} PTEP_i \tag{2}$$

$$PTEP = \begin{cases} TEP \times BD_1 & PTEP < SD \\ TEP \times RPE \times BD_2 & PTEP \geqslant SD \end{cases} \tag{3}$$

$$BD_1 = TEP_s/TEP_{si} \tag{4}$$

$$BD_2 = TEP_h/TEP_{hi} \tag{5}$$

式中,$PTEP$ 为菊花不同发育阶段的生理辐热积(MJ·m^{-2});TEP_i 为从第 m 天到第 n 天的累计辐热积(MJ·m^{-2});$DTEP_i$ 为第 i 天的日辐热积(MJ·m^{-2});$PAR(i)$ 为第 i 天的总光合有效辐射(MJ·m^{-2}·d^{-1});RPE 为每日光周期效应;BD_1 为短日处理前品种的基本发育因子;TEP_s 为基本发育因子为1的品种(本试验为"神马")从定植到短日处理所需的累积辐热积;TEP_{si} 为 i 品种从定植到短日处理所需的累积辐热积;BD_2 为短日处理后的基本发育因子;TEP_h 为基本发育因子为1的品种从短日处理到收获的累积辐热积;TEP_{hi} 为 i 品种从短日处理到收获的累积辐热积;SD 为从定植到短日处理所需的生理辐热积,为模型待定参数;RTE (i,j) 为第 i 天内第 $j(j=1\sim24)$ 小时的相对热效应,可以根据菊花发育所需的三基点温度和实际温室内气温观测数据按式(6)计算。

$$RTE(T) = \begin{cases} 0 & (T < T_b) \\ (T - T_b)/ \geqslant (T_{ob} - T_b) & (T_b \leqslant T < T_{ob}) \\ 1 & (T_{ob} \leqslant T \leqslant T_{ou}) \\ (T_m - T)/(T_m - T_{ou}) & (T > T_m) \end{cases} \tag{6}$$

式中,T 为每小时的平均温度;T_b 为菊花生长下限温度;T_{ob} 为菊花生长最适下限温度;T_{ou} 为生长最适上限温度;T_m 为生长上限温度。菊花各生育时期的三基点温度[3]见表1。

表1　切花菊各生育时期的三基点温度 单位:℃

生育期		T_b	T_{ob}	T_{ou}	T_m
定植—短日处理	白天	10	20	25	30
	夜间	10	16	20	30
短日处理—现蕾	白天	10	16	20	28
	夜间	10	18	23	32
现蕾—收获		10	18	25	35

2.2　单片叶面积模拟

不同品种单片叶面积与叶长的关系模型(式7)和参数(表2):

$$LA_i = A_i \times L_1^2 \tag{7}$$

式中,LA_i 表示品种 i 的单叶叶面积(cm^2);L_1 表示叶长(cm);A_i 为品种 i 的叶面积系数。

表2　不同品种的叶面积系数

品种	叶面积系数	样本数	标准误差	R^2
精云	0.309	128	1.19	0.95
优香	0.296	147	1.97	0.96
神马	0.223	133	1.45	0.97
秀芳	0.289	122	1.59	0.96

2.3　品质模拟

展叶数、叶面积、株高、茎粗、节间长和花径的实测值与生理辐热积之间的关系如图1所示,各品质指标与生理辐热积的关系模型为:

$$N = 63.98 - 64.11/\{1 + \exp[(PTEP - 80.53)/35.38]\}$$
$$(R^2 = 0.99, SE = 1.53) \tag{8}$$

$$A = 6.41PTEP + 0.0157PTEP^2$$
$$(R^2 = 0.96, SE = 30.12) \tag{9}$$

$$H = -4.24 + 105.58/\{1 + \exp[-(PTEP - 74.15)/28.26]\}$$
$$(R^2 = 0.99, SE = 2.49) \tag{10}$$

$$D_s = 0.038 + 8.24/\{1 + \exp[-(PTEP - 42.83)/51.03]\}$$
$$(R^2 = 0.97, SE = 0.25) \tag{11}$$

$$\ln = 0.75 + 0.019PTEP - 8.5 \times 10^{-5}PTEP^2$$
$$(R^2 = 0.87, SE = 0.14) \tag{12}$$

$$D_f = \begin{cases} 0 & (PTEP \leqslant 107.3) \\ -35.345 + 0.356 & (PTEP \geqslant 107.3) \end{cases}$$
$$(R^2 = 0.97, SE = 0.11) \tag{13}$$

式中,N 为植株定植后的展叶数;A 为单株叶面积(cm^2);H 为株高(cm),D_s 为茎粗(mm);L_n 为节间长(cm);D_f 为花径(cm);$PTEP$ 为定植后生理辐热积($MJ \cdot m^{-2}$)。

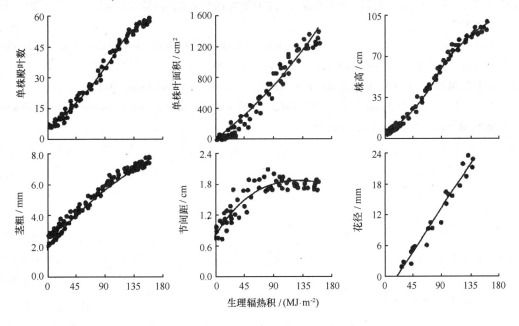

图1 切花菊品质与生理辐热积的关系

2.4 模型的验证

检验模型用预测相对误差(relative prediction error,RSE)对模拟值和观测值之间的符合度进行统计分析,RSE 可用下面的公式计算,其中回归估计标准误差的计算参照文献[4]。

$$RSE = \frac{\text{回归估计标准误}}{\text{实测样本平均值}} \times 100\% \tag{14}$$

3 意义

杨再强等[1]建立了切花菊品质的预测模型,根据光温对菊花品质的影响,通过不同定植期和不同品种试验,建立了以生理辐热积为尺度的温室标准切花菊品质预测模型,并用独立的试验数据对模型进行检验。结果表明:模型对温室标准切花菊的展叶数、单株叶面积、株高、茎粗、节间长和花径的模拟值与实测值的符合度较好,该品质预测模型预测精度高、实用性强,可为温室标准切花菊生产中的光温调控提供理论依据和决策支持。

参考文献

[1] 杨再强,罗卫红,陈发棣,等. 基于光温的温室标准切花菊品质预测模型. 应用生态学报,2007,18(4):877 – 882.

[2] Carvalho SMP. Effects of Growth Conditions on External Quality of Cut Chrysanthemum: Analysis and simulation. The Netherlands: Wageningen University Press. 2004.

[3] Li QZ, Ma HX, Yu GH. Chrysanthemum. Nanjing: Jiangsu Technology Press. 2000.

[4] Yuan CM, Luo WH, Zhang SF, et al. Simulation of the development of greenhouse muskmelon. Acta Horticulturae Sinica. 2005,32(2): 262 – 267.

边材液流与环境因子关系模型

1 背景

树木边材液流研究是植物蒸腾研究的一项重要内容[1]。边材液流是水体经根系吸收，流经树木边材的过程。热带山地雨林是我国一个非常重要的植被类型，主要分布于我国海南岛和云南省。张刚华等[2]选取了海南岛尖峰岭热带山地雨林作为研究区域，研究了先锋树种尖峰栲(*Castanopsis jianfengensis*)的树干边材液流及其与环境因子的关系。应用热扩散法，采用ICT-2000TE环境与蒸腾系统同步监测了热带山地雨林尖峰栲边材液流速率和环境因子的变化。

2 公式

本研究中，边材液流速率(V_s, $cm^3 \cdot cm^{-2} \cdot s^{-1}$)和蒸汽压亏缺($VPD$, kPa)需要通过$dT$、$T_a$、$RH$推导，$V_s$与环境因子关系应用多元统计方法计算。

由于尖峰栲边材厚度不足探针长度，通过热扩散法测定的dT需采用校正公式校正：

$$dT = (dT'' - b \times dT_M)/a \tag{1}$$

式中，dT为校正后的温差值；dT'为实测的温差值；dT_M为一昼夜最大温差值；a为探针在边材所占探针总长的比例；b为探针在心材所占探针总长的比例。

$$V_s = 0.0119 \times 3600(dT_M/dT - 1)^{1.231} \tag{2}$$

边材液流量(F, $kg \cdot d^{-1}$)公式[3]：

$$F = 0.001 \sum V_{si} \times A(i = 0,1,2,\cdots,23) \tag{3}$$

式中，V_{si}为第i时的液流速率；A为样木的边材面积(cm^2)。

蒸汽压亏缺依据Goff与Gratch公式[4]：

$$E = 0.611 \, e^{[12.27 \times T/(T+237)]} \tag{4}$$

$$VPD = E - E \times RH/100 \tag{5}$$

式中，E为饱和水汽压(kPa)；T为树木叶片温度。叶片温度一般要高于空气温度，现假设叶片温度与大气温度相等，通过树冠上部空气温度计算饱和水汽压，然后利用空气相对湿度计算空气的蒸汽压亏缺代替叶片-大气的蒸汽压亏缺。

根据公式,进行实例分析。由图 1 可以看出,旱季监测期间尖峰栲样木边材液流速率 (V_s) 变化规律明显,晴天多表现为单峰曲线,阴雨天气为双峰或多峰曲线。

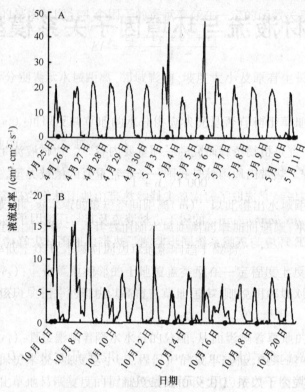

图 1　尖峰栲监测期间边材液流速率日进程

3　意义

张刚华等[2]建立了热带山地雨林尖峰栲边材液流及其与环境因子的关系模型,结果表明:尖峰栲边材液流速率的变化规律是晴天为单峰曲线、阴雨天气为双峰或多峰曲线。边材液流速率与太阳辐射、空气温度、蒸汽压亏缺、林内风速呈极显著正相关,与空气相对湿度呈极显著负相关。在旱季监测期间,其与土壤温度呈极显著正相关、与土壤湿度相关不显著;而在雨季,其与土壤湿度呈极显著正相关,与土壤温度相关不显著,说明降雨过程对边材液流影响较大。模型揭示了热带林优势种水分生理规律,为热带林水资源有效利用提供科学依据。

参考文献

[1] Meng P, Zhang JS, Wang HS,et al. Rule of apple trees transpiration and its relation to themicrometeorology on the canopy. Acta Ecologica Sinica. 2005,25(5): 1075 – 1081.

[2] 张刚华,陈步峰,聂洁珠,等. 热带山地雨林尖峰栲边材液流及其与环境因子的关系. 应用生态学报,2007.

[3] GranierA. Une nouvelle methode pour la measure du flux de seve brute dans le tronc des arbres. Annales desSciencesForestieres. 1985,42: 193 – 200.

[4] Hogg EH, Hurdle PA. Sap flow in trembling aspen: Implications for stomatal responses to vaporpressure deficit. Tree Physiology. 1997,17: 501 – 509.

景观类型的转化模型

1 背景

景观生态学将异质性空间单元视为景观,因此一个区域的景观镶嵌结构体可以看做一个复合函数。它由许多变量因子(如地形、气候、河流、植被、交通廊道和人类活动)构成,每一个因子又是一个函数,具有自己的变量因子[1]。因此,景观格局是在不同时空尺度作用力复杂作用下的组合形式,格局的时空异质性、相关性和规律性影响着景观中不同组分间的能量流动、物质运移和信息传递等多种生态过程,而生态过程又在一定程度上维持了这种格局的存在。宋艳暾等[2]依托景观生态学原理和定量方法进行研究,提出景观类型转化模型。

2 公式

修正的转移概率方法是揭示特定景观类型之间数量变化关系的最有效手段[3]。在计算研究时段内不同景观类型总体变化和不同时段内不同景观类型保留率基础上,计算了景观类型转入贡献率、转出贡献率和优势景观类型特定转移过程的贡献率[4]。

（1）特定景观类型转入贡献率:

$$T_{ii} = \sum_{j=1}^{n} A_{ji}/A_t \tag{1}$$

式中,T_{ii} 为除第 i 类外的其他景观类型向第 i 类景观类型转入面积占景观总转移发生量的比例;A_{ji} 为第 j 种景观类型向第 i 种景观类型转移的面积;A_t 是景观类型发生转移的总面积;n 是景观类型的数量。T_{ii} 可以用于比较不同景观类型在景观动态变化的转入过程中面积增量分配的差异。

（2）特定景观类型转出贡献率:

$$T_{oi} = \sum_{j=1}^{n} A_{ij}/A_t \tag{2}$$

式中,T_{oi} 为第 i 类景观类型向除 i 类外的其他景观类型转移的面积占景观总转移发生量的比例;A_{ij} 为第 i 种景观类型向第 j 种景观类型转移的面积;T_{oi} 可用于比较不同景观类型在景观动态变化的转出过程中面积减量分配的差异。

（3）特定景观类型转移过程贡献率：

$$T_{pi} = A_{ij}/A_t \tag{3}$$

式中，T_{pi}指一个具体转移过程的转移面积占景观总转移发生量的比例。该参数可用于比较景观动态变化的特定过程中特定景观类型转移过程的重要性差异。

（4）景观类型保留率：

$$BR_i = BA_i/TA_i \tag{4}$$

式中，BR_i是某一比较阶段第 i 类景观类型的保留率；BA_i 为比较时段内没有发生变化的第 i 类景观类型面积；TA_i 为比较初始年份景观类型的总面积。BR_i 可比较分析不同景观类型在研究时段内的稳定性情况。

根据公式，分析了深圳经济特区研究时段内景观类型变化情况（表1）。

表 1　研究时段内景观类型变化情况

景观类型	面积百分比/%				变化总量 /(hm²)	平均年变化率 /(hm²·a⁻¹)
	1979 年	1990 年	2000 年	2003 年		
M	1.41	15.05	21.54	20.86	7 628.06	317.84
CS	6.93	12.13	13.08	14.34	2 907.02	121.13
T	43.06	21.34	16.49	17.05	−10 204.98	−425.21
S	14.96	15.04	10.19	14.97	4.47	0.19
SG	8.32	8.91	7.98	3.09	−2 051.10	−85.46
G	6.40	4.00	8.84	13.14	2 645.38	110.22
BS	5.91	11.01	14.02	9.48	1 400.68	58.36
WA	12.49	12.27	7.67	6.93	−2 179.90	−90.83

注：M 为非渗水表面；CS 为建设用地；T 为林地；S 为灌丛；SG 为灌草丛；G 为草地；BS 为裸地；WA 为水体。

从不同景观类型的变化趋势看，深圳经济特区的非渗水表面、建设用地、裸地、草地、灌丛 5 个类型呈正增长趋势，年平均变化率分别为 317.84 hm²、121.13 hm²、58.36 hm²、110.22 hm² 和 0.19 hm²；林地、灌草丛和水体逐渐下降，年平均变化率分别为 −425.21 hm²、−85.46 hm² 和 −90.83 hm²。

3　意义

宋艳暾等[2]总结概括了景观类型转化动态模型，用 4 个时段遥感图像、转移概率方法和优势转移过程空间分布图，定量研究了深圳经济特区 1979—2003 年景观格局的时空变化特征、驱动力和原因。定量地揭示研究区域整个变化时段或不同阶段中景观类型的重要程度，而且还反映出发生变化的主要位置和区域，有利于相关决策部门科学制订和调整相应政策。进一步的研究将结合同期生态效应变化和生态过程动态来开展,从而更加有效地揭示出格局与过程协同变化的机制和响应机理。

参考文献

[1] Xu JH, Fang CL, Yue WZ. An analysis of the mosaic structure of regional landscape using GIS and remote sensing. Acta Ecologica Sinica. 2003,23(2): 366 – 375.

[2] 宋艳暾,余世孝,李楠,等. 深圳快速城市化过程中的景观类型转化动态. 应用生态学报,2007,18(4):788 –794.

[3] Zang SY, Zhang J,Jia L. Landscape change and its effecton the environment of Daqing City. Progress in NaturalScience. 2005,15(7): 641 –649.

[4] Zeng H, Tang J, Guo QH. A landscape study of element transferring pattern and changing stage of Changping town in eastern part of Zhujiang delta area. Scientia Geographica Sinica. 1999,19(1): 73 –77.

植物根系的固坡抗蚀模型

1 背景

土质边坡的不稳定包括表层不稳定、浅层不稳定和深层不稳定。对于边坡的浅层滑动、崩塌，植被的控制作用主要是通过地下根系的锚固坡体、增加土体的抗剪强度等来实现的。在植被护坡过程中，根系对稳固坡体、防止滑坡和崩塌起重要作用，同时对提高坡面表土抗侵蚀性也起着举足轻重的作用。熊燕梅等[1]针对有关植物根系的固坡抗蚀效益、过程和机理的研究进展做一个综述，并提出了植物根系与坡体稳固性的关系模型。

2 公式

2.1 植物根系的固坡效应

大量的工程实践和室内试验都表明，土体的破坏大多数是剪切破坏。当土体受到剪切力作用时会产生阻抗力，当剪切力增大到一定程度导致土体即将发生剪切破坏时，土体便产生最大的阻抗力。单位土体产生的最大阻抗力被称做土体的抗剪强度。土体抗剪强度是一个反映土体抗崩塌、抗滑坡的重要指标，一般通过剪切试验进行测定，其测定结果可用抗剪强度曲线表示（图 1）。抗剪强度曲线的斜率为 $\tan\Phi$，截距为 C，那么土壤的抗剪强度为[2]：

$$S = \sigma\tan\Phi + C \tag{1}$$

式中，S 表示土壤抗剪强度（kPa）；σ 为法向应力（kPa），垂直于剪切力的方向；Φ 为土壤内摩擦角；C 为土壤黏聚力（kPa）。土体的稳定性与 Φ 和 C 有很大关系，Φ 和 C 称为土体抗剪强度指标。同一土体的抗剪强度随着法向应力的增大而增大。

2.2 根系固坡模型及机理

为了深入探究根系增强土体抗剪强度的机理，Wu[3] 首先提出，Waldron[4]、Wu 等[5]进一步发展形成了一个解释根系固坡机制的简洁有效的模型（简称 Wu – Waldron 模型）。在该模型中，含有根系的土体受剪切的过程如图 2 所示。

图 2 显示，假设根的表面受到足够的摩擦力和约束力使根不被拉出，那么，当土体中有剪切力发生时，根的错动位移使根内产生拉力，根被拉断的瞬间发挥出抗拉强度 T_r，而沿剪切面切线方向的分量 $T_r\sin\theta$ 可抵抗剪切变形，直接增加土壤抗剪强度 ΔS_1，即 $\Delta S_1 = T_r\sin\theta$；

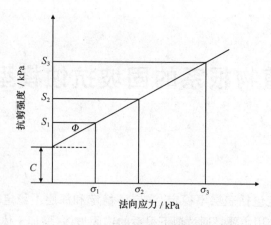

图1　土体抗剪强度曲线

沿法线方向的分量 $T_r \cos \theta$ 可增加剪切面上的法向应力,即 $\Delta \sigma = T_r \cos \theta$。结合式(1),则该分量对抗剪强度的增量 $\Delta S_2 = \Delta \sigma \tan \Phi$,于是,根土复合体抗剪强度的增量为:

$$\Delta S = \Delta S_1 + \Delta S_2 = T_r (\sin \theta + \cos \theta \cdot \tan \Phi) \tag{2}$$

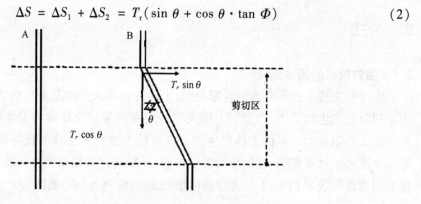

图2　植物根在土体剪切区中受剪切过程

式(2)只是针对单根的简化模型。对穿过剪切面上所有发挥作用的根系而言,土体抗剪强度的增量则变为:

$$\Delta S = T_R (A_R / A_s)(\sin \theta + \cos \theta \cdot \tan \Phi) \tag{3}$$

式中,T_R 为穿过剪切面所有发挥作用的根系平均抗拉强度;A_R 为剪切面上所有发挥作用的根系截面积之和;A_S 为土体截面积;A_R / A_S 为剪切面上所有发挥作用的根系截面积之和与土体截面积之比,称为根面积比(root area ratio, RAR)。

其中,$A_R = \sum N_i \cdot A_i$,$T_R = \sum T_i \cdot N_i \cdot A_i / \sum N_i \cdot A_i$

式中,T_i 是直径为第 i 径级的根的抗拉强度,N_i 是直径为第 i 径级的根的数量,A_i 是直径为第 i 径级的根的平均截面积。

Wu 等[5]在野外及室内实验基础上,发现$(\sin\theta + \cos\theta \cdot \tan\Phi)$对$\theta$、$\Phi$的通常变化范围$(40° \leq \theta \leq 70°, 20° \leq \Phi \leq 40°)$不敏感,其值基本保持在 $1.0 \sim 1.3$ 范围内,因此,穿过剪切面上的所有根系对土体抗剪强度的增量通常简写为:

$$\Delta S = 1.2 T_R (A_R / A_S) \tag{4}$$

这就是说,根系产生的土体抗剪强度的增量与根系的平均抗拉强度和根面积比成正比。这一简化的 Wu – Waldron 模型是迄今为止解释植物根系增强坡体稳定性最直观、最简单、最有效的模型之一,仍被普遍应用。

2.3 根系抗拉强度

植物根系能承受一定的拉力作用而保持不断,在拉力逐渐增大到根被拉断的瞬间,外加拉力定义为根的最大抗拉力(F_r,MPa)。对于相同植物种,根的最大抗拉力与根直径大小有关,普遍应用的经验公式为[6]:

$$F_r = nD^m \tag{5}$$

式中,D 为根直径(mm);n 和 m 为给定树种的经验系数,两者的值都大于 0。对同种植物而言,根系最大抗拉力与其直径成正比。根的抗拉强度(T_r)定义为单位根截面上所能承受的最大抗拉力,即:

$$T_r = F_r / \pi r^2 \tag{6}$$

式中,r 为根半径(mm)。将式(5)代入式(6),同时将根半径转换为直径,那么,根的抗拉强度为:

$$T_r = 4nD^{m-2} / \pi \tag{7}$$

对同种植物来说,根的抗拉强度 T_r 与其直径 D 成正相关还是负相关取决于 D 的指数是正值还是负值。当 $m > 2$ 时,T_r 随 D 增大而增大;而当 $m < 2$ 时,T_r 随 D 增大而减小。

3 意义

熊燕梅等[1]建立了植物根系与坡体稳固性的关系模型,该模型表明,植物根系产生的土体抗剪强度的增量与根系的平均抗拉强度和根面积比成正比,应用该模型评价根系固坡效应的两个最重要因素是根系的平均抗拉强度和根面积比。植物根系提高土壤抗侵蚀性主要通过直径小于 1 mm 的须根起作用。须根通过增加土壤水稳性团聚体的数量与粒径等作用来提高土壤的稳定性,以抵抗水流分散;须根还能有效地增强土壤渗透性,减少径流,从而达到减少土壤冲刷的目的。模型为日后开展生态护坡工程,特别是在有效物种选择和预测坡面抗蚀效果方面提供理论参考。

参考文献

[1] 熊燕梅,夏汉平,李志安,等. 植物根系固坡抗蚀的效应与机理研究进展. 应用生态学报,2007,18

(4):895 – 904.

[2] Guo Y. Soil Mechanics. 2nd Ed. Dalian: Dalian University of Technology Press 2003:95 – 97.

[3] Wu TH. Investigation of Landslides on Prince of Wales Island, Alaska. Geotechnical Engineering Report (No. 5). 1976. Columbus: Ohio State University:94 – 95.

[4] Waldron LJ. The shear resistance of root – permea – ted homogeneous and stratified soi. lSoilScience Society of America Journal. 1977,41: 843 – 849.

[5] Wu TH, McKinnellWP, Swanston DN. Strength of tree roots and landslides on Prince of Wales Island, Alaska. Canadian GeotechnicalJournal. 1979,16(1): 19 – 33.

[6] Li TJ, Li XH. Study on themechanism of slope reinforcementby vegetation. Scientific and Technical Information of Soiland Water Conservation. 2004,(2): 1 – 3.

生物生长的时差性模型

1 背景

生长模型是研究生物生长过程的有用工具。在实际工作中,经常会遇到这样一个问题:年龄的计算起点时间存在着一定的差异(即时差性)。在研究种群增长模型时也有可能出现不同的时间起点。不同的时间计算起点必然会导致不同的"时间-生长数据"系列,这样,即使用同样一种生长模型对这些系列进行拟合也有可能出现不同的拟合结果。这种时间起点差异称为时间漂变(time shift),而分析生长模型对时间漂变引起的差异特征即为生长模型的时差性分析。宛新荣等[1]分析了一些常用的三参数生长模型的时差性特征,并引用两组具体生长数据——内蒙古浑善达克沙地的小毛足鼠(*Phodopus roborovski*)体质量生长数据,按照不同的时间起点分别以上述几种模型进行拟合,并对拟合结果进行比较。

2 公式

2.1 Spillman 方程

Spillman 方程的定义公式为[2]:

$$M = f - (f - s)\exp(-kt) \tag{1}$$

将 $t' = t + d$ 代入上式中可得其"时间漂变"形式:

$$M' = f - (f - s)\exp[-k(t + d)] = f - \{f - [f\exp(-kd) + s\exp(-kd)]\}\exp(-kt)$$

令 $s' = f - f\exp(-kd) + s\exp(-kd)$ 并将其代入上式(如果其他参数确定,那么参数 s' 的数值将由 s 的值唯一确定),得到:

$$M' = f - (f - s')\exp(-kt) \tag{2}$$

可以看到:式(1)、式(2)的唯一差别在于参数 s 与 s' 的不同,即加入"时间漂变"后的 Spillman 方程仅需调整初始状态参数 s' 就可以与原方程完全一致。

2.2 Gompertz 方程

Gompertz 方程的定义公式为[3]:

$$M = f\exp[-b\exp(-kt)] \tag{3}$$

将 $t' = t + d$ 代入式(3)得到加入"时间漂变"后的方程形式:

$$M' = f\exp\{-b\exp[-k(t + d)]\} = f\exp[-b\exp(-kd)\exp(-kt)]$$

令 $b' = b\exp(-kd)$ 并将其代入上式得(如果其他参数的数值确定,b' 的数值将由 b 唯一确定):

$$M' = f\exp[-b'\exp(-kt)] \tag{4}$$

可以看到:式(3)、式(4)的唯一差别在于参数 b 与 b' 的不同,即加入"时间漂变"后的 Gompertz 方程仅需调整初始状态参数就可以与原方程完全一致。

2.3 Bertalanffy 方程

Bertalanffy 方程的定义公式为[4]:

$$M = \left[f^{\frac{1}{3}} - (f-s)^{\frac{1}{3}}\exp(-kt) \right]^3 \tag{5}$$

将 $t' = t + d$ 代入式(5)得到加入"时间漂变"后的方程形式:

$$M' = \left\{ f^{\frac{1}{3}} - (f-s)^{\frac{1}{3}}\exp[-k(t+d)] \right\}^3$$

$$= \left[f^{\frac{1}{3}} - (f-s)^{\frac{1}{3}}\exp(-kd)\exp(-kt) \right]^3$$

令 $s' = f[1 - \exp(-3kd)] + s\exp(-3kd)$ 并将其代入上式(如果其他参数确定,那么参数 s' 的数值将由 s 的值唯一确定),得到:

$$M' = [f^{\frac{1}{3}} - (f-s')^{\frac{1}{3}}\exp(-kt)]^3 \tag{6}$$

可以看到:式(5)、式(6)的唯一差别在于参数 s 与 s' 的不同,换而言之,即加入"时间漂变"后的 Bertalanffy 方程仅需调整初始状态参数 s' 就可以与原方程完全一致。

2.4 Logistic 方程

Logistic 方程的定义公式为[5]:

$$M = sf/[s + (f-s)\exp(-kt)] \tag{7}$$

将 $t' = t + d$ 代入式(7),可以得到加入"时间漂变"后的方程形式:

$$M' = f/\{1 + (f/s - 1)\exp[-k(t+d)]\}$$

$$= f/[1 + (f/s - 1)\exp(-kd)\exp(-kt)]$$

令 $s' = sf/\{f\exp(-kd) - s[\exp(-kd) - 1]\}$ 并将其代入上式(如果其他参数确定,那么参数 s' 的数值将由 s 的值唯一确定),得到:

$$M' = f/[1 + (f/s' - 1)\exp(-kt)]$$

$$= s'f/[s' + (f-s')\exp(-kt)] \tag{8}$$

可以看到:式(7)、式(8)的唯一差别在于参数 s 与 s' 的不同,即加入"时间漂变"后的 Logistic 方程仅需调整初始状态参数 s' 就可以与原方程完全一致。

2.5 结果与分析

为了验证前文的数学推导结论,本文引用内蒙古浑善达克沙地小毛足鼠体质量生长数据[6],分别采用两种年龄(即出生日龄和受精年龄,二者的数值差异等于妊娠期长度 20 d)对上述 4 种方程进行数据拟合(表1)。

表1 小毛足鼠的体质量生长数据

年龄 (t)	雄鼠体质量 (M_m)	雌鼠体质量 (M_f)	年龄 (t)	雄鼠体质量 (M_m)	雌鼠体质量 (M_f)	年龄 (t)	雄鼠体质量 (M_m)	雌鼠体质量 (M_f)
0	0.78	0.78	25	8.10	7.70	63	15.5	13.7
1	0.90	0.90	27	8.50	8.20	68	15.7	13.9
2	1.05	1.05	29	9.20	8.60	73	15.6	14.2
3	1.25	1.25	31	9.40	8.95	78	16.4	14.5
4	1.45	1.45	33	9.80	9.45	83	16.7	14.3
5	1.70	1.70	35	10.1	9.80	88	15.6	13.8
7	2.10	2.08	36	10.6	10.1	93	15.5	13.5
9	2.70	2.65	37	10.9	10.4	98	14.8	13.9
11	3.30	3.20	40	11.4	10.8	103	14.9	14.3
13	3.90	3.80	42	11.8	11.1	108	15.9	14.7
15	4.70	4.60	44	12.2	11.5	113	16.3	14.3
17	5.60	5.50	46	13.1	12.1	118	16.6	14.9
19	6.30	6.10	48	13.5	12.4	123	16.3	14.4
21	6.90	6.60	53	13.5	12.8	128	15.7	15.1
23	7.50	7.20	58	14.7	13.2	132	16.0	14.7

注:t 表示鼠的出生后日龄(d),W_m、W_f 分别表示对应日龄雄鼠与雌鼠的平均体质量(g),小毛足鼠的妊娠期为 20 d,生长数据来源于8只雄鼠、9只雌鼠的体质量实测数据。

采用统计软件 STATISTICA 对表1的生长数据进行数据拟合,所有参数均以最小二乘法(least square method)获得,采用残差平方和(residual sum of squares,RSS)和相关指数 R_2 作为方程的拟合优度指标[7]。拟合参数数值列于表2和表3中。

表2 以不同时间起点分别采用4种模型拟合小毛足鼠雄性个体的体质量生长参数

方程	出生年龄参数					受精年龄参数				
	k	s/b	f	RSS	R^2	k	s/b	f	RSS	R^2
Spillman	0.0280	$s=-0.544$	17.16	7973	0.916	0.0280	$s'=-13.2$	15.35	11.85	0.989
Gompertz	0.0557	$b=2.912$	16.14	163.3	0.998	0.0557	$b'=8.87$	16.14	163.3	0.918
Logistie	0.0830	$s=1.563$	15.87	350.4	0.996	0.0830	$s'=0.323$	15.87	350.4	0.996
Bertalanffy	0.0468	$s=11.17$	16.32	146.5	0.998	0.0468	$s'=-69.1$	16.32	146.5	0.998

表3 以不同时间起点分别采用4种模型拟合小毛足鼠雌性个体的体质量生长参数

方程	出生年龄参数					受精年龄参数				
	k	s/b	f	RSS	R^2	k	s/b	f	RSS	R^2
Spillman	0.029 9	$s = -0.368$	15.35	11.85	0.989	0.029 9	$s' = -13.2$	15.35	11.85	0.989
Gompertz	0.058 0	$b = 14.5$	2.803	3.216	0.997	0.058 0	$b' = 8.94$	2.803	3.216	0.997
Logistie	0.086 2	$s = 1.49$	14.28	8.862	0.992	0.086 2	$s' = 0.292$	14.28	8.862	0.992
Bertalanffy	0.048 9	$s = 10.4$	14.68	3.069	0.997	0.048 9	$s' = -65.0$	14.68	3.069	0.997

3 意义

宛新荣等[1]建立了常见生物生长模型的时差性分析模型,分析了4种常见的三参数生长模型(Spillman、Logistic、Gompertz 和 Bertalanffy)的时差性特征。结果表明,这4个方程均具有时差不变性,即无论时间(年龄)起点如何,它们对生物生长数据的拟合结果都一致。还引用了小毛足鼠体质量生长数据,采用两种年龄进行了实例比较。此模型证明了生物年龄的计算起点时间基本上对生物生长曲线不存在差异。

参考文献

[1] 宛新荣,刘伟,王梦军,等. 常见生物生长模型的时差性分析及其应用. 应用生态学报,2007,18(5): 1159 – 1162.

[2] Spillman WJ, Lang E. The Law of Diminishing Increment. New York:Yonkers World. 1924.

[3] Gompertz B. On the nature of the function expressive of the law of humanmortality, and on a new method of determining the value of life contingencies. Philosophical Transactions of the Royal Society. 1825,513 – 585.

[4] France J, Dijkstra J, Thornley JHM, et al. A simple but flexible growth function. Growth, Development& Aging. 1996,60(2):71 – 83.

[5] Wan XR, Zhong WQ, Wang MJ. New flexible growth equation and its application to the growth of small mammals. Growth, Development andAging. 1998,62(1):27 – 36.

[6] Wang GH, Zhong WQ, Wan XR. Biological habit of desert hamster in the Hunshandake Desert in Inner Mongolia. Chinese Journal of Ecology. 2001,21(6):65 – 67.

[7] Jolicoeur P. Introduction to Biometry. 4th Ed. New York:Plenum Publishers. 1999.

植被的气候响应模型

1 背景

遥感图像上的植被信息主要通过绿色植物叶子光谱特征的差异及动态变化而反映出来,根据多光谱数据,经线性和非线性组合构成的各种植被指数对植被有一定的指示意义[1]。分析和研究植被与气候间的相互关系,做出植被类型和环境或气候解释,是植被生态学的主要任务之一[2],在陆-气相互作用研究中,有关植被的季节性特征及其对气候响应的研究是一个基础性问题。彭代亮等[3]以浙江省为研究区域,采用空间分辨为 250 m、16 d 合成的 2001—2004 年 MODIS-EVI 遥感资料和气温、降水气象数据,结合浙江省 1:25 万土地利用现状图,运用时滞相关分析法,通过气候对植被影响的时滞性和时效性,分析不同用地类型植被的 EVI 季节变化与气候的相关性。

2 公式

2.1 遥感资料

由美国国家航空航天局(National Aeronautics and Space Administration,NASA)提供的 2001—2004 年 MOD13、空间分辨率为 250 m、16 d 合成的 MODIS-EVI,1 年有 23 个时相,其算式为[4]:

$$EVI = \frac{\rho_N^* - \rho_R^*}{\rho_N^* + C_1\rho_R^* - C_2\rho_B^* + L}(1 + L) \tag{1}$$

式中,ρ 为反射率,ρ_N^* 表示近红外波段的反射率;ρ_R^*、ρ_B^* 为可见光红、蓝波波段的反射率;L、C_1 和 C_2 是对 NDVI 进行修正的参数,其值常分别取为 1.0、6.0 和 7.5。

利用生成的 AOI 文件,运用 ERDAS 中的 Subset Image 模块,生成 2001—2004 年浙江省耕地、园地和林地 EVI 影像图。再通过叠加求出每个像元的 4 年平均值,形成年内 23 个时段的 EVI 季节数据。

2.2 气象资料

气象数据采用浙江省气象局提供的 2001—2004 年浙江省 64 个气象站点的日平均气温与降水资料,根据数据的完整性及站点处或周边区域是否同时具有耕地、园地、林地像元,选取其中 52 个气象站点数据。其站点较均匀地分布于浙江省各个地区(图 1)。根据各站点的经纬度,分别提取出各站点及其附近像元的耕地、园地和林地的 EVI 值,然后取其平均值。根据植被遥感资料的时相,对 4 年气象数据做相应处理,从而形成各气象数据与植被数据一一对应的关系。

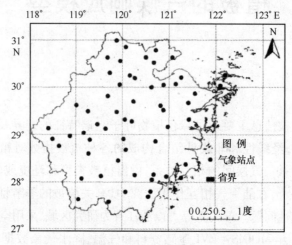

图1　浙江省气象站点空间分布图

2.3　研究模型

考虑到气温、降水对植被 EVI 值的作用可能存在时滞性,采用时滞互相关分析法[5,6],假定地理系统时间序列 x_i 和 y_i 对任何时滞 k 都彼此相关,则互相关系数的公式可表示为:

$$r_k(x,y) = \frac{S_k(x,y)}{S_x S_{y+k}} \tag{2}$$

式中,样本的协方差 $S_k(x,y)$ 和均方差 S_x、S_{y+k} 分别表示为:

$$\begin{cases} S_k(x,y) = \dfrac{1}{n-k}\sum_{i=1}^{n-k}(x_i-\bar{x}_i)(y_{i+k}-\bar{y}_{i+k}) \\[2mm] S_x = \left[\dfrac{1}{n-1}\sum_{i=1}^{n-k}(x_i-\bar{x}_i)^2\right]^{1/2} \\[2mm] S_{y+k} = \left[\dfrac{1}{n-k}\sum_{i=1}^{n-k}(y_{i+k}-\bar{y}_{i+k})^2\right]^{1/2} \end{cases} \tag{3}$$

式中的均值为:

$$\begin{cases} \bar{x} = \dfrac{1}{n-k}\sum_{i=1}^{n-k}x_i \\[2mm] \bar{y} = \dfrac{1}{n-k}\sum_{i=1}^{n-k}y_{i+k} \end{cases} \tag{4}$$

式中,n 为 x_i 和 y_i 的样本数,本研究为 23;k 为时滞数据,根据经验,时滞 k 的绝对值不大于 $n/4$ 或 $n-10$,本研究 $k=0,1,2,3,4,5$。当 $k=0$ 表示无时滞,即 EVI 数据与气象数据在时相上同步,一个时滞间隔为 16 d。

3 意义

彭代亮等[1]建立了基于 MODIS – EVI 区域植被季节变化与气象因子的关系模型,以浙江省为研究区域,利用 2001—2004 年 MODIS – EVI 和 52 个气象站点的日平均气温和日降水量,结合区域土地利用现状数据,采用时滞互相关分析方法,分析耕地、林地、园地增强型植被指数(EVI)季节变化与气温、降水的相关性。结果表明 3 种用地类型植被 EVI 与气温的相关系数均大于降水,说明气温对植被 EVI 季节变化的影响比降水明显。此模型的分析在一定程度上减小了混合像元的影响,提高了分析植被季节变化与气象因子关系的精度。

参考文献

[1] Huang JF, Xie GH. The Meteorological Satellite General Remote Sensing of Winter Wheat. Beijing: China Meteorological Press. 1996,39 – 41.

[2] Niu JM. Relationship between main vegetation types and climatic factors in Inner Mongolia. Chinese Journal of Applied Ecology. 2000,11(1): 47 – 52.

[3] 彭代亮,黄敬峰,王秀珍. 基于 MODIS – EVI 区域植被季节变化与气象因子的关系. 应用生态学报,2007,18(5):983 – 989.

[4] Li BG, Tao S. Correlation between AVHRR NDVI and climate factors. Acta Ecologia Sinica. 2000,20(5): 898 – 902.

[5] Chen YG, Liu JS. Derivation and generalization of the urban gravitational model using fractal ideawith an application to the spatial cross correlation between Beijing and Tianjin. Geographical Research. 2002,21(6): 742 – 752.

[6] Zhang XX, Ge QS, Zheng JY. Impacts and lags of global warming on vegetation in Beijing for last 50 years based on remotely sensed data and phonological information. Acta Ecologia Sinica. 2005,24(2): 123 – 130.

流域草地退化优化管理模型

1 背景

草地退化是土壤荒漠化的主要表现形式之一,指由于人为活动和自然因素扰动所引起的草地植被和土壤质量变坏,生产力、经济产出和生态服务功能降低,使草地生态系统远离健康轨迹的演替过程[1]。顾晓鹤等[2]在综合生态风险评估思想的指导下,采用遥感(RS)测量与地理信息系统(GIS)相结合的空间信息分析技术,通过对草地进行退化等级评估、风险度评估及易恢复度评估,构建退化草地生态优化管理指数。

2 公式

生态风险评估包括 4 个部分:危害评估(hazard assessment)、暴露评估(exposure assessment)、受体分析(receptor assessment)和风险表征(risk characterization)[3]。

为了加强退化草地管理的资源合理配置,本研究引进生态风险评价思想,通过对退化草地斑块的风险度、易恢复度以及退化等级评估,构建一个能适时反映退化草地治理需求的指数——退化草地生态优化管理指数(EMI),来对退化草地进行生态优化管理。

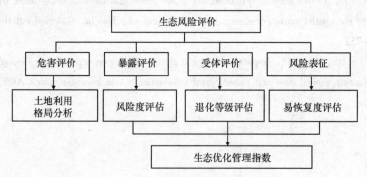

图 1　生态优化管理指数构建图

假设退化草地生态优化管理指数与退化草地斑块的风险度(RI)、易恢复度(EI)、退化等级(DI)存在一定的函数关系:

$$BMI = DI(RI + EI) \tag{1}$$

300

退化等级(DI)主要反映草地在一定时段内所发生的覆盖度、生物量、物种丰度、营养物质等方面的降低状况。退化等级越高,则优化管理等级越高。

本研究中的风险度(RI)主要是对退化草地的暴露评价,包括生物胁迫和社会胁迫,以斑块作为评估单位。风险度越高,说明该退化草地进一步退化的可能性越大,越有必要进行优化管理。用来评估风险度的因子包括景观因素(斑块面积、边界密度等)、背景因素(土壤、温度、降水等)和人为因素(城镇距离、公路距离等)。风险度可通过式(2)算出。

$$RI = \frac{1}{n} \sum_{i=1}^{n} r_i \qquad (2)$$

式中,r_i 为第 i 种评估因子对退化草地风险度的贡献率;n 为参与评估因子的总数。

本研究中的易恢复度(EI)主要指退化草地斑块本身所具备的易于恢复的潜力分析。易恢复度越高,说明退化草地越适合优化管理,所需成本越低。用来反映退化草地易恢复度的因子包括景观因素(多样性指数、斑块丰富度等)、背景因素(邻域类型、坡度、原有生长条件等)和人为因素(放牧强度、投资水平等)。易恢复度可通过式(3)计算得出。

$$EI = \frac{1}{n} \sum_{i=1}^{n} e_i \qquad (3)$$

式中,e_i 为第 i 种评估因子对退化草地易恢复度的贡献率。

2.1 草地退化等级评估

草地退化遥感监测指标选择原则是:既考虑草地退化以及遥感原理和数据特点,又要有科学性、系统全面性和相对独立性、可行性和可操作性、可比性和针对性[4]。

研究表明,植被盖度与归一化植被指数(NDVI)之间存在着极显著直线相关关系。在遥感监测植被盖度中,通常利用植被盖度与 NDVI 之间关系估算区域植被盖度[5]。其算式为:

$$V_c = \frac{NDVI - NDVI_s}{NDVI_v - NDVI_s} \times 100\% \qquad (4)$$

式中,V_c 为植被盖度;$NDVI$ 为归一化植被指数,为近红外波段与可见光波段数值之差和这两个波段数值之和的比值;$NDVI_s$ 为研究区裸土最小 $NDVI$ 值;$NDVI_v$ 为纯植被像元 $NDVI$ 值或最大 $NDVI$ 值。

本研究采用植被覆盖度的年际差 ΔV_c 值作为锡林河流域退化草地的监测指标,并根据 ΔV_c 值的大小将锡林河流域的草地退化划分为 4 级:无退化、轻度退化、中度退化和重度退化。具体划分标准如下:

$$\Delta V_c = V_{c2000} - V_{c2003} \begin{cases} \Delta V_c \leq 0 & (无退化) \\ 0 < \Delta V_c \leq 0.05 & (轻度退化) \\ 0.05 < \Delta V_c \leq 0.15 & (中度退化) \\ \Delta V_c > 0.15 & (重度退化) \end{cases} \qquad (5)$$

通过式(6),可获得锡林河流域不同退化等级的退化草地分布图(图1a)。

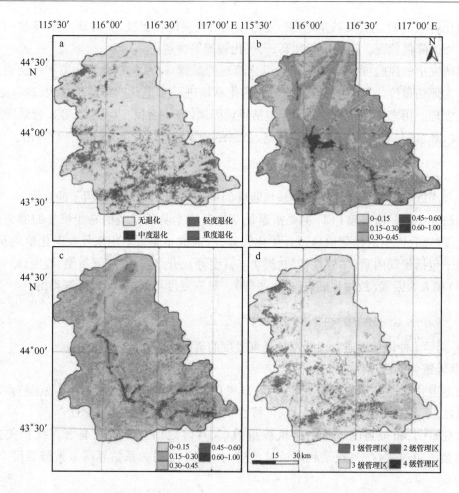

图1　锡林河流域退化草地退化等级(a)、风险度(b)、易恢复度(c)以及优化管理(d)

2.2　退化草地生态优化管理

2.2.1　风险度评估

　　本研究中的风险度主要指退化草地的暴露评价,包括生物胁迫和社会胁迫,以斑块作为评估单位。风险性越高,说明该退化草地进一步退化的可能性越大,越有必要进行优化管理。根据锡林河流域草地的空间特征与背景信息,对锡林河流域的退化草地风险度评估以斑块大小、城镇距离、公路距离和斑块边界密度作为评估因子。锡林河流域风险度评估结果见图1b,具体算法如下。

　　假设退化草地的风险度与4个因子的贡献率存在一定的函数关系:

$$RI = \frac{r_1 + r_2 + r_3 + r_4}{4} \tag{6}$$

式中,r_1、r_2、r_3 和 r_4 分别为斑块大小、城镇距离、公路距离和斑块边界密度对退化草地风险度的贡献率。

(1)斑块大小(r_1):对全区域退化草地的斑块面积进行标准化处理,标准化值越小,则说明草地斑块面积越小,表明斑块越破碎,长势或种类不一,该斑块进一步退化的风险性越高,其对风险度贡献率则越高。因此,斑块大小对退化草地风险度评估的贡献率范围为 0 ~ 1,并用下式计算:

$$r_1 = 1 - \frac{A - A_{\min}}{A_{\max} - A_{\min}} \tag{7}$$

式中,A 为某个斑块的面积;$A_{\max}$ 和 $A_{\min}$ 分别为区域斑块面积中的最大值与最小值。

(2)城镇距离(r_2):草地离城镇距离的大小可以反映人类活动对草地的利用与干扰程度。将城镇距离因子对退化草地风险度的贡献率最高值设为 1,然后计算空间其他点到城镇的距离,城镇周边区域的城镇距离影响因子贡献率按以下公式计算:

$$r_2 = \frac{1}{1 + d_{r2}/1\ 000} \tag{8}$$

式中,d_{r2} 为周边区域到附近城镇的最短空间距离(m)。以此得出锡林河流域的城镇距离影响因子对风险度的贡献率,取值范围为 0 ~ 1,其数值随离城镇距离的增加而递减,与城镇距离超过 10 000 m 的地区,城镇距离的贡献率低于 0.1,城镇对周边草地影响趋于微弱。

(3)公路距离(r_3):其大小可以反映人类活动对草地的利用与干扰程度。将公路距离对退化草地风险度的贡献率最高值设为 1,然后计算空间其他点到公路的距离,按以下公式计算公路距离对风险度的贡献率。

$$r_3 = \frac{1}{1 + d_{r3}/1\ 000} \tag{9}$$

式中,d_{r3} 为周边区域到附近公路的最短空间距离(m)。据此可得出锡林河流域的公路距离影响因子对风险度的贡献率,取值范围为 0 ~ 1,其数值随公路距离的增加而递减,公路距离超过 10 000 m 的地区,其贡献率低于 0.1,公路对周边草地影响趋于微弱。

(4)边界密度(r_4):用于分析面积大于 0.05 km² 的斑块。边界密度值越高,则斑块越狭长或越复杂,表明该斑块进一步退化的风险性越高。边界密度对退化草地风险度的贡献率可根据下式求出:

$$ED = E/A \tag{10}$$

$$r_4 = \frac{ED - ED_{\min}}{ED_{\max} - ED_{\min}} \tag{11}$$

式中,ED 表示景观中某一斑块的边界长度与景观面积之商,进行标准化处理即可获得 r_4。r_4 取值范围为 0 ~ 1,其数值越高,对风险度的贡献率越大。

2.2.2　易恢复度评估

本研究中的易恢复度主要指退化草地斑块本身所具备的易于恢复的潜力分析。易恢复度越高,说明退化草地越适合优化管理,成本越低。根据锡林河流域草地的空间特征与生态条件,对锡林河流域退化草地的易恢复度评估选用水域距离、邻域影响、坡度影响、原有生长条件 4 个评估因子。锡林河流域易恢复度评估结果见图 1c,具体算法如下。

假设退化草地的易恢复度与 4 个因子的贡献率存在一定的函数关系:

$$EI = \frac{e_1 + e_2 + e_3 + e_4}{4} \tag{12}$$

式中,e_1、e_2、e_3 和 e_4 分别表示水域距离、邻域影响、坡度大小及原有生长条件对退化草地易恢复度的贡献率。

(1)水域距离(e_1):可以反映草地的水分供应状况是否有利于草地生长与恢复。水域距离越小,退化草地的易恢复度越高。

$$e_1 = \frac{1}{1 + d_{e1}/1\,000} \tag{13}$$

式中,d_{e1} 为周边区域到附近水域的最短空间距离(m)。以此得出水域距离对退化草地易恢复度的贡献率,取值范围为 0 ~ 1。其数值随水域距离的增加而递减,水域距离超过 10 000 m 的地区,其贡献率低于 0.1,水域对周边草地影响趋于微弱。

(2)邻域影响(e_2):退化草地相邻的土地覆盖类型在一定程度上反映了该退化草地斑块的周围环境。若该斑块相邻的斑块以高覆盖草地居多,则说明邻域对于退化草地的易恢复性贡献程度较高。

(3)坡度大小(e_3):直接影响着降水水分的分配,从而影响着草地的水分条件,同时,对于退化草地的工程保护来说,坡度越小,工程保护的成本越低,效果越好,说明其易恢复性越好。将坡度对退化草地易恢复度的贡献度最高值设为 1,按以下公式计算不同的坡度值对草地易恢复度的贡献率。

$$e_3 = \frac{1}{1 + s/2.5} \tag{14}$$

式中,s 为区域内某个像元的坡度值(°)。以此得出锡林河流域的坡度对退化草地易恢复度贡献率,取值范围为 0 ~ 1,其数值随坡度的增加而递减,坡度值超过 25° 的地区,坡度影响因子低于 0.1,坡度对退化草地的易恢复度的贡献趋于微弱。

④原有生长条件:退化草地在退化前的生长状况说明了该区域的草地生长的适宜性,原有生长条件较好的退化草地易恢复度较高。植被覆盖度是衡量地表植被长势的重要指标,本研究采用 2000 年植被覆盖度作为衡量区域草地生长条件的指标,其计算公式为:

$$e_4 = V_c = \frac{NDVI - NDVI_s}{NDVI_v - NDVI_s} \times 100\% \tag{15}$$

2.2.3 退化草地生态优化管理分析

采用空间分析技术,根据式(1)计算获得锡林河流域退化草地生态优化管理指数空间分布状况。将锡林河流域退化草地生态优化管理指数作为评价退化草地管理等级的指标,按照 Break 聚类方法[6],根据数据的内部属性,将锡林河流域退化草地优化管理等级划分为

4 个等级(图 1d)。

3 意义

顾晓鹤等[2]建立了草地退化的评估模型,探讨了退化草地生态优化管理的实践途径;并以锡林河流域为例,分析了退化草地生态优化管理指数。结果表明,通过构建退化草地优化管理模型,定量分析流域内不同优化管理等级退化草地的退化程度、危害性和易恢复性,可以有针对性地采取合理的治理措施,有利于退化草地治理中的资源优化配置。该模型能整合退化草地的各种相关信息,具有较强的普适性。

参考文献

[1] Li B. Steppe degradation in northern China and preventingmeasures//Xu R, ed. Collected Papers of Li Bo. Beijing: Science Press. 1995.

[2] 顾晓鹤,何春阳,潘耀忠,等. 基于生态风险评估的锡林河流域退化草地优化管理. 应用生态学报, 2007,18(5):968 - 976.

[3] Louks OL. Looking for surprise in managing stresssed ecosystems. BioScience. 1985,35: 428 - 432.

[4] Gao QZ, Li YE, Lin ED,et al. Temporal and spatial distribution of grassland degradation in northern Tibet. Acta Geographica Sinica. 2005,60(6): 965 - 973.

[5] Carlson TN, Ripley DA. On the relation between NDVI, fractional vegetation cover, and leaf area index. Remote Sensing of Environment. 1997,62: 241 - 252.

[6] McGrew JC Jr, Monroe CB. An Introduction to Statistical Problem Solving in Geography. 2nd Ed. Boston: MA, McGraw - Hill. 1993.

土地利用变化及其生态效应模型

1 背景

土地利用/覆被变化(LUCC)是全球环境变化的重要组成部分和主要原因之一,可以引起许多自然现象和生态过程的变化,如土壤养分和水分的变化、地表径流与侵蚀、生物多样性的分布与地球化学循环等[1]。李志等[2]基于王东沟流域1994年和2004年两期土地利用图,利用空间分析技术和数理统计方法,研究了1994—2004年王东沟流域土地利用的空间变化,并以生态系统服务功能来衡量土地利用类型和土地利用变化类型的生态环境效应。

2 公式

2.1 土地利用空间变化指标

对土地利用空间变化的分析主要包括变化数量、速度、类型和迁移方向等几个方面。其中变化数量为研究期初、末的面积差值;变化速度利用动态度进行定量描述,包括单一土地利用动态度和综合土地利用动态度;迁移方向参考人口地理学中常用的人口重心计算方法,可以从空间上反映主要土地利用类型的演变过程。变化数量和速度的计算方法在土地利用中经常出现,本文不再给出。下面给出迁移方向的计算方法。以地图经纬度表示重心,第 t 年某景观类型的重心坐标(经纬度)可表示如下:

$$X_t = \sum_{i=1}^{n} (C_{ti}X_i) \Big/ \sum_{i=1}^{n} C_{ti}$$

$$Y_t = \sum_{i=1}^{n} (C_{ti}Y_i) \Big/ \sum_{i=1}^{n} C_{ti} \tag{1}$$

式中,X_t、Y_t 分别表示第 t 年某土地利用类型分布重心的经纬度坐标;X_i、Y_i 分别表示某景观类型第 i 个斑块分布重心的经纬度坐标;C_{ti} 表示第 t 年某景观类型第 i 个斑块的面积。

根据式(1)分别计算出1994年和2004年各个土地利用类型的重心坐标和迁移方向(表1)。

表1　王东沟流域1994—2004年各土地利用类型的重心迁移情况

土地利用类型	1994年 X(°)	1994年 Y(°)	2004年 X(°)	2004年 Y(°)	迁移方向
农地	107.683 5	35.236 8	107.689 7	35.233 7	北偏西

土地利用类型	1994 年 $X(°)$	1994 年 $Y(°)$	2004 年 $X(°)$	2004 年 $Y(°)$	迁移方向
林地	107.691 9	35.226 2	107.691 2	35.227 0	南偏东
草地	107.693 2	35.224 3	107.692 1	35.225 0	东偏南
果园	107.686 2	35.232 0	107.687 5	35.230 5	西偏北
非生产地	107.691 0	35.231 4	107.689 2	35.234 9	东偏南

结果表明,王东沟流域土地利用类型的重心迁移整体存在两个趋势:农地和果园向西北方向(塬区)迁移;林地、草地和非生产地向东南方向(沟壑区)迁移。

2.2 土地利用变化的生态效应指标

使用生态服务价值来衡量区域的生态环境状况,具体采用生态服务总价值和土地利用变化类型的生态贡献率两个指标,前者衡量区域的生态环境质量,后者定量描述土地利用变化对区域生态环境的作用。公式如下:

$$V = \sum_{i=1}^{n} P_i A_i \tag{2}$$

$$r = [(C_{t+1} - C_t) P_i] / V_{t+1} \tag{3}$$

式中,V 为研究区生态服务总价值;P_i 为单位面积上土地利用类型 i 的生态功能服务价值;A_i 为研究区内土地利用类型 i 的分布面积;r 为某一土地利用变化类型对区域生态环境的贡献率;C_{t+1}、C_t 分别是研究期末和期初某一土地利用类型的面积;V_{t+1} 是研究期末的生态服务总价值。

3　意义

李志等[2]建立了黄土高塬沟壑区小流域土地利用变化及其生态效应分析模型,基于王东沟流域 1994 年和 2004 年两期土地利用图,通过构建土地利用动态变化模型和区域生态环境指标,定量分析了王东沟流域 1994—2004 年土地利用时空变化特征,并以生态系统服务功能衡量了土地利用类型和土地利用变化类型的生态效应,为该区的生态建设和土地利用规划提供科学依据。

参考文献

[1] He FH, Huang MB, Dang TH. Effect of moisture environment of integrative controls in Wangdonggou Watershed in gully region of the Loess Plateau. Research of Soil and Water Conservation. 2003,10(2):33 - 37.

[2] 李志,刘文兆,杨勤科,等. 黄土高塬沟壑区小流域土地利用变化及其生态效应分析. 应用生态学报,2007,18(6):1299 - 1304.

叶肉导度的高温响应模型

1 背景

叶肉导度(g_m)指植物叶片组织内空隙至叶绿体羧化部位间 CO_2 传输能力的一种度量，在现在的空气 CO_2 浓度下，C_3 植物叶片光合速率受到较低胞间 CO_2 浓度(C_i)的限制，g_m 对光合作用的影响较气孔导度小[1]。孙谷畴和赵平[2]利用 CO_2 气体交换和叶绿素荧光法，研究了适度高温(38℃)下亚热带森林 4 种建群树种叶片叶肉导度(g_m)，提出了亚热带森林 4 种建群树种叶片叶肉导度对适度高温的响应模型。

2 公式

根据 Genty 和 Briantais[3]计算 PSⅡ电子传递速率(J)：

$$\Phi_{PS\,II} = \frac{F'_m - F_s}{F''_m} \tag{1}$$

$$J = \Phi_{PS\,II} Q\alpha\beta \tag{2}$$

式中，$\Phi_{PS\,II}$ 为光合作用光化效率；F_s 为稳态荧光值；F'_m 为光饱和脉冲下最大荧光产率；α 为叶片光吸收值，取 0.85；β 为 PSⅡ吸收的光量子份额(C_3 植物为 0.5)[4]；Q 为光合有效辐射的光量子流通量。

根据 Bongi 和 Loreto[5]以及 Harley 等[6]的方法，利用光合速率(P_n)和电子传递速率(J)求出叶肉导度(g_m)：

$$g_m = \frac{P_n}{C_i - \dfrac{\Gamma^*[J + 8(P_n + R_d)]}{J - 4(P_n + T_d)}} \tag{3}$$

式中，R_d 为线粒体呼吸速率；Γ^* 为无线粒体呼吸下的 CO_2 补偿点，根据文献[7]，光下抑制线粒体呼吸平均为 60%，即光下线粒体呼吸速率 $R_d = 0.4R_n$(R_n 为暗呼吸速率)；C_i 为胞间 CO_2 浓度。

参照 Larcher[8]的方法计算 Q_{10}：

$$\ln Q_{10} = \frac{10}{T_2 - T_1}\ln\frac{K_2}{K_1} \tag{4}$$

式中，T_1 和 T_2 分别代表处理温度（38℃）和对照温度（25℃）；K_2 和 K_1 分别为 T_2 和 T_1 的叶肉导度。由 g_m 可计算叶绿体羧化部位 CO_2 浓度（C_c）：

$$C_c = C_i - \frac{A}{g_m} \qquad (5)$$

当电子传递速率为 J 时，受 RuBP 限制的叶绿体羧化部位羧化速率（A_{cc}）为：

$$A_{cc} = \frac{JC_c}{4.5C_c + 10.5\Gamma^*} \qquad (6)$$

式中，Γ^* 为线粒体呼吸的 CO_2 补偿点，25℃的平均值为 37.43 μmol·mol⁻¹。当温度增高时，根据公式 $e^{\left(c - \frac{\Delta H_a}{RT_K}\right)}$ 予以校正。其中，C 为扩展常数 13.49，ΔH_a 为 Γ^* 的活化能（24.46 KJ·mol⁻¹），R 为气体常数，T_k 为 273 + T。38℃的 Γ^* 平均值为 63 μmol·mol⁻¹。

根据公式，计算了全日光和遮荫下 4 种亚热带林树种叶片 g_m 的温度系数（表1）。

表1　全日光和遮荫下 4 种亚热带林树种叶片 g_m 的温度系数（$Q10$）

种类	光照条件	g_m（25℃）/（mol·m⁻²·s⁻¹）	Q_{10}（25~38）℃	种内和种间差异
荷木	I	0.061 ± 0.015	2.20	100
	II	0.029 ± 0.005	1.37	62.2
	遮荫效应		***	
红椎	I	0.033 ± 0.006	1.35	61.4
	II	0.008 ± 0.020	1.61	73.2
	遮荫效应		***	
藜蒴	I	0.037 ± 0.010	1.40	63.6
	II	0.011 ± 0.003	1.54	70.0
	遮荫效应		**	
黄果厚壳桂	I	0.047 ± 0.008	1.51	68.6
	II	0.012 ± 0.001	1.72	78.2
	遮荫效应		**	
	平均		1.59 ± 0.27	

3 意义

孙谷畴等[2]建立了叶肉导度的高温响应模型，结果表明：由于 CO_2 在水中扩散的 Q_{10} 值为 1.25，g_m 除受温度影响外，还受到蛋白质的调控。适度高温可引起 g_m 上升，导致叶绿体羧化部位的 CO_2 浓度和羧化速率增高。无论是全日照还是遮荫处理，与荷木相比，适度增温可显著提高红椎、藜蒴和黄果厚壳桂叶绿体羧化速率,说明适度高温对演替中后期树种的演替进程有利。模型有助于阐明适度高温对不同植物生长、环境适应和种间竞争的影响,为全球气温持续升高对亚热带森林群落演替的影响的研究奠定基础。

参考文献

[1] Evans JR. Leaf anatomy enablesmore equal access to light and CO2between chloroplast. New Phytologist. 1999,143: 93 – 104.

[2] 孙谷畴,赵平. 亚热带森林四种建群树种叶片叶肉导度对适度高温的响应. 应用生态学报,2007,18(6):1187 – 1193.

[3] Genty B, Briantais JM. The relationship between the quantum yield of photosynthetic electron transport and quenching of chlorophyll fluorescence. Biochimica et Biophysica Acta. 1989,990: 87 – 92.

[4] gren E, Evans JR. Photosynthetic light – response curves: The influence of CO_2 partialpressure and leaf inversion. Planta. 1993,189: 180 – 190.

[5] Bongi G, Loreto F. Gas – exchange properties of salt – stressed olive (*Olea europaL.*) leaves. Plant Physiology. 1989,90: 1408 – 1416.

[6] Harley PC, Loreto F, Marco GD, et al. Theoretical considerations when estimating the mesophyll conductance to CO_2 flux by analysis of the response of photosynthesis to CO_2. PlantPhysiology. 1992,98: 1429 – 1436.

[7] Atkin OK, Evans JR, Ball MC, et al. Leaf respiration of snow gum in the light and dark: Interaction between temperature and irradiance. Plant Physiology. 2000,122: 915 – 923.

[8] Larcher W. Physiological Plant Ecology: Ecophysiology and Stress. 4th Ed. Berlin: Springer. 2003.